国防科技图书出版基金

工具钢的半固态加工基础理论

Basic Theory of Semisolid Processing of Tool Steel

孟毅 著

国防工业出版社
·北京·

图书在版编目(CIP)数据

工具钢的半固态加工基础理论/孟毅著. —北京：
国防工业出版社，2020.10
ISBN 978 – 7 – 118 – 12162 – 9

Ⅰ. ①工… Ⅱ. ①孟… Ⅲ. ①工具钢－金属加工
Ⅳ. ①TG142.45

中国版本图书馆 CIP 数据核字(2020)第 193450 号

※

国防工业出版社出版发行
（北京市海淀区紫竹院南路 23 号 邮政编码 100048）
三河市腾飞印务有限公司印刷
新华书店经售
*
开本 710×1000 1/16 印张 14¼ 字数 250 千字
2020 年 10 月第 1 版第 1 次印刷 印数 1—2000 册 定价 96.00 元

（本书如有印装错误，我社负责调换）

国防书店：(010)88540777 书店传真：(010)88540776
发行业务：(010)88540717 发行传真：(010)88540762

致 读 者

本书由中央军委装备发展部**国防科技图书出版基金**资助出版。

为了促进国防科技和武器装备发展,加强社会主义物质文明和精神文明建设,培养优秀科技人才,确保国防科技优秀图书的出版,原国防科工委于1988年初决定每年拨出专款,设立国防科技图书出版基金,成立评审委员会,扶持、审定出版国防科技优秀图书。这是一项具有深远意义的创举。

国防科技图书出版基金资助的对象是:

1. 在国防科学技术领域中,学术水平高,内容有创见,在学科上居领先地位的基础科学理论图书;在工程技术理论方面有突破的应用科学专著。

2. 学术思想新颖,内容具体、实用,对国防科技和武器装备发展具有较大推动作用的专著;密切结合国防现代化和武器装备现代化需要的高新技术内容的专著。

3. 有重要发展前景和有重大开拓使用价值,密切结合国防现代化和武器装备现代化需要的新工艺、新材料内容的专著。

4. 填补目前我国科技领域空白并具有军事应用前景的薄弱学科和边缘学科的科技图书。

国防科技图书出版基金评审委员会在中央军委装备发展部的领导下开展工作,负责掌握出版基金的使用方向,评审受理的图书选题,决定资助的图书选题和资助金额,以及决定中断或取消资助等。经评审给予资助的图书,由中央军委装备发展部国防工业出版社出版发行。

国防科技和武器装备发展已经取得了举世瞩目的成就,国防科技图书承担着记载和弘扬这些成就,积累和传播科技知识的使命。开展好评审工作,使有限的基金发挥出巨大的效能,需要不断摸索、认真总结和及时改进,更需要国防科技和武器装备建设战线广大科技工作者、专家、教授,以及社会各界朋友的热情支持。

让我们携起手来,为祖国昌盛、科技腾飞、出版繁荣而共同奋斗!

国防科技图书出版基金
评审委员会

前　言

　　自从人类发明钢铁材料的冶炼及加工技术以来,钢铁材料一直以其良好的成形性和出色的力学性能影响着人类生产和生活的方方面面,不仅是人类历史上最成功、最普及的金属材料,并且一直被作为衡量某种结构材料合格与否的标准。随着人类文明的持续发展,人类对钢铁材料的冶炼及加工技术方面的探索也从未停止过。近年来,随着我国交通运输业和武器装备向现代化、高速化方向发展,高性能钢铁材料一方面是大型军用飞行器、导弹、航空母舰等国防重大装备的骨干材料,另一方面兼具高强度、高韧性、良好的塑性和耐磨性的高性能合金工具钢更是制造先进刀具、工具、模具的关键,在我国国民经济建设中一直占有十分重要的地位。

　　迄今为止,相对于半固态加工、3D打印等新材料加工工艺,更多合金工具钢产品的制造依赖于传统的铸造和锻造工艺。然而,在全球倡导"节能减排""绿色制造"的今天,传统的铸造和锻造工艺在材料质量利用率和材料性能利用率的双重考量标准下,都显示出一定的局限性。例如:铸造能够以较高的材料质量利用率实现形状复杂构件的制造,然而枝晶组织和元素偏析等缺陷却导致合金工具钢铸件无法充分拥有该材料本身所能够达到的力学性能;锻造能够制造出充分展现该材料性能的合金工具钢构件,但形状复杂构件的制造却存在着材料质量利用率低、成形载荷大等缺点,同时,较低的材料质量利用率又造成合金元素资源的浪费。半固态加工技术是充分利用金属合金材料在其半固态温度区间内呈现等轴球状组织以及良好且可控的流动性和较小的变形抗力等特点而建立的一种先进的近净成形技术。由于半固态金属合金坯料或浆料的黏度可通过控制其液相体积比进行主动调控,传统液态成形过程中的合金元素偏析可以通过优化工艺参数进行有效地抑制。半固态触变成形过程中固相晶粒因塑性变形而引发的再结晶等行为能够有效地提高制件的力学性能。在工业界对可持续发展和绿色制造愈发重视的今天,我们需要兼顾材料的质量利用率和材料性能利用率,在避免资源浪费的基础上充分利用钢铁力学性能的优势。半固态加工技术的应用有望在确保较高的材料质量利用率和材料性能利用率的基础上以较小的成形载荷实现复杂钢铁构件的高效近净成形。

本书是作者从金属半固态成形理论出发,在参考了国内外有关资料和自己多年从事金属塑性加工、半固态金属成形理论及应用研究成果的基础上编撰的,目的是为钢铁材料的半固态成形技术的理论研究及其应用提供新的思路和角度,使铸造、锻造两种不同的金属合金材料加工工艺的优势能更好地融合,适应"节能减排""绿色制造"工业生产技术发展趋势。

本书共分6章:第1章为绪论,对钢铁合金材料的半固态成形技术进行介绍;第2章为合金工具钢的二次重熔及半固态触变成形性能,介绍半固态合金工具钢的组织和性能;第3章为基于半固态成形技术的工具钢产品制造工艺,提出了两条基于半固态成形技术的工具钢产品制造工艺路线;第4章为再结晶重熔法对合金工具钢的微观组织和力学性能的影响;第5章为热处理对再结晶重熔后合金工具钢的影响;第6章为结论与展望。

本书在撰写的过程中得到了日本东京大学柳本润教授、重庆大学周杰教授、中国兵器工业第五九研究所陈强研究员的支持和帮助,没有他们的支持,本书很难如期付梓。本书的撰写参考或引用了国内外众多专家、学者的一些珍贵资料、研究成果和著作。另外,与本书内容相关的科研工作得到了国家自然科学基金项目(51605055)、重庆市基础科学与前沿技术研究项目(cstc2016jcyjA1027)、日本文部科学省科学研究费补助金(22102005)、重庆市留学人员回国创业创新支持计划的资助。在此一并表示衷心感谢!

由于作者水平有限,书中难免有不妥之处,敬请广大读者批评指正。

作　者
2020 年 1 月

目 录

Contents

第1章 绪 论

1.1 金属的半固态成形技术简介

1.1.1 金属成形与人类文明

金属及其合金材料的成形技术一直伴随着人类文明的发展而不断进步。《左传·成公十三年》云:"国之大事,在祀与戎。"而在祭祀和战争中所使用的器具和武器的生产与制造一直是人类社会的重要活动。早在古代,铸造和塑性成形等工艺就已被人类发明,并广泛应用来制造金属以及其合金产品。

上述古老的成形技术其中之一的铸造技术有着悠久的历史,在6000多年前被人类所发明。铸造法是液态金属材料被倾倒入具有所需要形状的中空模具,然后凝固,而铸件在人类的历史上有着非常重要的地位,许多的世界文化遗产都是铸造加工成形的。例如,中国的后母戊鼎(1939年3月在河南安阳出土,是商王祖庚或祖甲为祭祀其母戊所铸造的,该鼎呈长方形,口长112cm,口宽79.2cm,壁厚6cm,连耳高133cm,质量达832.84kg。鼎身雷纹为地,四周浮雕刻出盘龙及饕餮纹样,是商周时期青铜文化的代表作,现藏于中国国家博物馆,该鼎是迄今世界上出土最大、最重的青铜礼器,享有"镇国之宝"的美誉)。又如,日本的镰仓大佛(该青铜阿弥陀如来坐像铸造于1252年,位于日本神奈川县镰仓的净土宗寺院高德院内,大佛净高11.3m,连台座高13.35m,质量约121t)。上述两样物品都是用于祭祀的,通过铸造生产的武器则以越王勾践的铜剑为代表(春秋晚期越国青铜器,于湖北江陵马山5号楚墓出土,剑通高55.7cm,宽4.6cm,柄长8.4cm,质量875g,极其锋利。刻有"钺王鸠浅,自乍用鐱"八字)[1]。

随着人类历史的发展,铸造有着很多的优点。第一,铸造可以制造出质量范围很大(从手表的几克到模具的几吨)和形状复杂(从简单的瓶盖到结构复杂的机组)的产品。第二,铸造可以用来制造大多数的金属和合金产品,普通的铁合金包括灰铸铁、球墨铸铁,特殊的金属钢则有钛合金以及其他可以被熔融铸造的合金或者金属。第三,铸造可以同时生产出许多铸造零件,因此,使得铸件的生产成本大大降低[2]。

然而,铸造制件也存在着一些缺点,如气孔、紊流、粘砂、夹砂、砂眼、胀砂、冷隔、浇不足、缩松等。紊流在液体金属填充凹腔时发生并导致了铸件的多孔性,当铸件的尺寸非常大时,铸件的宏观尺寸和微观组织的均匀性都很难实现。不均匀的几何尺寸和微观组织等问题会严重影响铸造制件的力学性能,甚至会导致铸造制件的失效或者报废[3]。

塑性成形包括锻造和冲压成形,通过塑性成形制造金属产品。锻造成形的出现改善了产品质量,并且促进了人类社会历史的进程。最具代表性的例子就是锻造在制造刀剑等武器方面的应用,日本武士刀("丸锻"是日本刀锻造过程中的重要工序,即制刀的第一步。即是指刀工将钢料加热至赤红而进行捶打锻造,钢块捶打开后再折叠起来捶打,如此反复,使钢料得以延展。通常少则捶打七八次,多则达二三十次,每次都要捶打上百锤。例如,锤打到第10次就会有1024层的钢材。通过这一步骤,可将钢中硫等杂质和多余的碳素等清除,以增强钢材的弹性与韧性。捶打的层数越多,钢材中的合金元素分布就会越均匀,晶粒也会越细小,最终锻造出来的钢材品质均一、达数千层,十分强韧,最终成为质地均匀的钢料。武士刀上那些特有的花纹就是这样锤打出来的)和大马士革刀(锻造时将圆饼状的乌兹钢放入长方形的木炭炉中,加热到合适的温度,然后用大铁锤奋力锻打,使其中的杂质随着碳组分挤出,同时钢材的组织进一步致密化。钢铁冷却后,再加热、锻打,需要数十次的锤炼,直到圆饼变成所需刀剑的大致形状)都是锻造刀剑的杰出代表。锻造出来的剑比铸造出来的剑可展现出更高的强度和硬度[4]。

高质量的锻件处理除具有优秀的力学性能外,还具有诸多其他优点。相较于表面粗糙的铸造制件,锻件表面的平整度和尺寸精度更高[5]。但是与此同时,锻造及塑性成形工艺的一些缺点使得锻造及塑性成形工艺并不能在制造业中大范围地取代铸造成形工艺。首先,以锻造为代表的塑性成形工艺需要较大的成形载荷,因此对塑性成形所使用的机械设备以及模具的性能与寿命有着较高的要求,进而大大地提高了塑性成形的生产成本及维护费用。此外,受限于金属材料的塑性成形性能以及成形设备和模具的负荷极限,锻件的尺寸和形状的复杂程度也受到不同程度的限制,导致具有较大的尺寸或者较复杂几何形状的产品无法通过简单的锻造成形工艺进行批量生产。同时,由于不同金属材料的塑性成形性能不尽相同,因此以锻造为代表的塑性成形工艺只适用于塑性成形性能较好的金属及合金材料[6]。

综上所述,铸造和锻造成形工艺在各有擅长的基础上,同时还有其各自的缺点或短板,这些缺点和短板限制了铸造和锻造等传统的金属材料加工工艺在未来制造工业的发展,无法满足未来对金属及合金产品生产制造的要求。为了打破桎梏着传统金属材料加工工艺的枷锁,需要寻找一种创新的金属材料加工方法,进而最大程度地整合锻造成形工艺和铸造成形工艺优点的同时,有效地抑制锻造成形工艺和铸造成形工艺的缺点。此外,还需要充分考虑到环境问题、节能减排和资源循环等问题,以较短的工业链、较高的效率、较低的污染及能耗通过创新的成形技术工艺制造出高质量产品。

半固态(semi solid forming,SSF)成形技术早在20世纪70年代末就被美国麻省理工学院的弗莱明斯(Flemings)教授和他的学生斯邦瑟(Spencer)博士等所发明[7]。由于金属材料在半固态状态下独特的流动及成形性能,半固态成形技术兼具铸造成形和锻造成形各自的优点[8]。现在,全世界的研究者研究这项新颖的成形技术意在实现半固态成形技术的工业应用,在不久的将来,这项有潜力的技术必将引起一场金属材料生产制造工业的重大变革。

1.1.2　金属的半固态成形概念

根据日本东京大学的木内学(Kiuchi)和德国亚琛工业大学的蔻璞(Kopp)的观点,一般的半固态金属包括浆糊状态和特殊的半固态。当加热温度达到金属的固相温度以上时,在金属中出现液相成分,金属的这种状态叫作浆糊状态,而金属特殊的半固态则出现在熔融金属的凝固过程中。当温度低于它的液相温度时,一些固相颗粒则出现在冷却的熔融金属中[9]。

半固态成形技术的历史可以追溯到20世纪70年代末,在1971年,斯邦瑟博士在美国麻省理工大学宣布大力搅拌后的半固态金属的本质流变特性的发现,斯邦瑟博士发现当金属合金在它的液相和固相温度区间被搅拌时,最初的凝固晶体则呈球形。通过这种方法,搅拌速度的增大使得半固态合金的黏度降低。在1976年,弗莱明斯在美国麻省理工大学基于大力搅拌的半固态金属的流变性能的重要发现,发明了半固态流变铸造成形工艺路线[10]。在1977年,美国陶氏化学公司(Dow Chemical Company)和巴图尔研究所(Battel Research Institute)合作基于树脂注射成形平台开发了半固态成形设备,进而成功地实现镁合金的半固态成形[11]。随后半固态成形技术被美国泽克松迈特(Thixomat)有限公司从陶氏化学公司引进并有效地应用于工业生产[12]。20世纪90年代初,半固态成形技术及应用从美国扩展到了太平洋另一端的日本。1992年,日本的宇部制作所工业股份有限公司引进了半固态成形技术及设备,并且在1994年开始自主研发、生产并销售半固态流变成形设备。基于宇部制作所工业股份有限公司生产的上述设备,半固态成形工艺制造的镁合金手机外壳实现了批量生产[13]。

金属材料的半固态技术在日本的工业应用主要包括3个方面:一是半固态触变成形(semisolid thixoforming),在这项成形工艺被日本东京大学生产技术研究所引入日本之后,亚洲便取代了美国成为半固态触变成形研究的核心区域;二是一种创新的半固态流变铸造成形,这是一种由日本宇部制作所工业股份有限公司基于此前传统半固态流变成形工艺开发的半固态流变铸造成形技术;三是一种创新的半固态挤压成形,在半固态挤压之前对半固态坯料或浆料进行电磁搅拌,以保证半固态合金坯料或浆料在挤压加工之前具有良好的均匀性[14]。

金属材料的半固态技术在欧美的工业应用领域主要是铝合金汽车零部件的制造业。法国巴黎国家矿业公司(Eacutecole Nationale Suprieure des Mines de paris)通过半固态流变压力铸造工艺实现了 AZ91 镁合金汽车零部件的生产制造。美国康乃尔大学(Cornell University)的研究者们通过使用电磁搅拌技术打破镁合金部分凝固过程中形成的传统树枝状晶体,进而获得了均匀分布于液相基体内部的球状固态晶体,从而大幅地提升了镁合金的半固态成形性能,并且成功地应用于手机和笔记本电脑镁合金外壳的制造生产[15]。

1.1.3   金属半固态成形技术的发展历史

顾名思义,当金属或者合金材料处于半固态时,液相和固相同时存在于该金属或者合金材料之中。由于半固态金属及合金材料的坯料或者浆料各种不同的制备工艺路线,其内部的固相和液相都会展现出多种组织形貌。例如,某些情况下固相会呈现树枝状[16],而在另一些条件下固相则会呈现出完美的球状[17]。固液两相截然不同的组织形貌必将导致半固态合金坯料或浆料具有千差万别的半固态成形特性。一般来讲,含有球状形态固相晶粒的半固态合金坯料或浆料具有比含有树枝状固相晶粒的半固态合金坯料或浆料更好的流动性以及更低的变形抗力,因而被普遍认为是更加适合大部分半固态成形工艺的半固态合金坯料或浆料。然而,具有均匀球状固相晶粒的半固态坯料或浆料在半固态成形过程中由于球状固相晶粒和液相截然不同的流动性能,其微观组织会随着变形量的逐渐增加而变得不均匀。具有更好流动性能且较低黏性的液相会在半固态合金坯料或浆料的某些区域富集,与之相对应的是,具有较高黏性和较差流动性能的固相晶粒则滞留在半固态合金坯料或者浆料的其他区域,这种发生于半固态成形过程中半固态坯料或者浆料内部的微观组织不均匀化现象,称为液相偏析。北京科技大学的李静媛以及日本东京大学的杉山澄雄(Sugiyama)和柳本润(Yanagimoto)等通过在不锈钢材料的半固态压缩试验过程中改变压缩变形应变速率和变形温度探究上述半固态成形工艺对液相偏析的影响。基于金相组织分析的结果,上述科研工作者得出以下结论,当半固态成形温度较低且应变速率足够高的情况下,发生在半固态不锈钢材料内部的液相偏析有所减弱[18]。

在半固态状态下的合金材料内部,液相和固相所占的体积分数及液相率和固相率会随着半固态合金坯料或浆料的温度及其合金元素的含量而发生改变。这种半固态合金坯料或浆料的液相率和固相率随温度和合金元素含量发生变化的原理可以通过简单的二元共晶合金相图加以说明,如图 1.1 所示。

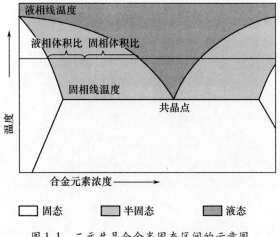

图 1.1　二元共晶合金半固态区间的示意图

　　具有一定合金元素含量的合金材料有一定的固相线温度和液相线温度。当该合金材料的温度低于其固相线温度时,该合金材料呈完全的固态;当该合金材料的温度高于其液相线温度时,该合金材料呈完全的液态。合金材料的固相线温度到液相线温度之间的区域称为该合金材料的半固态温度区间。当合金材料的温度高于其固相线温度且低于其液相线温度,即该合金材料的温度处于其半固态温度区间时,尚未熔融的固相和熔融的液相在该合金材料内部共存。此时此刻,该合金材料处于半固态。而该半固态合金坯料或者浆料的液相体积比和固相体积比则可以通过杠杆定律进行计算获得。如图 1.1 所示,具有某一合金元素浓度的半固态合金坯料或浆料的液相体积比会随着温度的升高而增加,相对而言,该半固态合金坯料或浆料的固相体积比则会随着温度的升高而减少。同时,合金元素含量较高的合金材料的液相线温度较低,半固态温度区间较狭窄。并且,在相同温度条件下,半固态合金坯料或浆料的固相体积比则会随着合金元素浓度的增加而增加,相对而言,半固态合金坯料或浆料的液相体积比则会随着合金元素浓度的增加而减少。

　　由于半固态合金坯料或者浆料的温度普遍高于金属材料金相制备与分析装置的工作温度,因此世界各国的科研工作者们往往先将半固态合金坯料或者浆料从半固态温度冷却至室温,并对冷却至室温的合金材料的微观组织进行观察和分析,再对该合金材料在半固态温度范围内的微观组织进行推测。典型的从半固态温度冷却至室温的钢铁材料的微观组织如图 1.2 所示,分别由半固态温度下半固态坯料内部的液相和固相在冷却过程中所生成的深色的共晶化合物区域和浅色的金属晶粒区域,可以在通过场发射扫描电子显微镜所拍摄的金相照片中明显地区分开来。

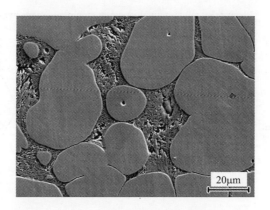

图 1.2　从半固态温度(1300℃)迅速冷却至室温的 SKD11 冷作模具
钢材料的微观组织结构(固相体积比(固相率)约为 55%)

在半固态成形过程中,半固态坯料或者浆料内部的液相和固相分别具有各自不同的变形行为及性能。在成形载荷的作用下,半固态坯料或者浆料内部的液相部分表现出良好的流动性,而固相则表现出典型的金属塑性变形性能。半固态成形技术的关键在于充分利用半固态合金坯料或浆料内部的液相和固相不同变形行为及性能,实现具有复杂几何形状的金属产品的近净成形生产制造。

根据金属合金材料加工成形的温度范围,金属合金材料加工成形方法分类如图 1.3 所示。当成形温度低于金属合金材料的固相线温度时,金属合金材料呈绝对的固态,因此可以通过锻造、轧制和挤压实现该金属合金材料的成形加工。通过使用上述传统塑性成形工艺方法可以生产具有优良力学性能和长寿命的金属合金材料产品。当成形温度高于金属合金材料的液相线温度时,金属合金材料呈现完全的液态,因此可以通过铸造工艺来实现该金属合金材料的成形加工。通

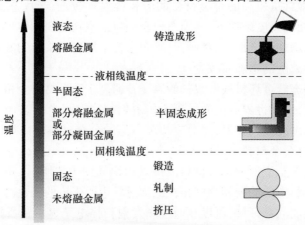

图 1.3　以成形温度为依据对金属合金材料成形方法进行的分类

过传统铸造成形工艺能够以较低的成本生产具有较大尺寸且复杂几何形状的金属合金材料产品。当成形温度处于金属合金材料的半固态温度区间内时,半固态状态下的金属合金材料具有可调节的流动性和黏度。因此,可以通过使用半固态成形技术实现兼具复杂几何尺寸和优越力学性能的金属合金材料的近净成形。

1.1.4　金属半固态成形工艺的分类

　　基于金属合金材料在半固态温度范围内特殊的成形性能,各国科研工作者发明了一系列的半固态成形工艺并开始尝试工业应用。上述半固态成形工艺可以根据用于半固态成形的金属合金材料半固态坯料或浆料制备过程中的加热历史进行分类。日本东京大学的木内学(Kiuchi Manaba)和德国亚琛工业大学的蔻璞(Kopp)根据半固态成形用金属合金材料的制坯或制浆过程的加热历史,将金属合金材料的半固态成形分为三大类,即半固态泥态成形、半固态流变成形、半固态触变成形,如图 1.4 所示[9]。

　　金属合金材料的半固态泥态成形的加热历史如图 1.4(a)所示。在金属合金材料制浆或制坯过程中,首先将金属合金材料充分加热至其液相线温度以上,获得完全熔融的液态金属合金材料。随后,将完全熔融状态的液态金属合金材料冷却至半固态温度区间,并使用电磁搅拌技术(magneto hydro dynamic,MHD)对液态金属的凝固过程施加影响,抑制固相颗粒以枝晶的形式生长甚至打碎业已生长的固相枝晶,进而制备均匀散布于液相基体内部的球状等轴固相晶粒,并冷却至金属合金材料的固相线温度以下。随后,上述处理后的金属合金材料被再次加热至半固态温度区间,完成半固态坯料或浆料的制备。在随后的泥态半固态成形阶段,此前制备的半固态坯料和浆料将在成形载荷下被加工至所需要的几何形状和尺寸。由于半固态泥态成形的制坯或制浆阶段和半固态成形阶段是分开的,因此大量的时间和能量都耗费在制坯或制浆阶段。因此,半固态泥态成形工艺被认为是一个较低水平的工艺流程集成。

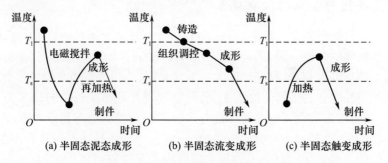

(a) 半固态泥态成形　　　(b) 半固态流变成形　　　(c) 半固态触变成形

图 1.4　依据半固态制坯或制浆阶段加热历史进行分类的
3 种金属合金材料的半固态成形工艺

金属合金材料的半固态流变成形的加热历史如图 1.4(b)所示。相较于半固态泥态成形,半固态流变成形的能量和时间耗费都逐渐趋于理想化。在半固态流变成形的制浆或制坯过程中,金属或者合金材料被加热至其液相线温度以上并充分熔融,在这之后通过包括电磁搅拌或者冷却滑道等各种技术手段实现微观组织的调控,在这一阶段的微观组织调控的目的只有一个,即抑制固相以枝晶形式的生长,获得球状的等轴固相晶粒。与半固态泥态成形不同的是,半固态流变成形的制坯或者制浆阶段并不包括冷却至固相线温度以下以及再加热过程,而是直接在半固态温度区间内完成组织调控之后直接对制备好的半固态坯料或者浆料施加成形载荷,实现金属合金材料的半固态成形。由于半固态流变成形工艺实现了半固态制坯或制浆阶段与半固态成形阶段的直接连接,因此,半固态流变成形比半固态泥态成形更加符合当前绿色制造和节能减排的需求,也是目前最为广泛应用于工业制造领域的半固态成形工艺之一[19-22]。

金属合金材料的半固态触变成形的加热历史如图 1.4(c)所示。相较于半固态泥态成形和半固态流变成形,半固态触变成形过程更加有效地控制了时间和能量的消耗。半固态触变成形无须将金属合金材料加热至其液相线温度以上以获得液态金属合金材料,而是仅仅将金属合金材料加热至其半固态温度区间之内既可完成半固态坯料或浆料的制备。在上述半固态制坯或制浆阶段结束之后,半固态坯料或者浆料将直接在成形载荷下完成金属合金材料的半固态触变成形。由于在理想状态下的半固态触变成形工艺中,半固态坯料或浆料的制备和后续的半固态成形是在同一设备的同一工位上完成的,因此半固态触变成形工艺被认为是 3 种半固态成形工艺中工艺流程集成度最高的。因此,半固态触变成形吸引了各国科研工作者的浓厚兴趣,他们基于对多种金属合金材料的触变成形性能的探究,开发出了多种半固态触变成形工艺,如半固态触变锻造成形工艺、半固态触变挤压成形工艺、半固态触变铸造成形工艺[23-29]。

1.1.5　半固态金属的触变现象

金属合金材料的触变性能(thixo-property)一般情况下是指具有一定厚度的凝胶或者液体的黏性性能,上述凝胶或者液体受到振动、搅拌或者其他方面撞击时会发生诸如厚度变薄、黏度降低等一系列变化。同时,一些非牛顿假塑性凝胶或者液体的黏度还会随时间发生变化,即凝胶或者液体承受的剪切应力时间越长,黏度就会变得越低。触变流体是有限时间内获得的均衡黏度的凝胶或者液体,当引入一个阶跃变化的剪切速率时,一些触变流体就立即恢复到凝胶状态。其他的凝胶或者液体(如奶酪)在很长时间内几乎变成固体,许多凝胶和液体都是触变材料,当与外界环境相对静止时表现出很好的稳定型,而在被振动时则会变成流体状态[30]。

在金属合金材料的半固态研究中,触变现象主要是指当金属合金材料在其半固态下受到剪切作用,由于半固态坯料或者浆料内部的固相颗粒发生的球化反应,使得金属合金材料半固态坯料或者浆料的黏度降低而流动性增加。而且上述金属合金材料半固态坯料或者浆料的黏度和流动性所发生的变化会随着剪切速率增加而变得越发显著,这种现象被学界称为"剪切变稀"现象[31]。

美国麻省理工学院的弗莱明斯教授以 Al – 6.5Si 铝合金为例研究了半固态金属合金材料的"剪切变稀"现象。混合了不同体积比的碳化硅(SiC)颗粒的半固态 Al – 6.5Si 铝合金的表观黏度随剪切率的变化如图 1.5 所示[10]。混合了碳化硅颗粒的半固态 Al – 6.5Si 铝合金的表观黏度随着剪切速率的增加而显著降低。另外,碳化硅颗粒比例的增加会导致液相率的降低,因此,半固态 Al – 6.5Si 铝合金的表观黏度随着碳化硅颗粒体积比的增加而升高。由于半固态金属合金材料的黏度和流动性直接受到剪切率和液相率的影响,因此可以通过改变半固态金属合金材料的剪切率和冷却速率来制备具有理想的半固态成形性能的金属合金材料的半固态坯料或浆。图 1.6 是一张非常有名的图片,显示了一块半固态铝合金坯料在桌上被西餐刀轻而易举地切成两半时却没有发生坍塌[32]。

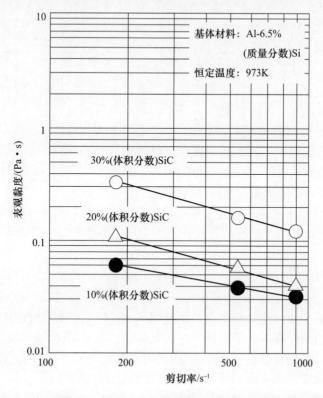

图 1.5　剪切率对于半固态的 Al – 6.5Si 铝合金的表观黏度的影响

图 1.6   被西餐刀轻而易举地切成两半的半固态铝合金坯料

1.1.6   半固态金属的黏性行为

处于液态或者半固态的金属合金材料的黏度对于铸造和流变过程是非常重要的性质,为了确保金属合金材料能够充分地充满模具的型腔来获得所需要的几何形状,德国的伯恩哈德(Bernhard)等通过转动同轴双圆筒法(co-axial rotating double cylinder method)来测量液态或者半固态的金属合金材料的黏度[33]。转动同轴双圆筒法的试验示意图如图 1.7 所示。首先需要将一定量的液态或者半固态的金属合金材料填充至已安装的同轴双筒之间的间隙中,以一定角速度转动位于内部的圆筒,进而测量它的转动转矩 G。随后,使用下式来计算该液态或者半固态的金属合金材料的表观黏度:

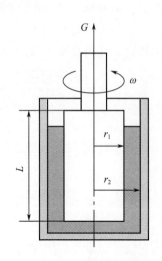

图 1.7   用于测试金属材料黏度的转动同轴双圆筒法试验示意图

$$\eta = \frac{(r_2^2 - r_1^2)G}{4\pi r_1^2 r_2^2 \omega L} \tag{1.1}$$

式中:G 为转动转矩;r_1 为内圆筒半径;r_2 为外圆筒半径;ω 为旋转角速度;L 为内圆筒和被测试金属的接触长度。伯恩哈德等通过转动同轴双圆筒法针对半固态金属合金材料的黏度开展了大量系统而完备的试验工作;详细地探究了固相率、剪切率、两圆筒间的间隙、合金成分、固体颗粒的尺寸对于半固态金属合金材料的黏度的影响。

日本静冈大学的井平(Hirai)等的研究工作揭示了半固态金属合金材料的

固相率与其黏度的关系,如图 1.8 所示。当半固态金属合金材料的固相率超过某个临界值时,它的黏度将会急剧上升。这种现象是由于半固态金属合金材料的特殊流动机理造成的。当半固态金属合金材料的固相率较低时,该半固态坯料或浆料的流动机理主要是流体模式;而当半固态金属合金材料的固相率较高时,该半固态坯料或浆料的流动机理则主要是糊状模式。上述固相率的临界值受到剪切率的影响,剪切率越大,该半固态金属合金材料固相率的临界值也就越高。对于大部分金属合金材料而言,该临界值在 45% ~50% 区间范围内[34]。

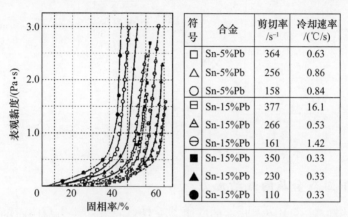

符号	合金	剪切率 /s⁻¹	冷却速率 /(℃/s)
□	Sn-5%Pb	364	0.63
△	Sn-5%Pb	256	0.86
○	Sn-5%Pb	158	0.84
⊟	Sn-15%Pb	377	16.1
◬	Sn-15%Pb	266	0.53
⊖	Sn-15%Pb	161	1.42
■	Sn-15%Pb	350	0.33
▲	Sn-15%Pb	230	0.33
●	Sn-15%Pb	110	0.33

图 1.8 若干种类半固态金属合金材料的黏度与其固相率之间的关系

日本静冈大学的井平等和德国莫迪吉尔(Modigell)等在归纳总结测量所得的半固态金属合金材料的黏度基本数据的基础上,建立了若干数学模型,用于描述半固态金属合金材料的黏度(η)与半固态金属合金材料的合金成分、固相率、固相颗粒的大小、剪切率以及温度等参数之间的关系[35]。例如,日本静冈大学的井平等科研工作者提出的一系列数学模型为

$$\eta = \eta_L \left[1 + \frac{a}{2\left(\dfrac{1}{f_s} - \dfrac{1}{f_{s,cr}}\right)} \right] \tag{1.2}$$

$$a = \alpha \cdot \rho_m \cdot C^{\frac{1}{3}} \cdot \gamma^{-\frac{4}{3}} \tag{1.3}$$

$$f_{s,cr} = 0.72 - \beta \cdot C^{\frac{1}{3}} \cdot \gamma^{-\frac{4}{3}} \tag{1.4}$$

$$\alpha = 203 \cdot \left(\frac{X}{100}\right)^{\frac{1}{3}} \tag{1.5}$$

$$\beta = 19 \cdot \left(\frac{X}{100}\right)^{\frac{1}{3}} \tag{1.6}$$

式中:C 为半固态金属合金材料的凝固速度;γ 为剪切率;X 为该金属合金材料的初始合金成分;ρ_m 为液相线温度下完全熔融金属合金材料的密度;η_L 为液相线温度下完全熔融金属合金材料的表观黏度。依据上述数学模拟计算获得的各种

金属合金材料半固态坯料或者浆料的表观黏度与通过试验测得的这些金属合金材料半固态坯料或者浆料的表观黏度如图 1.9 所示,验证了由井平等所建立的一系列数学模型在预测半固态合金材料的表观黏度方面的可行性和准确性。

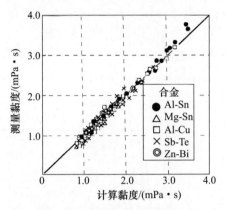

图 1.9   各种金属合金材料半固态坯料或者浆料的表观黏度的
计算结果与试验结果的对比

1.1.7   半固态金属的流动应力

在成形载荷下,半固态状态的金属合金材料的流动应力与固态的金属合金材料的流动应力是截然不同的。例如,图 1.10 所示的由日本东京大学木内学等所测得某种铝合金材料的 4% 应变对应的无尺寸性流动应力 ($\sigma_n = (\sigma_f)_{0.04}/(\sigma_f)^s_{0.04}$) 在整个半固态温度区间范围内随该材料的固相率从 0% 增加至 100% 而发生的变化[36]。

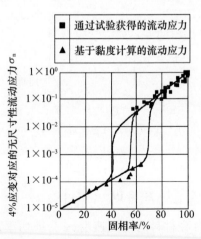

图 1.10   某铝合金材料在其半固态温度范围内的屈服应力(4% 应变
对应的无尺寸性流动应力)与固相率之间的关系

英国谢菲尔德大学的柯克伍德(Kirkwood)指出,当半固态金属合金材料的固相率低于 40% 时,半固态金属屈服应力转变为非牛顿流体形式。由于固相率低于 40% 的半固态金属合金材料具有良好的流动性,可以通过半固态压铸或半固态注射成形等工艺来制造各种具有复杂几何形状的金属材料产品,如汽车的零部件和电子器件等。当半固态金属合金材料的固相率在 40% ~60% 时,金属合金材料的半固态坯料或浆料在成形载荷下的流动转变成糊状金属的特殊变形,其最基本的特点从流动性转变成了可变形性。当半固态金属合金材料的固相率高于 60% 时,金属合金材料的半固态坯料或浆料在成形载荷下的变形特性类似于黏土,固相率高于 60% 的半固态金属合金材料较低的流动应力和优越的可变形性确保了半固态锻造成形、半固态轧制成形和半固态挤压成形的稳定性[37]。

固相率较低的半固态金属合金材料的屈服应力值通常是基于转动同轴双圆筒法所测得的扭转力矩进行推算的。半固态金属合金材料的流动剪切应力与测得的扭转力矩之间的换算关系为

$$\tau = \frac{G}{2\pi r_1^2 L} \tag{1.7}$$

式中:τ 为半固态金属合金材料的剪切屈服应力;G 为测量的扭转力矩;r_1 为内圆筒的半径;L 为内圆筒与熔融或者部分熔融金属合金材料的接触长度。

当半固态金属合金材料的固相率处于较低(小于 40%)或者较高(大于 70%)的范围内时,其标准屈服应力的数值与半固态金属合金材料的固相率之间的关系分布由以下两个公式表示,即

$$\sigma_n = A \cdot f_s^n \quad (6.0 \leqslant n \leqslant 1.2, f_s \leqslant 40\%) \tag{1.8}$$

$$\sigma_n = B \cdot f_s^m \quad (4.0 \leqslant m \leqslant 6.0, f_s \geqslant 70\%) \tag{1.9}$$

式中:σ_n 为半固态金属合金材料的标准屈服应力;f_s 为半固态金属合金材料的固相分数;n 为常数,其数值取决于剪切率;m 为常数,其数值取决于半固态金属合金材料中固相晶粒大小和形状。在图 1.10 所示的情况下,m 的数值为 6.0。

当半固态金属合金材料的固相率处于中间范围(大于 40% 并小于 70%)时,该半固态金属合金材料的标准屈服应力与固相率之间的关系和规律至今尚未被科研工作者所揭示。但是相信在不久的未来,随着各国科研工作者对于变形机制更加深入的研究以及有更多测量屈服应力和黏度方法的提出,上述固相率范围之内半固态金属合金材料的标准屈服应力与固相率之间的关系必将得以解明。

1.1.8 半固态金属的屈服准则

日本东京大学的木内学等通过单轴压缩试验的方法来研究具有不同合金含量 AlCuSiMn 铝合金在半固态温度范围内的屈服准则与该半固态铝合金的固相率之间的关系。半固态金属合金材料受到 4% 应变时所对应流动应力数值和压

缩变形温度之间的关系如图 1.11 所示。当变形温度超过金属合金材料的固相
线温度时,该金属合金材料的流动应力都会随着变形温度的升高而下降。但是,
具有不同合金含量 AlCuSiMn 铝合金的流动应力下降的特点却是截然不同的。
一些半固态金属合金材料的流动应力下降速率非常快,但是其他一些半固态金
属合金材料的流动应力下降速率却又很慢[36]。

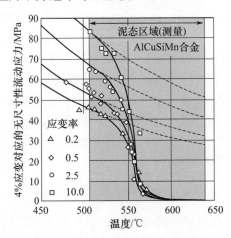

图 1.11　单轴压缩试验测得的合金含量不同的 AlCuSiMn
铝合金在不同温度条件下的流动应力

在具有较高固相率的半固态金属合金材料的内部,相互连接的固相晶粒构
建出了一个固相骨架,在这个固相骨架中的固相晶粒互相限制彼此的自由运
动[38]。这一固相骨架的存在避免了半固态金属合金坯料或浆料的坍塌,并维持
了该半固态金属合金材料在成形载荷下的流动应力。在更高的温度条件下,该
固相骨架会随着半固态金属合金材料固相率的降低而逐步瓦解,这一微观组织
变化不仅会导致该半固态金属合金材料的坍塌,同时引起半固态金属合金材料
在成形载荷下的流动应力的迅速降低。

因为半固态金属合金材料内部的固体构架是由一个个独立的固相晶粒所组
成的,因此很难获得半固体金属合金材料的标准强度和剪切强度之间的关系。
但是,依然需要一个标准来解释半固态金属合金材料的抗剪切强度随着其固相
率的降低而发生的下降。日本东京大学的木内学等基于单轴压缩试验和微观组
织分析的研究结果,提出了半固态金属合金材料的屈服准则为[36]

$$\sigma_f = \left(\frac{1}{f_0}\right) \cdot \left[f_2 \left(3J_2 - f_3 \cdot j_2^{\frac{2}{3}} \right) + \frac{\sigma_m}{f_1} \right]^{\frac{1}{2}} \tag{1.10}$$

$$f_0 = f_s^n \tag{1.11}$$

$$f_1 = a \cdot (1 - f_s)^{-m} \tag{1.12}$$

$$0 < f_3 < (9 \cdot 2^{\frac{1}{3}}/2) \tag{1.13}$$

$$f_2 = \left[1 - f_3 \left(\frac{2}{9} \cdot 2^{\frac{1}{3}} \right) \right]^{-1} \tag{1.14}$$

式中:σ_f 为半固态金属合金材料的屈服应力;f_s 为半固态金属合金材料的固相分数;a 为常数,其数值取决于应变速率;m 为常数,其数值取决于半固态金属合金材料中固相晶粒大小和形状。

1.1.9 半固态成形对金属的要求

德国亚琛工业大学的穆恩斯特曼(Muenstermann)等指出不是所有的金属合金材料都适合半固态成形,因此选择适合半固态成形的金属合金材料对于通过理想的半固态成形工艺获得具有高性能的金属合金材料产品是至关重要的[39]。德国亚琛工业大学的豪尔斯泰特(Hallstedt)等的科研成果表明,适合半固态成形的金属合金材料需要满足以下 3 个必要条件[40]:

(1)该金属合金材料必须有一个比较宽阔的半固态温度区间。

(2)该金属合金材料液相率的温度敏感度要尽可能低。

(3)该金属合金材料在其半固态温度范围内具有足够的形成细小球状微观组织形貌的倾向。

半固态温度区间位于金属合金材料的液相线温度和固相线温度之间。一个宽阔的半固态温度区间确保了金属合金材料的固相率及其半固态触变成形性能的可调控性,而金属合金材料的半固态温度区间又主要受影响到该金属合金材料的合金成分的影响。德国亚琛工业大学的普特根(Püttgen)在论文中展示了他们通过差热分析(differential thermal analysis,DTA)获得的各种钢铁材料的液相率随温度变化规律曲线,如图 1.12 所示。他们还指出在钢铁材料中均匀的化合物分布也有助于获得较宽阔的半固态温度区间和便于微观组织调控的均匀半固态坯料或浆料[41]。

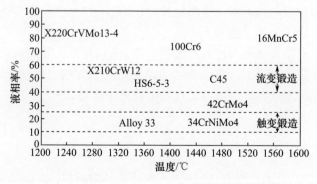

图 1.12 多种钢铁材料的液相率随温度变化规律曲线(加热速率为 10℃/min)

此外,金属合金材料的液相率较低的温度敏感度指的是该金属合金材料的液相率不会随着温度的波动发生剧烈的变化。金属合金材料液相率较低的温度敏感度有利于半固态成形过程的稳定。金属合金材料液相率的温度敏感度可以通过以下公式进行描述,即

$$S^* = d f_{1/s} \left(\frac{T}{100} \right)^{\frac{1}{3}} \tag{1.15}$$

式中:S^* 为金属合金材料固相率的温度敏感度;d 为固相颗粒直径;$f_{1/s}$ 为金属合金材料液相率和固相率之间的比值;T 为金属合金材料的温度。德国亚琛工业大学的普特根等所测定的多种钢铁材料的液相率的温度敏感度的对比显示在图1.12 中。当金属合金材料的液相率介于 40% ~60% 之间时,HS6 - 5 - 3 钢 和 X210CrW12 钢拥有比其他钢种更低的液相率温度灵敏度。金属合金材料的熔融区间和金属合金材料的温度敏感度也深受合金成分的影响。为了使钢铁材料同时拥有一个比较宽阔的半固态温度区间和较低的液相率温度灵敏度,德国亚琛工业大学的普特根等指出适合半固态成形的钢铁材料的碳含量应该超过 1%[42]。

适合半固态成形的金属合金材料的另一个重要特性是易于形成具有均匀细小的球状半固态微观组织。金属合金材料的半固态微观组织往往需要通过一些参数来进行描述,如固相率、液相率、固相晶粒的尺寸、固相晶粒的形状以及固相晶粒分布的均匀度等。这些参数可以通过对使用金相显微镜所拍摄的迅速冷却的半固态试样的二维金相照片进行分析而获得。但是,由于简单的二维切面只能得到固相晶粒的尺寸和体积分数,却无法准确地确定固相晶粒复杂三维几何形状,因此,引入了固相晶粒的形状因子以用来描述固相晶粒的球化情况。半固态金属坯料或浆料中的固相晶粒的形状因子为

$$F = \frac{4\pi A}{P^2} \tag{1.16}$$

式中:F 为固相晶粒的形状因子;A 为固相晶粒的二维截面面积;P 为固相晶粒的周长。当固相晶粒的外形为完全球状时(多角度二维截面为完全的圆形),该固相晶粒的形状因子 F 的数值为 1。

在一些半固态金属合金坯料或者浆料中,固相晶粒之间经常会发生团聚和互连。为了通过数学模型的方式来描述固相晶粒之间的团聚和互连,相互接触的固相晶粒连续率及其体积可以通过以下公式来描述,即

$$C_s^f = \frac{2 S_v^{ff}}{2 S_v^f + S_v^{fs}} \tag{1.17}$$

$$C_s^s = V_s \cdot C_s^f \tag{1.18}$$

式中:C_s^f 为固相晶粒的连续率;S_v^{ff} 为固 - 固界面的表面积;S_v^{fs} 为固 - 液界面的表面积;$C_s f_s$ 为互相连续的固相颗粒的体积;V_s 为固相颗粒的体积。当所有固相晶

粒完全被液相所环绕时，Cf_s 的数值为 0。然而，当半固态金属合金坯料或者浆料的固相晶粒的连续率数值超过 0.3 时，该金属合金材料的半固态触变成形就变得不再理想化了，此时该金属合金材料在成形载荷下的变形性能和完全固相金属合金材料的变形性能相差无几。当半固态金属合金坯料或者浆料的固相晶粒的连续率数值低于 0.1 时，半固态金属合金坯料或者浆料内部的固相骨架的结构会变得过于脆弱，而无法避免该半固态金属合金坯料或浆料在其半固态成形之前就会发生变形甚至垮塌，这就造成了该半固态金属合金坯料或浆料难以从加热工位转移至成形加工工位，给生产工艺路径的连续性造成很大的困扰[43]。

1.1.10　金属半固态成形的理论模型及模拟

为了提升金属合金材料的半固态成形的稳定性，各国科研工作者们也对半固态成形的理论模型和数值模拟进行了开发。数值模拟技术自从问世以来一直都是作为现代工业生产工序设计和工艺优化必不可少的工具而被研究者和工业从业人员所重视。目前，当前广泛被用来预测金属材料在加工成形过程中的行为和性能的数值模拟方法就包括商业化和非商业化的各种有限元法（finite element method，FEM）和有限体积法（finite volume method，FVM）模拟软件。

为了建立半固态金属合金坯料或者浆料的数学模拟，德国亚琛工业大学的柯克（Koke）等科研工作者使用图 1.7 所示的转动同轴双圆筒法，通过使用不同的恒定剪切率对具有特定固相率的 Sn15% Pb 合金施加剪切变形，进而测定具有该固相率的铝合金的表观黏度随剪切率的变化。当剪切率突然从一个较低的数值增加到一个较高的数值之后并维持不变，半固态 Sn15% Pb 合金材料的黏度会降低并稳定在某个数值之前出现一个短时间的激增，如图 1.13 所示。基于上述试验结果，柯克等提出了一种新的单相实体数学模型式用来描述在液体幂定律

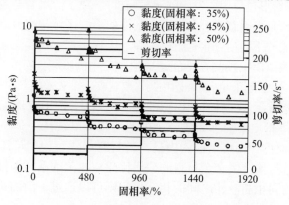

图 1.13　通过转动同轴双圆筒法测得的半固态 Sn15% Pb 合金
材料的黏度、固相率、剪切率之间的关系

中,半固态金属合金材料的黏度随剪切率和时间变化的趋势,见下式

$$\eta = \left(\frac{\tau_0}{\gamma} + k \cdot \gamma^{m-1} \right) \cdot k^* \tag{1.19}$$

式中:τ_0为初始剪切屈服应力,取决于半固态金属合金坯料或浆料的固相率;γ为剪切率;k^*和m为该半固态金属合金材料的参数,它们的数值也取决于固相率。k^*是半固态金属合金坯料或浆料的结构参数,可通过以下公式获得:

$$k^* = (k_e - k) \cdot c \tag{1.20}$$

式中:c为接近于定值的剪切率常数;k_e为聚集在稳定态的半固态金属合金坯料或浆料内部团聚的固相晶粒的占比;k为结构参数,其取值范围为$0 \sim 1$。结构参数描述了固相晶粒在半固态下的团聚程度。在上述数学模型中,半固态金属合金坯料或浆料的黏度不仅取决于剪切率和固体率,此数学模型还考虑了半固态金属合金坯料或浆料的黏度随时间发生的变化。上述数学模型被应用于数值模拟中,用于计算半固态压缩试验的时间 – 载荷曲线,通过与实际测量的时间 – 载荷数据进行对比验证了上述数学模拟的准确性和可行性,如图1.14所示[39]。

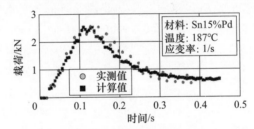

图1.14   通过试验方法和模拟计算得到的压缩试验中的
成形载荷随时间的变化规律

由于半固态成形过程中所发生的液相偏析,导致了金属合金制件内部液相和固相的不均匀分布,半固态成形金属合金制件的不同区域往往具有不同的力学性能,这种力学性能的不均匀分布是阻碍半固态成形实现大规模工业应用的主要桎梏。因此,通过数值模拟预测在半固态成形加工中的液相偏析变得尤为重要。对半固态成形加工中的液相偏析的准确预测需要建立一个有效的双相材料数学模型。

在半固态金属合金材料双相模型的建立过程中,德国亚琛工业大学的戈尔兰德(Gurland)等指出半固态金属合金中的液相可以被认为是一种带有恒定黏度的牛顿液体,而固相则可以被认为是一种具有流体行为的可压缩相。固相的压缩比可以通过与该金属合金材料的泊松比建立相关的系数来推导。半固态金属合金材料中的固相和液相之间的相互作用则可以通过下面的达西定律来进行描述[39],即

$$f_1(U_1 - U_s) = -\frac{k_p}{\eta_1} \cdot \nabla p \tag{1.21}$$

式中：f_1 为半固态金属合金坯料或浆料的液相分数；$U_1 - U_s$ 为液相流动速度和固相流动速度之间的差值；k_p 为该半固态金属合金坯料或浆料的渗透性系数；η_1 为液相的黏度。基于上述半固态金属合金材料双相数学模型开展的半固态成形有限元模拟试验结果如图 1.15 所示。固相晶粒在半固态成形的金属合金材料内部的分布情况是半固态数学模拟仿真计算中最为核心的问题[44]。

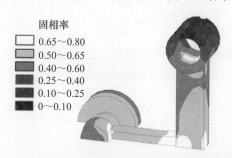

图 1.15　基于一种半固态金属合金材料双相数学模型开展的
半固态成形有限元模拟试验结果

上述半固态金属合金材料双相数学模型的可行性和准确性不能单单通过有限元模拟计算结果来验证，必须要通过具体的试验结果与模拟计算结果进行对比。因此，德国亚琛工业大学的戈尔兰德等科研工作者为了证实上述半固态金属合金材料双相数学模型的可行性和准确性，开展了 X210CrW12 工具钢的半固态成形试验，当成形温度为 1290℃时，半固态 X210CrW12 工具钢的固相率为 70%。他们使用 MAGMA 软件对上述半固态成形工艺进行数值模拟，通过数值模拟分析手段研究了成形温度、成形速率、热导率、工具温度等工艺参数对半固态成形过程及结果的影响规律，基于数值模拟分析结果设计、优化工具模具结构以及工艺流程，制定了一套最优的工艺参数，进而通过调节这些工艺参数来消除成形制件的微观缺陷。固相率约为 70% 的 X210CrW12 工具钢的半固态成形模拟计算结果与试验结果的对比如图 1.16 所示[45]。

图 1.16　通过数值模拟和试验手段获得 X210CrW12 工具钢半固态成形情况对比
（1290℃时 X210CrW12 工具钢的固相率为 70%）

　　然而,到目前为止还没有一套数值模拟分析方法或软件可以完全而准确地描述半固态成形中的半固态金属合金坯料或浆料在成形载荷驱动下的成形行为,其主要原因是由于目前对半固态金属合金坯料或浆料的成形基础研究的缺乏,导致了各国科研工作者无法完全而透彻地理解半固态金属合金坯料或浆料在成形载荷驱动下的成形行为[46]。

1.1.11　金属半固态成形的工业应用

　　直到目前为止,金属合金材料的半固态成形技术的主要工业应用领域是铝合金产品的生产制造和加工。金属合金材料的半固态成形技术之所以在铝合金制件的加工成形方面大行其道,其主要原因是铝合金比其他金属合金材料更加易于进行半固态成形。与以钢铁合金材料为代表的高熔点黑色金属合金相比,铝合金不仅具有更低的液相线温度,而且铝合金在高温条件下发生的金属相转变也比较简单[47]。与以镁合金为代表的有色金属合金相比,铝合金在高温条件下不会与空气中的氧气发生剧烈的氧化反应甚至燃烧,各国科研工作者和金属加工从业人员可以利用比较简单的设备以较低的成本制备适于半固态成形的铝合金坯料或者浆料。由于铝合金的强度较高且密度较小,俗称比强度较高,所以铝合金的半固态成形主要应用于汽车零部件的加工制造业,能够有效地降低汽车自身重量,达到以铝代钢、节能减排的效果[48]。

　　下面举3个例子来说明铝合金的半固态加工成形技术及在汽车零部件制造业的工业应用[49]。

　　由奥地利的索兹博格铝业(Subsidiary of SAG,Lend Austria)公司下属的泽克松零件公司通过半固态锻造加工成形的奥迪A3四门小汽车的铝合金A柱和B柱如图1.17所示。该铝合金材料是AlSi7Mg0.3铝合金,上述A柱和B柱的平均厚度约为3mm。A柱和B柱的质量分别是0.43kg和0.20kg。通过拉伸试验测得的上述A柱和B柱的延伸率均大约为10%,A柱和B柱的屈服强度分别大于120MPa和220MPa。

　　由德国的奥肯辛根铝业(ALCAN Singen GmbH)公司通过半固态锻造加工生产的奔驰S级小汽车的铝合金转向节如图1.18所示。该铝合金材料是AlSi7Mg0.6铝合金。半固态成形后的铝合金转向节需要通过常规的A3热处理后才能交付使用。

　　由意大利的斯坦普特殊合金(Stampal Particalar Alloy)公司通过半固态锻造加工生产的阿尔法罗密欧小汽车的铝合金发动机托架如图1.19所示。该铝合金材料是AlSi7Mg0.6铝合金。该零件是目前工业界生产的最大的铝合金半固态成形制件,质量大约为7.5kg。半固态成形制件的尺寸主要受可制备的最大半固态坯料或者浆料的最大尺寸和成形设备的最大成形载荷所限制。铝合金半固态成形制件的变模粗糙度在 $2 \sim 28\,\mu m$ 的范围内,其表面质量要优于高压铸造制件。

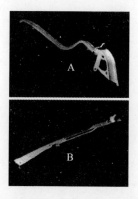

图 1.17 由奥地利的索兹博格铝业公司下属的泽克松零件公司
生产的奥迪 A3 四门小汽车的铝合金 A 柱和 B 柱

图 1.18 由德国的奥肯辛根铝业公司生产的奔驰 S 级小汽车的铝合金转向节

图 1.19 由意大利的斯坦普特殊合金公司生产的阿尔法罗密欧
小汽车的铝合金发动机托架

1.2　工具钢简介

1.2.1　工具钢的工业应用

工具钢(tool steel)是用以制造切削刀具、量具、模具和耐磨工具的钢。工具钢具有较高的硬度和在高温下能保持高硬度和红硬性,以及高的耐磨性和适当的韧性。工具钢一般分为碳素工具钢、合金工具钢和高速工具钢。工具钢通常被用来制造工具、模具。在工业领域中,工具钢产品被广泛应用于工业来锻造、冲压和切割金属和塑料[50]。

工具钢的力学性能之所以不同于其他一般的碳素钢,是由于工具钢中各种其他合金元素的存在。工具钢中由合金元素所生产的共晶化合物为工具钢制品提供了良好的高温条件下微观组织的稳定性,确保工具钢制品具有较高的硬度、良好的韧性、优异的强度和出色的抗剪切应力[51]。

工具钢的工业应用范围很广,如图 1.20 所示。从简单的手工工具到几何结构复杂的冲压模具,从工作温度为室温的切削刀具到工作温度为高温的锻造模具。由于工具钢即使在高温高压等极端的工况条件下也能维持优越的强度、出色的硬度、较高的韧性和优异的抗剪切强度,因此,工具钢制品也被广泛应用在恶劣的工作环境下。

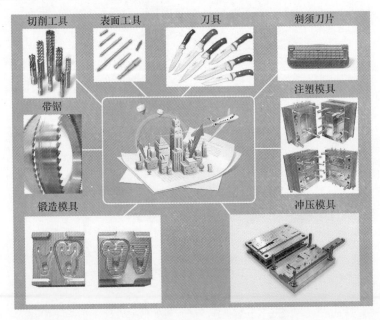

图 1.20　工具钢在工业中的广泛应用实例

1.2.2 工具钢的发展历史

人类社会发展过程中战争占据了较大的份额,而人类战争对各种具有较高质量的武器装备的需要也促进了工具钢的问世和发展。在古代中国、古代日本和国家的能工巧匠采用高水平的知识和技能来提升工具钢的力学性能,进而获得具有很高性能的刀剑产品。几千年前,在这些国家的人们为了获得高性能的产品,通过多向锻造的方式对高碳钢和低碳钢进行微观组织调控[51]。

工具钢发展的历史沿革以及重大事件发展顺序如图 1.21 所示。工具钢开始成为一个特殊的钢种存在是从 1740 年开始的。在 1740 年,英国谢菲尔德的一个名为本杰明·汉斯曼(Benjamin Huntsman)的钟表匠在坩埚中熔炼的工具钢坯料,前期的熔融处理不但使钢的微观组织和合金元素分布变得更加均匀,而且还为后期制造高质量钢提供了良好基础条件。在 19 世纪的下半叶,由于钢铁冶炼和制造技术的不断革新,促进了工具钢研发和制造的飞速发展。当合金强化技术和观念深入人心以及工具钢的重要意义得到进一步加强后,工具钢的发展进入了一个新的时代。现如今,为了能够成功地制造具有更高性能的工具钢,科学技术的进一步发展和信息共享是相当重要的[52-53]。

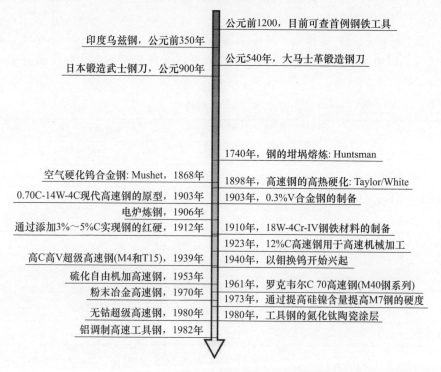

图 1.21 工具钢发展的历史沿革以及重大事件发展顺序

1.2.3　工具钢的分类

　　工具钢的分类比较复杂,各国科研工作者根据不同的分类标准(如成分、硬度、性能和应用范围)来对工具钢进行分类。美国钢铁协会根据合金成分、热处理、工业应用将工具钢分为9种,具体包括空气中冷却合金冷作工具钢、高碳高铬冷作工具钢、铬钨锰合金热作工具钢、锰合金高速工具钢、油冷硬化冷作工具钢、模具工具钢、防振工具钢、钨合金高速工具钢、水冷硬化工具钢等。上述9种工具钢的分类以及它们分别的字母代号如表1.1所列。除了上述的美国钢铁协会工具钢分类,许多其他国家也都有各自独立的工具钢分类体系。

　　空气中冷却合金冷作工具钢在低温工况条件下具有极高的耐磨性,当空气中冷却合金冷作工具钢中的合金元素含量不同时,它将具有不同的硬度和韧性。

　　高碳高铬冷作工具钢具有极其优越的耐磨性,这是由于高碳马氏体的存在。占比足够大的碳化物确保了高碳高铬冷作工具钢具有优越的淬透性的同时,能够在空气冷却的条件下形成足够多的高碳马氏体组织。

　　油冷硬化冷作工具钢由于含有大量的低温回火马氏体组织,所以在低温工况条件下有良好的耐磨性,并且由于较高的含碳量使得油冷硬化冷作工具钢具有较好的加工性能。

　　模具工具钢的含碳量低于其他工具钢,因此模具工具钢在退火热处理后具有优越的塑性成形性能,而后续的渗碳处理和淬火热处理可以大幅度提升模具表面的硬度和耐磨性。

表 1.1　美国钢铁协会对工具钢的分类及字母代号

工具钢分类	字母代号
空气中冷却合金冷作工具钢	A
高碳高铬冷作工具钢	D
铬钨锰合金热作工具钢	H
锰合金高速工具钢	M
油冷硬化冷作工具钢	O
模具工具钢	P
防振工具钢	S
钨合金高速工具钢	T
水冷硬化工具钢	W

　　防振工具钢具有比水冷硬化工具钢更高的合金元素含量和更好的淬硬性,它不仅具有很高的抗冲击强度,并且还具有较优秀的韧性和耐磨性。

水冷硬化工具钢具有所有工具钢中最低的合金元素含量,由于常规的热处理只能保证水冷硬化工具钢中渗碳体的生成,水冷处理是该钢种获得马氏体组织的必要手段,然而水冷处理仅能实现该工具钢的表面硬化。

铬合金热作工具钢中的铬元素不仅使该钢种具有优良的耐高温冲击载荷能力,而且还使得该钢种具有良好的抗高温软化能力,以及很好的抗热疲劳性能。因此,铬合金热作工具钢适合应用于热锻和压铸等工艺。铬元素的加入有效地控制了马氏体中碳的浓度,并且限制合金碳化物颗粒的尺寸,进而有效地提升了该钢种的韧性。高温回火热处理之后,析出的铬和钒合金共晶化合物具有精细的尺寸和均匀的分布,使得铬合金热作工具钢具有优越的高温强度。此外,较高的合金元素含量使铬合金热作工具钢具有较好的淬硬性,使得该钢种在空冷热处理后具有很高的硬度。

钨合金热作工具钢比铬合金热作工具钢具有更好的抗高温软化能力,这是由于该钢种除了含有大量的铬元素外,还添加了大量的钨元素,这使得钨合金热作工具钢的微观组织中含有更多的稳定的共晶化合物。但是大量钨元素的加入导致钨合金热作工具钢的韧性有所降低。

钼合金热作工具钢具有可调节的抗软化能力,该钢种中添加的钼元素增加了共晶化合物所占的体积比,并确保了钼合金热作工具钢在高温工况下能够很好地保持稳定的微观组织。

钨合金高速工具钢主要用来制作高速切削工具,由于钨元素的含量较高,即使在非常高的温度条件下钨合金热作工具钢都难以被软化。较高的碳元素和其他合金元素的含量使得钨合金热作工具钢内部含有大量的具有高温稳定性的共晶化合物,这些高温稳定共晶化合物的存在确保了钨合金热作工具钢较高的硬度和耐磨性。

钼合金高速工具钢也被应用于制作高速切削工具,与钨合金高速工具钢相比,钼合金高速工具钢除了具有稍微高的韧性外,其他的力学性能则与钨合金高速工具钢大致相当。

由于各个种类工具钢的微观组织和力学性能主要受到合金元素含量和热处理工艺的影响,通常情况下,含有回火马氏体组织内均匀分布的细小共晶化合物的工具钢会表现出很好的硬度。工具钢的淬透性会随着其中合金元素含量和共晶化合物体积比的增加而增加。这是由于工具钢中更高的合金元素含量导致了具有更高体积比的共晶化合物的析出。对共晶化合物的析出有促进作用的合金元素的添加有助于增强工具钢在热加工和奥氏体化阶段共晶化合物在奥氏体基体中的稳定性,并且使得该工具钢中更多的奥氏体在后续的冷却过程中转变为马氏体。因此,较高的合金元素含量尽管保证工具钢具有较高的硬度和耐磨性,但是也会导致工具钢韧性的下降。

1.2.4　工具钢及其产品的生产

传统的工具钢及其产品的生产制造流程如图 1.22 所示。工具钢及其产品的生产制造主要包括 3 个阶段,即铸造阶段、加热阶段和热加工阶段。

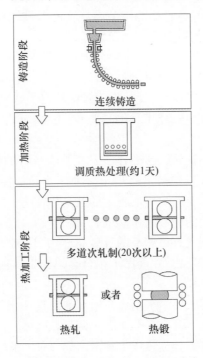

图 1.22　由铸造、加热、热加工组成的传统工具钢及其产品的生产制造流程

在铸造阶段,原材料被迅速熔融之后转移到精炼容器中精炼,并在精炼容器中注入氧气和氩气开展氩氧脱碳(argon oxygen decarburization,AOD)处理,随后通过连续铸造获得钢铁坯料。

在加热阶段,铸坯需要进行退火热处理,退火热处理的温度和时间分别为大约 900℃ 和 24h。在这个阶段的退火热处理主要有两个目的:一是退火热处理可以避免铸坯在后续热加工阶段裂纹和热剥离等缺陷的产生;二是长达 24h 的退火热处理可以使得富含铬元素和碳元素的共晶化合物在铸坯中的分布情况变得更加均匀。除了退火热处理外,电渣重熔(electro – slag re – melting,ESR)工艺也往往被用来提升工具钢产品的品质。由于恒定的熔融速率和生产的薄渣层,ESR 工艺不但可以使得铸件表面光滑,而且还能有效地消除铸坯内部的孔洞。快速凝固(rapid solidification)处理是另一种可以有效改善微观组织的不均匀性并且降低铸坯中心成分偏析倾向的工艺。真空电弧重熔(vacuum arc re – melting,VAR)工艺在本质上是一个渐进的凝固过程,能够实现铸坯从宏观结构到微观结构的重构。VAR 工艺往往与 ESR 工艺相结合。

　　在热加工阶段,主要目的是通过塑性加工来实现晶粒的细化和共晶化合物的均匀分布,进而获得具有需要的几何形状尺寸及力学性能的工具钢及其产品。在工具钢及其产品的制造中多道次连续热轧工艺是比较受人青睐的热加工方法之一。多道次连续热轧工艺的操作建立在一系列的具有 20 副轧辊以上的连续轧机的基础上,能够用于加工具有长条状且具有不同截面形状及尺寸的工具钢。工具钢材料的多道次连续热轧工艺的加工启示温度则取决于加工对象的具体种类及合金元素含量,通常情况下,加工启示温度在 1090 ~ 1190℃ 之间。在多道次连续热轧过程中,钢铁坯料的压缩率逐级递增。逐级递增的压缩率不但实现了晶粒的细化,还促进了共晶化合物分布的均匀化,如图 1.23 所示[51]。

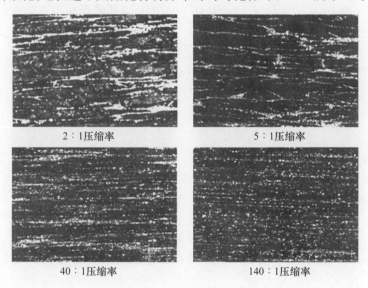

2:1压缩率　　　　　　　　　　5:1压缩率

40:1压缩率　　　　　　　　　140:1压缩率

图 1.23　多道次连续热轧过程中钢铁坯料内部共晶化合物(浅色部分)
分布情况随着压缩率逐级递增的变化规律

　　上述传统的工具钢及其产品的生产制造流程中由于长达 24h 的退火热处理和多道次连续热轧工艺的存在,大量的时间和能量被用于实现钢铁坯料的晶体细化和共晶化合物的均匀化。在全球提倡绿色制造和节能减排的今天,急需开发出一些新的工艺流程来以较低的时间和较低的能量为代价有效地实现钢铁坯料的晶体细化和共晶化合物的均匀化。

　　对于具有更小的几何尺寸的工具钢产品,工业界往往通过使用拉延工艺来部分或者全部代替多道次连续热轧工艺中的若干道次热轧。除了上述工具钢及其产品的生产制造流程,还有一些其他的工具钢及其产品的制造方法,如基于粉末冶金技术的工具钢及其产品的制造方法等[51]。

1.3   钢铁材料的半固态成形技术

1.3.1   钢铁材料的半固态成形技术的难点

截至目前,镁合金及铝合金等有色金属材料的半固态成形已经得到了较为充分的研究,其研究领域涉及有色金属半固态成形的工艺、模具及装备等方方面面[54-61]。而以钢铁材料为代表的黑色金属材料的半固态成形则大大滞后于有色金属材料,究其原因主要有以下 3 点[62]。

(1)钢铁材料较高的固相线温度和液相线温度造成了其较高的半固态成形温度,从而对半固态成形过程中所使用的工具及模具的耐热温度以及在高温工况下的力学性能提出了近乎苛刻的要求。目前工业界通用的高性能模具材料如 H13 热作工具钢的力学性能都会在升温至 1100℃ 以上后大打折扣,以至于很难作为工具或模具材料完成对半固态钢铁材料的运输及成形。

(2)钢铁材料在从固态加热至半固态或者从液态经由半固态冷却至固态的过程中所发生的金属相变远远比有色金属材料要复杂得多。以 H13 工具钢为例,在从固态加热至半固态过程中,仅 Fe 金属相都要发生从 α 相铁素体到 γ 相奥氏体再到 L 相液体的金属相变。而含有更多、更复杂合金元素的合金不锈钢则在升温过程中发生更加复杂的金属相变。钢铁材料在高温条件下由于与工具、模具及外部环境热交换而发生如此复杂且瞬息万变的金属相变对其半固态成形制件的微观组织和力学性能有着至关重要的影响,同时也为其半固态成形工艺设计及精准控制提出了较为苛刻的要求。

(3)钢铁材料在较高温度条件下会与空气中的氧气发生反应,而产生较厚的氧化皮膜,在半固态成形前,氧化皮膜对于钢铁材料温度场分布的影响直接关乎其内部微观组织的均匀性;在半固态成形过程中,氧化皮膜对钢铁坯料的成形性能依然有着显著的影响,而残留在成形制件中的氧化皮膜则会直接影响制件的力学性能。

综上所述,钢铁材料较高的半固态温度区间、高温工况下的复杂金属相变以及潜在的表面氧化皮膜,是目前钢铁材料的半固态成形技术所面临的主要挑战。本书将从几个方面简要介绍和探讨钢铁材料半固态成形技术及工艺的研究发展现状。

1.3.2   适合半固态成形的钢铁材料的选择

并非所有金属材料都可用于半固态成形。半固态温度区间即金属材料的固相线温度和液相线温度之间的温度窗口的宽窄程度,是选择适合半固态成形的金属材料的标准之一[63]。较宽的半固态温度区间能够给予半固态坯料/浆料的运输和成形以较大的调整空间,提高整个成形操作的容错率,并且能够给技术人员较大的自由发挥余地去设计较为复杂的成形工艺。

对于适合半固态成形的钢铁材料的初选,合金相图因其经济性和便利性而被科研工作者广泛使用。本书以图2.1所示的铁碳二元合金相图为例,简单讲解适合半固态成形的钢铁材料的初选方法。从图1.24中可以看到,固-液两相共存的区域主要包括液相+奥氏体和液相+渗碳体两块三角区域。首先根据设定的钢铁材料的各个合金成分含量使用式(1.22)计算该钢铁材料的碳素当量(C. E.)[64],即

$$\text{C. E.} = \%\,C + \%\,Mn/6 + \%\,Si/24 + \%\,Ni/40 + \%\,Cr/5 + \%\,Mo/4 + \%\,V/14$$

$$(1.22)$$

式中:% C 为碳元素含量;% Mn 为锰元素含量;% Si 为硅元素含量;% Ni 为镍元素含量;% Cr 为铬元素含量;% Mo 为钼元素含量;% V 为钒元素含量。在以计算所得的碳素当量为原点垂直于 x 轴画一条直线,该直线在三角形区域内的线段则为该钢铁材料的预估半固态温度区间。该直线的上下断点分别是该钢铁材料的预估液相线温度和预估固相线温度。从图2.1中可以看出,当钢铁材料的碳素当量约为2.08%时,其半固态温度区间最宽。而当钢铁材料的碳素当量低于2.08%时,不仅该钢铁材料半固态温度区间随着碳素当量的减少而变窄,而且该钢铁材料的固相线温度和液相线温度都随着碳素当量的减少而升高。基于目前人类社会的工业技术发展程度,半固态温度越窄,固-液相线温度越高,半固态成形的工艺难度也就越大。而当钢铁材料的碳素当量高于2.08%且低于

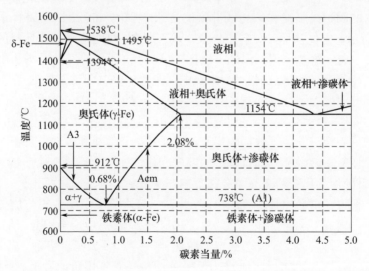

图1.24 基于二元铁碳金属相图中的固-液相线温度推测钢铁材料的半固态温度区间

4.41% 时,尽管该钢铁材料半固态温度区间随着碳素当量的增加而变窄,但该钢铁材料的液相线温度都随着碳素当量的增加而降低,该钢铁材料的固相线温度在此碳素当量范围内保持不变。尽管较窄的半固态温度区间对半固态成形不利,然而较低的固 – 液相线温度则是碳素当量在本区间内钢铁材料半固态成形的利好。而当钢铁材料的碳素当量高于 4.41% 时,尽管该钢铁材料半固态温度区间随着碳素当量的增加而变宽,但该钢铁材料的液相线温度都随着碳素当量的增加而升高,且该钢铁材料的固相线温度在此碳素当量范围内保持不变。由于碳素当量范围内的钢铁材料多为力学性能较差且成本较低的铸铁材料,故极少数研究者才会将此类钢铁材料作为半固态成形研究的对象和目标。

综上所述,低合金、低碳钢以及铸铁等钢铁材料的半固态温度区间较窄,而这些较窄的半固态温度区间使这些钢铁材料的半固态成形难以精确控制。因此,研究者们普遍认为相较于低合金钢以及铸铁等钢铁材料,具有较宽半固态温度区间的高合金钢、高碳钢等钢铁材料是更加适用于半固态成形技术,并且将通过半固态成形技术应用于制造传统锻造工艺难以成形的具有复杂几何形状的高合金钢、高碳钢零部件为研究的主要目标。

除了通过查阅二元金属相图来粗略判断某金属材料的半固态温度区间外,还可以通过一些简单的试验手段对金属材料的半固态温度区间进行更加精确的预估。其中通过凝固 – 冷却试验获得的冷却温度 – 时间变化曲线来预估金属材料的固相线温度和液相线温度的方法,因其试验的简便性和预估结果的准确性,使得凝固 – 冷却试验被各国科研工作者广泛使用[65]。

下面简单阐述通过凝固 – 冷却试验获得的冷却温度 – 时间变化曲线来预估金属材料的固相线温度和液相线温度的方法。凝固 – 冷却试验装置示意图如图 1.25 所示。首先从原始材料中切取一块坯料,并利用钻床在该坯料的顶部钻一个盲孔。将一组热电偶测温的一端插入该盲孔(盲孔的直径需与热电偶前端直径尺寸相配合,以避免试验过程中热电偶脱落。热电偶需要伸到盲孔的底部,由于盲孔的深度为圆柱形钢铁坯料高度的一半,确保了热电偶所测到的是材料正中央的温度,最大程度上避免圆柱形钢铁坯料与外接热交换所引起的误差)。热电偶的另一端与安装了数据收集及保存系统的计算机相连接,以确保准确、快速地记录坯料在熔融和冷却过程中的温度变化情况。随后将金属坯料放入一个坩埚,并且使用氧化铝粉末充填金属坯料与氧化铝坩埚之间的间隙。一方面维持了金属坯料在坩埚内部位置的稳定,另一方面避免了坩埚由于与加热途中的金属坯料之间的不均匀接触引起的局部热应力,局部热应力会引起坩埚的破裂,进而使金属坯料失去平衡并与热电偶脱落,最终会导致整个"熔融 – 冷却"试验的失败,造成没有必要的财产损失和实验室事故等一连串负面后果。此外,为避免金属材料在高温条件下与空气中的氧气发生化学反应并影响试验测试精度,还需要用氧化铝粉末在金属材料的上方将其完全掩埋,只有热电偶的导线留在外面。随后通过各种加热手段(包括气氛加热、电阻加热、感应加热等)将位于坩埚内部的金属坯料加热至完全熔融,并进一步加热至更高温度(一般加热至高于通过铁碳合金相图预估的液相线温度100℃以上比较稳妥)之后停止加热,让熔融后的金属坯料自然冷却至室温。分析通过热电偶测量并保存的该金属材料从熔融状态冷却至室温期间的冷却温度–时间变化曲线。

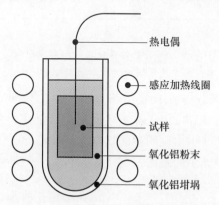

图 1.25　凝固–冷却试验装置示意图

具有明显半固态温度区域的金属材料会由于在冷却过程中固相的出现和液相的消失而在其冷却温度–时间变化曲线中显示出明显的起伏和波动,而科研工作者可以根据金属材料冷却温度–时间变化曲线上明显的起伏和波动来预估该金属材料的液相线温度和固相线温度,进而预估该金属材料的半固态温度区间。

在通过二元金属相图或者冷却温度–时间变化曲线完成对钢铁材料的粗选之后,还需要通过其他手段进一步选择适合半固态成形的钢铁材料,其中比较常用的手段是差热分析(differential thermal analysis,DTA)或者差示扫描量热法(differential scanning calorimetry,DSC)分析[66,67]。通过差热分析可以得到金属材料在从固态二次重熔至半固态或者从液态冷却经由半固态后完全凝固至固态的过程中,其金属材料内部液相体积分数(液相率)随温度的变化情况,并根据DTA分析或者DSC的结果判断该金属材料是否适合半固态成形工艺,进而设计适合该金属材料的半固态成形工艺条件。但是DTA和DSC分析的结果并不能直接给出该金属材料在某个处于半固态温度区间内温度时的液相率。各国科研工作者开创了若干种数据处理方法,以基于DTA和DSC分析结果去估算该金属材料在半固态温度区间内液相率随温度变化曲线。其中,比较通用的方法之一是比利时国列日大学的拉西里(Rassili)等所开发的面积积分法[68]。

下面简述基于DTA和DSC分析结果使用面积积分法估算该金属材料在半固态温度区间内液相率随温度变化曲线的具体方法,如图1.26所示。

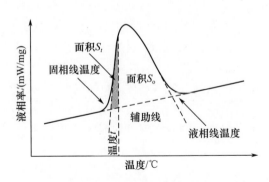

图 1.26   基于 DTA 和 DSC 分析结果使用面积积分法估算该金属材料在
半固态温度区间内液相率随温度变化曲线

首先,在通过 DTA 分析或 DSC 分析获得的热信号曲线中寻找该金属材料的液相线温度和固相线温度,由于在上述两温度时金属材料的金属相变比较剧烈,因此会在热信号曲线中出现明显的拐点或者吸热/散热峰。但是需要注意的是,由于金属材料在呈完全固态的情况下也会因加热或者冷却而发生固态金属相变并引起热信号曲线中出现同样明显的拐点或者吸热/散热峰。而如何在热信号曲线的各个拐点和峰值中寻找液相出现(固相线温度)和固相消失(液相线温度)则仰赖于科研工作者自身的经验(有经验的科研工作者大致了解该类型金属的固相线温度和液相线温度所处的大致温度范围,比如钢铁材料的半固态温度区间在 1100℃ 以上,镁合金的半固态温度区间在 500℃ 以上)或者其他手段(比如上文所述的查阅金属相图,通过熔化－冷却试验获得的冷却温度－时间变化曲线,查阅相关科技文献和学术期刊等)获得的信息来缩小搜寻范围,并最终确定该金属材料的固相线温度和液相线温度。

随后,画一条辅助直线将该金属材料的温度信号曲线在固相线温度和液相线温度处的两个拐点连接起来,并且确保该直线的斜率与该金属材料的固相线温度处拐点左侧的曲线段和液相线温度处拐点右侧的曲线段的斜率大致相同,以确保左右两段曲线的平滑过渡。

随后,该金属材料的温度信号曲线在固相线温度和液相线温度处的两个拐点连接那段曲线较为平直的部分向 x 轴方向画辅助直线延伸至此前所画的那条直线。自此,3 条辅助直线构成了一个处于该金属材料的固相线温度和液相线温度之间的三角形。该三角形的两个底角的横坐标值分别是该金属材料的精准固相线温度和液相线温度。

通过积分方法计算上一步所画的三角形面积(S_0)。

以该金属材料的固相线温度和液相线温度之间的任何一个温度为起点画垂直于 x 轴的直线,与此前所画三角形的底边和其中一条边相交。

通过积分方法计算此前所画三角形在该直线左侧部分的面积(S_t)。

该金属材料在特定温度时的液相率(f_t^l)可通过下式进行计算,即

$$f_1^t = \frac{S_t}{S_0}$$

由此可知,当金属材料的温度为其固相线温度时,该金属材料的液相率为0%,当金属材料的温度为其液相线温度时,该金属材料的液相率为100%。

德国亚琛工业大学的巴利特切夫(Balitchev)等使用 DTA 分析得到的液相率随温度变化曲线中的若干特征来判断适合半固态成形的金属材料[69]。其判断标准同样适用于选择适合半固态成形的钢铁材料,具体判断标准如下。

①金属材料的液相线温度(T_l)和固相线温度(T_s)要尽可能低。

②金属材料的液相率为 50% 时的温度($T_{50\%}$)要尽可能低。

③金属材料的半固态温度区间($T_l \sim T_s$)要尽可能宽。

④金属材料的半熔化温度区间($T_{50\%} \sim T_s$)也很重要,因为这是该金属材料适于触变成形的温度区间。

⑤金属材料的液相率 – 温度曲线在液相率为 10% 和 50% 处所得斜率(($\mathrm{d}f/\mathrm{d}T)_{10\%}$、($\mathrm{d}f/\mathrm{d}T)_{50\%}$)要尽可能小,以确保金属材料的液相率不随温度变化而发生剧烈的变化。

下面举例说明。图 1.27 展示了 X210CrW12 冷作工具钢、100Cr6 轴承钢和HS6 – 5 – 3 工具钢 3 种钢铁材料的液相率随温度变化曲线,这些曲线是基于DTA 分析结果使用 DICTRA 扩散模拟计算获得的。

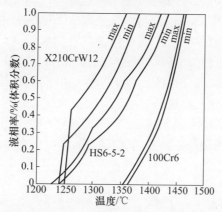

图 1.27　使用 DICTRA 扩散模拟计算出的多种钢合金元素含量
分别为最大和最小的液相率随温度变化曲线

其中 X210CrW12 冷作工具钢的固相线温度较低,而且半固态温度区间较宽,为研究者和工程应用中利用其较宽的半固态温度区间对半固态成形制件的力学性能进行主动调控提供了充足的温度空间。德国亚琛工业大学的研究者Hirt 等通过大量的 DTA 分析试验发现,X210CrW12 冷作工具钢和100Cr6工具钢

具有较宽的半固态温度区间,但是轴承钢100Cr6的半固态温度区间则相对较窄[70]。较宽的半固态温度区间有助于碳化物在钢铁材料中的充分溶解。尽管轴承钢100Cr6的半固态区间相对来说比较窄,但同样也可以采用半固态成形工艺加工和制造100Cr6制件。截至目前,欧洲学者已经针对轴承钢100Cr6和冷作工具钢X210CrW12在其各自半固态温度区间内的微观组织演变和半固态成形性能进行了大量的研究工作。英国帝国理工大学的格尔利(Gourlay)等通过热力学分析预测指出,钢铁材料的液相率 – 温度曲线在液相率为50%处的斜率是一个选择适合半固态成形钢铁材料的一个重要指标[71],同时德国亚琛工业大学普特根等还指出了适合半固态成形的钢铁材料的选择还应考虑半固态成形工艺的分类[72]。选择适合半固态触变成形的钢铁材料时,需要该钢铁材料的液相率从40% ~60% 所对应的温度区间尽可能宽。而选择适合半固态流变成形的钢铁材料时,需要该钢铁材料的液相率从20% ~40% 所对应的温度区间尽可能宽。

尽管上述标准及研究成果得到了国内外学者及工业界的广泛承认,但是部分科研工作者则在此标准以外又有了新的发现。例如,我国北京科技大学的李静媛以及日本东京大学的杉山澄雄和柳本润等的共同研究发现,在铁碳二元金属相图中被众多研究者所忽略的左上角,一些碳素当量非常低的钢铁材料在其部分熔融的过程中会发生一种独特的金属相变,如图1.28 所示。这种合金中伴随包晶反应发生的球化现象独立于固相,从而获得具有球化组织的半固态微观组织,这种钢铁材料在部分熔融阶段所发生的逆包晶反应,被他们成为"逆包晶反应诱导球化处理"(IPIS)[73]。此外,法国国立高等工程技术学校的布莱克等发现,成功的半固态触变成形并不一定要在钢铁材料的液相率处于20% ~40% 制件的温度范围内进行,他们指出当钢铁材料的液相率仅为5% 时,同样能够获得具有良好外观尺寸、精准几何精度、出色力学性能的钢铁材料制件[74-76]。上述科学研究成果充分地对原有经典的适用于半固态成形的钢铁材料选择标准进行了补充,也为未来钢铁材料半固态成形技术的不断进步并获得突破性的新成果铺垫了坚实的基础,指明了前进的方向,鼓舞了后来者站在巨人肩膀上攀登科学研究高峰的信心和勇气。

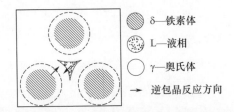

图1.28   碳素当量非常低的钢铁材料在部分熔融过程中
因逆包晶反应而发生球化机制的示意图

1.3.3 钢铁材料半固态成形技术的发展

19 世纪 80 年代末,英国谢菲尔德大学的学者柯克伍德等开始使用半固态成形技术成功地完成了钢铁材料零件的试制。例如,柯克伍德等通过半固态触变成形工艺试制的直径为 114cm 的 M2 工具钢齿轮,如图 1.29 所示[77],并进而通过包括奥氏体化处理、回火处理、高温回火处理在内的多种热处理工艺对该半固态触变成形 M2 工具钢齿轮的微观组织和力学性能进行调制。通过与铸造工艺生产的 M2 齿轮零件进行对比,半固态触变成形的 M2 工具钢齿轮的力学性能远优于铸造 M2 齿轮。

M2工具钢极限拉伸强度/MPa	
空气喷射-触变成形	605
再结晶-触变成形	451
覆盖-再结晶-触变成形	543
真空-再结晶-触变成形	1214
M2工具钢硬度/HV	
未处理	280
—奥氏体化处理	835
—回火处理	810
—高温回火处理	690
触变成形	680
—奥氏体化处理	860
—回火处理	840
—高温回火处理	650

图 1.29 半固态触变成形 M2 工具钢齿轮(上)和不同加工及热
处理条件对其力学性能的影响(中、下)

随着时代的发展、科学技术的不断进步,各种工艺参数的控制技术的突飞猛进推动了半固态成形技术的飞速发展。这些发展不仅体现在合适半固态成形的钢铁材料的选择、适合钢铁材料半固态成形用工具模具材料的设计、半固态成形前钢铁材料坯料/浆料的均匀高温加热方面,还体现在基于半固态成形工艺有别于其他传统加工成形工艺的特点,即对于半固态成形制件的设计和再设计等方面,此外还包括对半固态成形过程中成形速率、停留时间、半固态成形设备的运动轨迹、成形后的保压载荷以及模具温度的设定等方方面面。

钢铁材料的半固态成形工艺中的另一个重要部分是半固态成形的协调控制系统,这个协调控制系统不仅要精确地控制半固态坯料/浆料在由加热制坯/制浆工位向成形工位运送的过程中处于稳定的半固态状态,还要充分考虑并控制半固态成形过程中的钢铁半固态坯料/浆料与模具之间的热传导;同时这个处理系统还需要保证半固态成形钢铁材料制件的微观组织和力学性能的均匀分布。世界各国的科研工作者之所以不断推动上述控制技术的蓬勃发展,其目的就在于通过半固态成形技术让获得高质量的钢铁材料制件,使其比之通过锻造、铸造、切削等传统方法加工的零件更具竞争力。

在全世界各个国家科研工作者的共同努力下,目前钢铁半固态成形的控制技术已经在以下诸多方面取得了较为显著的发展成果。德国亚琛工业大学的普特根和布莱克等提出了加热过程的非接触式温度测量方法,使得工作者能够更加准确且方便地了解到半固态坯料/浆料的制备过程中钢铁材料温度的变化[78]。比利时国列日大学的贝伦斯(Behrens)等采用模糊逻辑来控制加热,为钢铁半固态坯料/浆料制备过程的温度变化(包括升温速率和保温时间等)进行精确控制和主动调控[79]。比利时国列日大学的拉西里等优化了感应线圈的形状,实现了对具有不同尺寸形状的金属坯料进行快速且均匀地加热和保温,进而获得具有均匀微观组织和均匀流动/成形性能的半固态金属坯料,为后续半固态成形的顺利开展以及获得具有均匀力学性能的半固态成形制件奠定了坚实的基础[80]。德国亚琛工业大学的巴约(Baadjou)等通过计算机模拟的方法对金属坯料/浆料在输送过程中以及从转移至模具到半固态成形过程中由于热交换而产生的热损失情况进行了精准地预测,能够为工业应用中半固态成形工艺参数的设定提供有价值的参考和有效果的指导[81]。法国国立高等工程技术学校的切扎尔(Cezard)等通过在传统液压机上加装了一个特殊的装置,用于最大程度地抵消成形的最后阶段由于冲头速度减小所带来的不良影响,充分地改善了半固态成形制件微观组织的均匀性,提高了半固态成形制件的力学性能[82]。德国亚琛工业的库泽(Kuthe)等发明了适用于钢铁材料半固态成形工业生产线的自动化处理和工业视觉系统,为实现钢铁材料半固态成形技术的全面工业应用提供了有力的保障[83]。

1.3.4　钢铁材料半固态成形技术的工业应用

适于用钢铁材料半固态成形的模具材料及模具设计等科学技术的发展对于钢铁材料半固态成形的工业应用的全面开展至关重要。由于钢铁材料的固相线温度和液相线温度都很高,在钢铁材料的半固态成形过程中,模具会由于受到热冲击而处于十分复杂的受力状态,非常容易发生模具失效。此外,钢铁材料的半固态成形对模具的高温耐磨擦性能有非常搞得要求。为提高钢铁材料半固态成形模具的高温耐摩擦性能,各国的科研工作者提出的模具设计概念主要包括两大类。其中一类模具是金属模具,又细分为有涂层和无涂层的金属模具。而另外一类模具是陶瓷模具,又细分为全陶瓷模具和部分陶瓷模具。

德国亚琛工业大学的普特根等研究了两种热作工具钢作为钢铁材料半固态成形模具的可行性[62]。然后,很遗憾的是以这些工具钢作为钢铁材料半固态成形模具的尝试均以失败告终。上述模具材料失败的主要原因都是因为模具与半固态坯料/浆料界面处的高温改变了模具工作表面的微观组织和机械力学性能。由此可见,表面没有涂层的工具钢并不适合作为钢铁材料半固态成形的模具材料。经历了上述的失败尝试,德国亚琛工业大学的普特根等又设计 3 种高温合金作为模具基体以及两种涂覆材料作为模具的表面涂层,进而将模具基体材料和表面涂覆材料进行组合试制模具,并通过钢铁材料的半固态成形试验来验证 6 种模具基体 – 涂覆材料组合的适用性。试验结果显示,以合金 2.4631 作为模具基体材料和高速火焰熔射(high velocity oxygen fuel,HVOF)作为涂覆材料的组合制造的模具,在钢铁材料半固态成形服役后的损伤最小,进而证明上述组织表现最好[62]。

此外,德国亚琛工业大学的普特根等还尝试使用包括钼锆钛合金(Titnaium – Zirconium – Molybdenum,TZM)Mo – Ti0.5 – Zr0.08 – C0.02,铜铬镍钡合金(Copper Cobalt Nickel Beryllium,CCNB)和 Cu – 236 等特殊金属材料试制用于钢铁半固态成形的模具,并通过钢铁半固态成形试验来验证上述材料的适用性。在经过 20 次成形循环之后,CCNB 金属材料模具上出现了裂纹,但是 TZM 金属材料模具上没有出现任何腐蚀和磨损。由此可见,相较于 CCNB 等金属材料,TZM 金属材料是更加适合作为钢铁半固态成形模具的模具材料[62]。

德国亚琛工业大学的库泽等对比了物理气相沉积(PVD)薄膜、物理化学气相沉积(PACVD)薄膜、热喷涂厚涂层和陶瓷材料等 4 种涂覆材料开展了模具的试制,并通过钢铁半固态成形试验来验证上述材料作为用于钢铁材料半固态成形模具表面涂层的可行性。试验结果表明,模具表面涂层的使用效果对于模具的应力分布情况极其敏感,因此上述科研工作者建议模具制造者根据模具在使用过程中不同部位受力情况的不同而选取不同的模具基体材料和涂层材料来制造模具[83]。

德国亚琛工业大学的鲍勃欣(Bobzin)等使用 PVD 涂层的工具钢试制模具,并应用于 X210CrW12 冷作工具钢和 100Cr6 轴承钢的半固态成形,进而验证以上述材料制作钢铁材料的半固态成形模具的可行性[84]。同时上述科研工作者还建议在高温工况下需要采用高纯度的氧化铝作为模具的涂层材料。

爱尔兰都柏林城市大学的布拉巴松(Brabazon)等通过在工具钢基体上用激光上釉涂层进行钢铁材料半固态成形模具的试制,在后续的钢铁材料半固态成形试验中,发现这种涂覆于工具钢基体表层的材料并不能在在高温条件下保持其原有的优异力学性能[85]。土耳其图比塔克(Tubitak)公司的贝罗尔(Birol)等研究了镍基合金 IN617 和 CrNiCo 两种高温合金材料作为钢铁材料半固态成形模具材料的可能性,然而试验结果显示,上述两种材料的力学性能在高温条件下出现不同程度的下降,因此不合适作为钢铁材料的半固态成形[86]材料。德国亚琛工业大学的穆恩斯特曼等基于高温陶瓷材料成功试制用于钢铁材料半固态挤压成形的模具,并确保整个半固态挤压成形都在等温条件下进行[87]。

现如今,钢铁材料半固态成形的广泛工业应用建立在钢铁材料半固态成形模具发展的基础上,而钢铁材料半固态成形模具发展不仅仅取决于适合的模具材料的设计和选择上,还取决于如何以最经济的方式延长半固态成形模具的使用寿命。因此,模具材料选择、模具结构设计和模具力学性能优化方面的科学研究任重而道远。

1.3.5　钢铁材料半固态成形制件的性能

使用半固态成形技术实现具有复杂几何形状钢铁材料零件的近净成形,有两个关键之处,分别是半固态钢铁坯料/浆料对模具型腔的填充行为以及半固态成形钢铁制件的力学性能。

德国亚琛工业大学的普特根等使用半固态成形技术试制了包括 HS6 - 5 - 3 工具钢和100Cr6轴承钢两种材料的汽车减振器支架零件,并测试了上述两种钢铁材料的汽车减震器支架零件的力学性能[62]。在二次重熔过程中,上述两种钢铁材料发生了完全不同的微观组织演变规律;在半固态成形过程中,上述两种钢铁材料半固态坯料展现出了完全不同的成形性能和触变流动行为。HS6 - 5 - 3 工具钢半固态坯料在填充模具型腔的过程中固 - 液两相的流动行为差距不大,液相偏析的趋势并不明显,因此 HS6 - 5 - 3 工具钢半固态成形的减振器支架具有较好的力学性能。然而在100Cr6轴承钢的半固态坯料承受成形载荷时,固 - 液两相的流动行为差距较大,因此在其半固态成形过程中发生了相当严重的液相偏析,如此严重的液相偏析导致了半固态成形制件中严重的成分偏析,导致了共晶化合物在半固态成形100Cr6轴承钢制件中的不均匀分布,进而严重影响了该半固态成形制件的力学性能。

德国亚琛工业大学的普特根等的试验表明,尽管目前的半固态成形技术很难完成没有缺陷并且具有均匀力学性能的零件的成形制造,但是上述科研工作者同时指出要克服上述困难,可以通过调整半固态坯料/浆料的液相体积分数以及其中固相粒子的几何形貌来对半固态成形钢铁材料制件进行力学性能的精确优化和主动调控[88]。

英国莱切斯特大学的阿特金森(Atkinson)和奥马尔(Omar)等指出,尽管可以使用半固态成形技术生产出具有高硬度、高耐磨性的钢铁材料零件,然而由于偏析于原液相区域的共晶化合物的脆性,上述半固态成形钢铁材料零件韧性和强度的大幅降低是不可避免的[89]。如何通过后续热处理手段来提升半固态成形钢铁制件的力学性能,是未来钢铁材料的半固态成形技术研究工作的主要挑战。

1.4　钢铁半固态成形技术面临的挑战及机遇

1.4.1　钢铁半固态成形技术面临的挑战

如 1.2.4 小节中所述,铸坯的长时间加热处理和多道次热成形加工是传统的工具钢制造工艺路线中的两个重要组成部分。为了实现合金元素在钢铁材料铸坯中的均匀分布,钢铁材料铸坯需要在接受热成形之前经历一个长达一天时间的热处理。在加工时间方面,钢铁材料铸坯的调质热处理时间如此之长,使得工具钢的制造工艺路线变得很长。在加工成本方面,将大量的铸钢坯料加热至约 800℃ 并保温一天将引起巨大的能源消耗。而为了提高工具钢产品的力学性能,需要开展多达 20 道次以上的热成形(热轧或者热锻),由于工具钢较大的变形抗力,若要实现零件在某一固定温度范围内如此多道次的热成形,需要大量的能量消耗于上述过程中。由此可见,传统的工具钢制造路线不仅花费了大量的时间,而且消耗大量的能源,如图 1.30 所示。

随着现如今全球市场经济的飞速发展,高楼大厦和交通设施如高铁、地铁、轻轨、公路等基础建设数量持续增加,也对运输和建筑机械的产量和性能提出了很大的需求。基础设施的建设和各种机械、设备的制造都需要大量具有高品质的工具钢产品。然而基于传统工艺路线实施的高品质工具钢产品的制造不仅耗能巨大,还会对地球环境造成很大的压力。几乎所有中国钢铁厂和大型机械厂的能源都来自于煤碳的燃烧。一方面,煤碳的燃烧产生大量二氧化碳等温室气体,这些温室气体在大气层中吸收热量,造成全球变暖,引起了全球环境的恶化;另一方面,煤碳属于不可再生能源,过度使用会使煤炭资源耗尽。发展固然是人类的首要任务,然而兼顾子孙后代的利益同样也是我们不可推卸的责任。

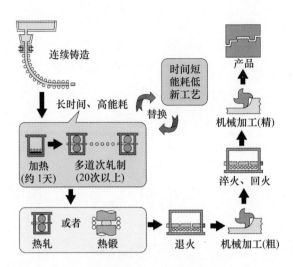

图1.30　传统的工具钢制造路线

1.4.2　传统工具钢产品制造工艺的缺陷

在工具钢产品的传统制造工艺中,无论是前期的长时间热处理还是随后的多道次热成形,其目的都在于实现工具钢坯料中晶粒的细化以及合金元素的均匀分布。所以,如果提出创新的可以替换传统工艺的新工艺,必须能够促进晶粒细化以及合金元素均匀分布。

截至目前,晶粒细化的手段主要包括如具有晶粒细化功能的合金元素的添加以及粉末冶金工艺的应用[90]。具有晶粒细化功能的合金元素添加是通过在金属基体材料的熔融过程中向其中添加某些特殊的合金元素,一方面,这些具有晶粒细化功能的合金元素能够在促进金属基体材料的凝固过程中大量地形核[91];另一方面,这些具有晶粒细化功能的合金元素能够充分地抑制基体金属晶粒的长大,进而充分起到微观组织细化的目的[92]。

根据日本金属(NKK)公司的藤田(Fujita)等的思路,通过粉末冶金工艺获得具有较精细晶粒微观组织和合金元素均匀分布的金属材料,主要包括以下几个工步。首先,通过各种特殊工艺制备细粉末状的原始材料(包括基体金属以及含有各种合金元素的材料);然后,利用特殊的工具和模具将上述粉末状原始材料压制成所需形状的坯块;最后,使用加热烧结设备在一定的气氛条件下将在此之前压制好的坯块进行加热,进而烧结成为块状金属材料[93]。由于合金元素被制成细粉并均匀地混合在基体金属粉末中,所以粉末冶金工艺也可以同时实现微观组织细化和合金元素在基体金属中的均匀分布。日本大阪大学的李(Li)等通过电子背散射衍射(EBSD)手段分析得到的粉末冶金试制的金属材料的微观组织和原始金属的微观组织对比如图1.31所示[94]。

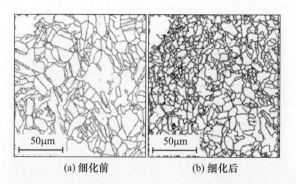

(a) 细化前　　　　　　　　(b) 细化后

图 1.31　使用粉末冶金实现组织细化前、后的钢铁合金材料的微观组织

　　正如前文所述,许多金属合金材料在其半固态状态下呈现球状固相晶粒均匀分布于液相基体中的半固态球状微观组织。由于在金属合金材料中,合金元素富集的区域往往具有比合金元素含量低的区域更低的液相线温度或者熔点,因此在将金属合金材料加热至半固态温度后,熔融首先发生于合金元素富集的区域,这也是为什么合金元素主要分布于半固态金属材料坯料/浆料的液相区域而非固相区域的主要原因之一。当半固态金属材料坯料/浆料呈现均匀球状半固态微观组织时,合金元素也会均匀分布于固相晶粒周围的液相基体中。这也就意味着,科研工作者或者金属设计/加工从业者可以通过半固态二次重熔处理在短时间内实现合金元素在金属材料内部的均匀分布。考虑到半固态下金属材料所呈现的均匀球状微观组织以及其优异的成形性能,可以将半固态成形技术应用于工具钢产品制造工艺流程的一些关键部分,进而提高工具钢产品制造效率,缩短工具钢产品制造工艺流程。而在这一过程中,通过半固态成形技术缩短工具钢产品制造工艺流程的关键在于利用半固态成形技术实现金属材料微观组织的细化和合金元素在成形前后工具钢产品中的均匀分布。

　　但是,并不是所有的金属合金材料都会在其半固态下呈现均匀的球状半固态微观组织,钢铁材料也不例外。美国德雷塞尔大学的泽玛斯(Tzimas)和扎维利安格斯(Zavaliangos)等分析了不同的钢铁材料在其各自半固态下所呈现的微观组织形貌都不太相同,无论是固相晶粒的大小还是固相晶粒的形状都有明显的差异。上述科研工作者的研究发现,即便是同种钢铁材料在经过不同的预处理后所呈现的微观组织相貌都大相径庭,如图 1.32 所示,更何况不同种类的钢铁材料在不同的预处理后必定会呈现出千差万别的微观组织[95]。不同的半固态微观组织的差异不仅固相晶粒的大小和形状各不相同,就连液相也并非一直围绕在固相晶粒的周围。德国亚琛工业大学的普特根等[9]以及日本东京大学的杉山澄雄和柳本润等[96]都发现,在一些通过二次重熔方法获得的半固态金属材料的金相组织中发现了被固相晶粒所包络的液滴,如图 1.33 和图 1.34 所示。

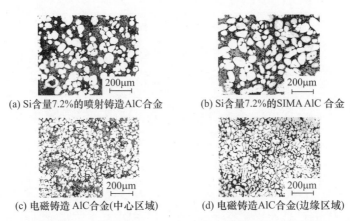

(a) Si含量7.2%的喷射铸造AlC合金   (b) Si含量7.2%的SIMA AlC合金

(c) 电磁铸造AlC合金(中心区域)   (d) 电磁铸造AlC合金(边缘区域)

图1.32   液相体积比为55%时的半固态AlCSi合金组织

　　这些被固相晶粒包络的液滴大多出现在将热塑性变形坯料在二次重熔后所获得的半固态金属坯料中。英国莱切斯特大学的阿特金森和比利时国列日大学的拉西里等指出,这些包络于固相晶粒的液滴源于固相晶粒内部的共晶化合物。鉴于原始坯料在其热塑性变形过程中所发生的共晶化合物破碎、金属晶粒再结晶、共晶化合物溶解和析出等一系列微观组织演变,共晶化合物不仅分布于金属晶粒的晶界位置,也有部分在高温溶解于晶粒内部[97]。因此,合金元素不仅富集于晶粒的晶界处的共晶化合物区域,同样会富集于晶粒内部,并降低了该区域的固相线温度或者熔点。在二次重熔过程中,这些具有较低固相线温度或者熔点的区域率先熔融,进而得到被固相晶粒包络的液滴。由于这些液滴不具备自由流动的能力,也不能对固相粒子的触变/流变行为起到任何润滑作用。因此,在确定适合半固态流变成形或者半固态触变成形的温度时,不仅需要考虑半固态坯料/浆料中的固相粒子和液相的体积分数(固相率和液相率),还需要考虑半固态坯料/浆料中固相和液相的具体形貌和分布的均匀情况。

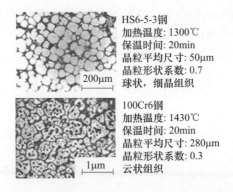

HS6-5-3钢
加热温度: 1300℃
保温时间: 20min
晶粒平均尺寸: 50μm
晶粒形状系数: 0.7
球状,细晶组织

100Cr6钢
加热温度: 1430℃
保温时间: 20min
晶粒平均尺寸: 280μm
晶粒形状系数: 0.3
云状组织

图1.33   熔化时的细晶粒、球状组织及团状组织

波兰国家材料研究所的洛加尔(Rogal)[98]和中国华中科技大学的吴树森[99]等的研究结果表明,半固态金属材料坯料/浆料的微观组织不仅受到其从固态加热至半固态或者从液态冷却至半固态温度变化工艺参数(加热速率、保温时间、冷却速率等工艺参数)的影响,还深受其在此前的制备工艺中各种工艺参数(热塑性加工的变形温度、变形量、应变速率等工艺参数)的影响。

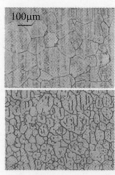

100μm

310不锈钢
加热温度:1370℃
保温时间:20s
晶粒平均尺寸:110μm
晶粒形状系数:0.2
多边形组织

310不锈钢
加热温度:1398℃
保温时间:20s
晶粒平均尺寸:100μm
晶粒形状系数:0.5
云状组织

图1.34 二次重熔方法获得的半固态310系不锈钢金属材料的金相组织

1.4.3 半固态成形技术应用于工具钢产业的潜力

鉴于半固态成形技术可以对工具钢产品生产制造工艺流程进行优化,笔者基于钢铁材料的半固态成形技术提出了工具钢产品生产制造工艺流程的初步改进方案。为研究和证实改进后的工艺流程,可以在低能耗短时间内实现具有较高力学性能的工具钢产品的生产制造,笔者特别通过一些基础试验对优化后的工具钢产品生产制造工艺流程的关键部分——再结晶重融处理(RAP)进行了一系列基础研究。以 Cr – V – Mo 锻钢和 Cr – V – Mo 铸钢(JIS SKD61、AISI H13、DIN 1.2344)为研究对象,阐明了再结晶重融处理过程中,各个工艺参数在不同阶段两种材料的微观组织演变规律,进而揭示了通过再结晶重熔处理实现组织细化和合金元素均匀分布的基本原理。

参 考 文 献

[1] 黄金贵. 中国古代文化会要[M]. 杭州:浙江大学出版社,2016:45 – 46.

[2] 介万奇,坚增运,刘林,等. 铸造技术[M]. 北京:高等教育出版社,2013:25 – 18.

[3] 日本铸造工学会. 铸造缺陷及其对策[M]. 张善俊,尹大伟,译. 北京:机械工业出版社,2008;28 – 32.

[4] 大卫·苏德. 图解轻武器史:剑、矛和锤[M]. 刘恒沙,译. 北京:机械工业出版社,2017:54-68.

[5] 伍太宾,彭树杰. 锻造成形工艺与模具[M]. 北京:北京大学出版社,2017:23-25.

[6] 谢水生,黄声宏. 半固态金属加工技术及其应用[M]. 北京:冶金工业出版社,1999:1-8.

[7] SPENCER D B,MEHRABIAN R,FLEMINGS M C. Rheological behavior of Sn15 Pct Pb in the crystallization range[J]. Metallurgical and Materials Transactions B,1972,3(7):1925-1932.

[8] FLEMINGS M C,RIEK R C,YOUNG K P. Rheocasting[J]. Material Science and Engineering,1976,25:103-117.

[9] KIUCHI M,KOPP R. Mushy/Semi-Solid Metal Forming Technology:Present and Future[J]. CIRP Annals-Manufacturing Technology,2002,51(2):653-670.

[10] FLEMINGS M C. Behavior of metal alloys in the semisolid state[J]. Metallurgical Transactions B,1991, 22A:957-981.

[11] 陈强. 合金加工流变学及其应用[M]. 北京:冶金工业出版社,2012:103-127.

[12] 康永林,毛卫民,胡壮麒. 金属材料半固态加工理论与技术[M]. 北京:科学出版社,2004:198-269.

[13] 谢水生,李兴刚,王浩,等. 金属半固态加工技术[M]. 北京:冶金工业出版社,2012:12-13.

[14] MIWA K. Semi-solid forming of aluminum alloys[J]. The Japan Society for Technology of Plasticity,2000, 1:4-8.

[15] 王开坤. 铝镁合金半固态成形理论与工艺技术[M]. 北京:机械工业出版社,2011:13-15.

[16] RAVI B. Metal Casting:Computer-Aided Design And Analysis[M]. New Delhi:PHI Learning Private Limited,2005.

[17] GU G,PESCI R,BECKER E,et al. Quantication and localization of the liquid zone of partially remelted M2 tool steel using X-ray microtomography and scanning electron microscopy[J]. Acta Materialia,2012,60 (3):948-957.

[18] LI J,SUGIYAMA S,YANAGIMOTO J. Microstructural evolution and ow stress of semi-solid type 304 stainless steel[J]. Journal of Materials Processing Technology,2005,161(3):396-406.

[19] JIN C K,JANG C H,KANG C G. Die design method for thin plates by indirect rheo-casting process and effect of die cavity friction and punch speed on microstructures and mechanical properties[J]. Journal of Materials Processing Technology,2015,224:156-168.

[20] SONG R,KANG Y,ZHAO A. Semi-solid rolling process of steel strips [J]. Journal of Materials Processing Technology,2008,198(1-3):291-299.

[21] QI M,KANG Y,ZHOU B,et al. A forced convection stirring process for Rheo-HPDC aluminum and magnesium alloys[J]. Journal of Materials Processing Technology,2016,234:353-367.

[22] GUAN R,ZHAO Z Y,ZHANG H,et al. Microstructure evolution and properties of Mg-3Sn-1Mn(wt%) alloy strip processed by semisolid rheo-rolling [J]. Journal of Materials Processing Technology,2012,212 (6):1430-1436.

[23] ROVIRA M M,LANCINI B C,ROBERT M H. Thixo-forming of Al-Cu alloys[J]. Journal of Materials Processing Technology,1999,92-93:42-49.

[24] ROGAL Ł,DUTKIEWICZ J,ATKINSON H V,et al. Characterization of semi-solid processing of aluminium alloy 7075 with Sc and Zr additions [J]. Materials Science and Engineering:A,2013,580:362-373.

[25] JABBARI A,ABRINIA K. Developing thixo-extrusion process for additive manufacturing of metals in semi-solid state[J]. Journal of Manufacturing Processes,2018,35:664-671.

[26] ÖZYÜREK D,AKTAR N,AZTEKIN H. Design and construction of a thixo forming unit and production of Al-Si alloys[J]. Materials & Design,2008,29(5):1070-1074.

[27] DU K,ZHU Q,LI D,et al. Study of formation mechanism of incipient melting in thixo – cast Al – Si – Cu – Mg alloys[J]. Materials Characterization,2015,106:134 – 140.

[28] ZOQUI E J,GRACCIOLLI J I,LOURENÇATO L A. Thixo – formability of the AA6063 alloy:Conventional production processes versus electromagnetic stirring[J]. Journal of Materials Processing Technology,2008,198 (1 – 3):155 – 161.

[29] ROGAL Ł,DUTKIEWICZ J. Deformation behavior of high strength X210CrW12 steel after semi – solid processing[J]. Materials Science and Engineering:A,2014,603:93 – 97.

[30] 闫洪,张发云. 颗粒增强复合材料制备与触变塑性成形[M]. 北京:国防工业出版社,2013:8 – 9.

[31] 罗守靖,姜永正,李远发,等. 重新认识"半固态金属加工技术"[J]. 特种铸造及有色合金,2012,32 (7):603 – 607.

[32] KENNEY M P,COTTRTONIS J A,EVANS R D,et al. Metals Handbook,9th ed[M]. Ohio:ASM INTERNATIONAL,1988,15(5):327 – 338.

[33] BERNHARD D,SPATH H M,SAHM R P. Modeling of Structure Breakdown during Rapid Compression of Semi – Solid Alloy Slugs[J]. Proc 6th Int Conf Semi – Solid Processing of Alloys and Composites,2000,1: 11 – 14.

[34] HIRAI M,TAKEBAYASHI K,YOSHIKAWA Y. Effect of chemical composition on apparent viscosity of semi – solid alloys[J]. ISIJ International,1993,33(2):1182 – 1188.

[35] MODIGELL M,KOKE J. Rheological modelling on semi – solid metal alloys and simulation of thixocasting processes[J]. Journal of Materials Processing Technology,2001,111(1 – 3):53 – 58.

[36] KIUCHI M,YANAGIMOTO J,YOKOBAYASHI H. Flow stress yield criterion and constitutive equation of mushy/semi – solid alloys[J]. Annals of the CIRP,2001,50(1):157 – 162.

[37] KIRKWOOD D H. The Numerical Molding of Heating,Melting and Slurry Flow for Semi – Solid Processing of Alloys[J]. Proc. 5th Int Conf Semi – Solid Processing of Alloys and Composites,1998,1(1):33 – 38.

[38] KOKE J,MODIGELL M,PETERA J. Rheological Investigations and Two – Phase Modelling of Semi – Solid Metal Suspensions[J]. Applied Mechanics and Engineering,1999,4(1):345 – 350.

[39] MUENSTERMANN S,UIBEL K,TONNESEN T,et al. Semi – solid extrusion of steel grade X210CrW12 under isothermal conditions using ceramic dies [J]. Journal of Materials Processing Technology,2009,209 (7):3640 – 3649.

[40] HALLSTEDT B,BALITCHIEV E,SHIMAHARA H,et al. Semi – solid Processing of Alloys:Principles, Thermodynamic Selection Criteria,Applicability [J]. ISIJ International,2006,46(12):1852 – 1857.

[41] PÜTTGEN W,BLECK W. DTA – Measurements to determine the thixo – formability of steels[J]. Steel Research International,2004,75(8):531 – 536.

[42] PÜTTGEN W,BLECK W,HIRT G,et al. Thixoforming of Steels – A Status Report[J]. Advanced Engineering Materials,2007,9(4):231 – 245.

[43] LEE H C,GURLAND J. Hardness and deformation of cemented tungsten carbide[J]. Materials Science and Engineering,1978,33(1):125 – 133.

[44] GURLAND J. The measurement of grain contiguity in a two phase material [J]. Transactions of the Metallurgical Society of AIME,1958,212(21):452 – 455.

[45] AISMAN D,JIRKOVA H,KUCEROVA L,et al. Metastable structure of austenite base obtained by rapid solidification in a semi – solid state[J]. Journal of Alloys and Compounds,2011,509:312 – 315.

[46] HU X G,ZHU Q,ATKINSON H V,et al. A time – dependent power law viscosity model and its application in modelling semi – solid die casting of 319s alloy[J]. Acta Materialia,2017,124:410 – 420.

[47] KANG C G, LEE S M, KIM B M. A study of die design of semi – solid die casting according to gate shape and solid fraction[J]. Journal of Materials Processing Technology, 2008, 204(1 – 3):8 – 21.

[48] JUNG H K, KANG C G. Induction heating process of an Al – Si aluminum alloy for semi – solid die casting and its resulting microstructure[J]. Journal of Materials Processing Technology, 2002, 120(1 – 3):355 – 364.

[49] APELIAN D, JORSTAD J L, DASGUPTA R. The products of semi – solid processing of Al alloys[J]. Science and Technology of Semi – Solid Metal Processing, 2001, 1(1):33 – 38.

[50] BECKER E, FAVIER V, BIGOT R, et al. Impact of experimental conditions on material response during forming of steel in semi – solid state[J]. Journal of Materials Processing Technology, 2010, 210(11):1482 – 1492.

[51] ROBERTS G, KRAUSS G, KENNEDY R. Tool steel[M]. Seattle:ASM International, 1998.

[52] DEIRMINA F, PELLIZZARI M. Strengthening mechanisms in an ultrafine grained powder metallurgical hot work tool steel produced by high energy mechanical milling and spark plasma sintering[J]. Materials Science and Engineering:A, 2019, 743:349 – 360.

[53] ÅSBERG M, FREDRIKSSON G, HATAMI S, et al. Influence of post treatment on microstructure, porosity and mechanical properties of additive manufactured H13 tool steel[J]. Materials Science and Engineering:A, 2019, 742:584 – 589.

[54] BOLOURI A, SHAHMIRI M, KANG C G. Study on the effects of the compression ratio and mushy zone heating on the thixotropic microstructure of AA 7075 aluminum alloy via SIMA process[J]. Journal of Alloys and Compounds, 2011, 509(2):402 – 408.

[55] ATKINSON H V. Modelling the semisolid processing of metallic alloys[J]. Progress in Materials Science, 2005, 50(3):341 – 412.

[56] HU X G, DU K, STEPHEN P M, et al. Blistering in semi – solid die casting of aluminium alloys and its avoidance[J]. Acta Materialia, 2017, 124:446 – 455.

[57] 刘静安, 谢水生. 半固态金属加工技术研究现状与应用[J]. 塑性工程学报, 2002, 2:1 – 11.

[58] 罗守靖, 谢水生. 半固态加工技术及应用[J]. 中国有色金属学报, 2000, 10(6):765 – 773.

[59] 康永林, 毛卫民, 胡壮麒. 金属材料半固态加工理论与技术[M]. 北京:科学出版社, 2000, 198 – 269.

[60] LÜ S, WU S, LIN C, et al. Preparation and rheocasting of semisolid slurry of 5083 Al alloy with indirect ultrasonic vibration process[J]. Materials Science and Engineering:A, 2011, 528(29 – 30):8635 – 8640.

[61] 康永林, 宋仁伯, 杨柳青, 等. 金属材料半固态凝固及成形技术进展[J]. 中国材料进展, 2010, 29(7):27 – 33.

[62] KAREH K M, O'SULLIVAN C, NAGIRA T, et al. Dilatancy in semi – solid steels at high solid fraction[J]. Acta Materialia, 2017, 125:187 – 195.

[63] ATKINSON H, RASSILI H A. Thixoforming Steel[M]. Aachen:Shaker Verlag, 2010:13 – 18.

[64] FINKLER H, SCHIRRA M. Transformation behavior of the high temperature martensitic steels with 8% ~ 14% chromium[J]. Steel Research, 1996, 67:328 – 342.

[65] CHO T T, MENG Y, SUGIYAMA S, et al. Separation technology of tramp elements in aluminium alloy scrap by semisolid processing[J]. International Journal of Precision Engineering and Manufacturing, 2015, 16(1):177 – 183.

[66] BALAN T, BECKER E, LANGLOIS L, et al. A new route for semi – solid steel forging[J]. CIRP Annals, 2017, 66(1):297 – 300.

[67] BIROL Y. Solid fraction analysis with DSC in semi – solid metal processing[J]. Journal of Alloys and Compounds, 2009, 486(1 – 2):173 – 177.

[68] LECOMTE – BECKERS J, RASSILI A, CARTON M, et al. Advanced Methods in Material Forming[M].

Berlin Heidelberg:Springer,2007,321 - 347.

[69] BALITCHEV E,HALLSTEDT B,NEUSCHUTZ D. Thermodynamic Criteria for the Selection of Alloys Suitable for Semi - Solid Processing[J]. Steel Research International,2005,76(2):92 - 96.

[70] HIRT G,SHIMAHARA H,SEIDL I,et al. Semi - Solid Forging of 100Cr6 and X210CrW12 Steel[J]. CIRP Annals,2005,54:257 - 260.

[71] NAGIRA T,GOURLAY C M,SUGIYAMA A,et al. Direct observation of deformation in semi - solid carbon steel[J]. Scripta Materialia,2011,64(12):1129 - 1132.

[72] PÜTTGEN W,HALLSTEDT B,BLECK W,et al. On the microstructure formation in chromium steels rapidly cooled from the semisolid state[J]. Acta Materialia,2007,55(3):1033 - 1042.

[73] LI J,SUGIYAMA S,YANAGIMOTO J,et al. Effect of inverse peritectic reaction on microstructural spheroidization in semi - solid state[J]. Journal of Materials Processing Technology,2008,208(13):165 - 170.

[74] BECKER E,FAVIER V,BIGOT R,et al. Impact of experimental conditions on material response during forming of steel in semi - solid state [J]. Journal of Materials Processing Technology, 2010, 210 (11): 1482 - 1492.

[75] BECKER E,BIGOT R,RIVOIRARD S,et al. Experimental investigation of the thixoforging of tubes of low - carbon steel[J]. Journal of Materials Processing Technology,2018,252:485 - 497.

[76] GU G C,PESCI R,LANGLOIS L,et al. Microstructure observation and quantification of the liquid fraction of M2 steel grade in the semi - solid state,combining confocal laser scanning microscopy and X - ray microtomography[J]. Acta Materialia,2014,66:118 - 131.

[77] KIRKWOOD D H. The Numerical Molding of Heating,Melting and Slurry Flow for Semi - Solid Processing of Alloys[J]. Proc. 5th Int Conf Semi - Solid Processing of Alloys and Composites. Colorado School of Mines,1998,1(1):33 - 38.

[78] PÜTTGEN W,BLECK W. DTA - measurements to determine the thixoformability of steels[J]. Solid State Phenomena,2004,75(8 - 9):531 - 536.

[79] BEHRENS B A,FISCHER D,RASSILI A. Investigations on thermal influences for thixoforging and thixojoining of steel components[J]. Solid State Phenomena,2008,141(142):121 - 126.

[80] RASSILI A,ROBELET M,FISCHER D. Thixoforming of carbon steels:Inductive heating and process control [J]. Solid State Phenomena,2006,116(117):717 - 720.

[81] BAADJOU R,KNAUF F,HIRT G. A new processing route for as - cast thixotropic steel[J]. Solid State Phenomena,2008,141(142):37 - 42.

[82] CEZARD P,BIGOT R,BECKER E,et al. Thixoforming of steel:New tools conception to analyse thermal exchanges and strain rate effects[J]. AIP Conference Proceedings,2007,907:1149 - 1154.

[83] KUTHE F,SCHONBOHM A,ABEL D,et al. An automated thixo - forging plant for steel parts[J]. Steel Research International,2004,75(142):593 - 600.

[84] BOBZIN K,LUGSCHNEIDER E,MAES M,et al. Coating process Arc current/A Bias voltage/V p(N2) /Pa P(O2) /Pa Coating time/min Heating Etching[J]. Solid State Phenomena,2006,116(117):704 - 707.

[85] BARBAZON D,NAHER S,BIGGS P. Laser surface modication of tool steel for semi - solid forming [J]. Solid State Phenomena,2008,141(142):255,260.

[86] BIROL Y. Thermal Fatigue Testing of Tool Materials for Thixoforging of Steels[J]. Steel Research International,2009,80(8):588 - 592.

[87] MUENSTERMANN S,TELLE R. Wear and corrosion resistance of alumina dies for isothermal semi - solid processing of steel[J]. Wear,2009,267(9010):1566 - 1573.

[88] PÜTTGEN W,BLECK W,SEIDL I,et al. Investigation of Thixoforged damper brackets made of the steel grades HS6 – 5 – 3 and 100Cr6[J]. Advance Engeering Materials,2005,7(8):726 – 735.

[89] OMAR M Z,PALMIERE E J,HOWE A A,et al. Thixoforming of a high performance HP9/4/30 steel [J]. Materials Science and Engineering:A,2005,395:53 – 61.

[90] XIONGY,YANG A,GUO Y,et al. Grain refinement of superalloys K3 and K4169 by the addition of refiners [J]. Science and Technology of Advanced Materials,2001,2(1):13 – 17.

[91] KIMURA R,HATAYAMA H,SHINOZAKI K,et al. Effect of grain refiner and grain size on the susceptibility of AlMg die casting alloy to cracking during solidication[J]. Journal of Materials Processing Technology,2009,209(1):210 – 219.

[92] ALLEN C M,O'REILLY K A Q,EVANS P V,et al. The effect of vanadium and grain refiner additions on the nucleation of secondary phases in 1xxx Al alloys[J]. Acta Materialia,1999,47(17):4387 – 4403.

[93] FUJITA T,OGAWA A,OUCHI C,et al. Microstructure and properties of titanium alloy produced in the newly developed blended elemental powder metallurgy process [J]. Materials Science and Engineering:A,1996,213(1002):148 – 153.

[94] LI S,IMAI H,KOJIMA K,et al. Development of precipitation strengthened brass with Ti and Sn alloying elements additives by using water atomized powder via powder metallurgy route[J]. Materials Chemistry and Physics,2012,135(2003):644 – 652.

[95] TZIMAS E,ZAVALIANGOS A. Evaluation of volume fraction of solid in alloys formed by semi – solid processing[J]. Journal of Materials Science,2000,35(21):5319 – 5330.

[96] SUGIYAMA S,KIUCHI M,YANAGIMOTO J. Application of semisolid joining—Part 4 glass/metal,plastic/metal,or wood/metal joining [J]. Journal of Materials Processing Technology,2008,201(1 – 3):623 – 628.

[97] RASSILI A,ATKINSON H V. A review on steel thixoforming[J]. Transactions of Nonferrous Metals Society of China,2010,20(3):49 – 53.

[98] ROGAL Ł. On the microstructure and mechanical properties of the AlCoCrCuNi high entropy alloy processed in the semi – solid state[J]. Materials Science and Engineering:A,2018,709:139 – 151.

[99] LÜ S,WU S,LIN C,et al. Preparation and rheocasting of semisolid slurry of 5083 Al alloy with indirect ultrasonic vibration process[J]. Materials Science and Engineering:A,2011,528(29 – 30):8635 – 8640.

第2章　合金工具钢的二次重熔及半固态触变成形性能

2.1　合金工具钢的二次重熔

2.1.1　研究对象的选择

适合半固态加工的金属材料的选择无论对开展金属材料的半固态成形研究,还是对实施金属材料的半固态成形应用都是至关重要的一环。正如第1章中所提到的,用于甄别和选择适合半固态加工的金属材料的标准主要包括以下几点[1]。

(1) 较低的固相线温度(T_s)和液相线温度(T_l)。

(2) 较低的固 – 液两相各半温度($T_{50\%}$)。

(3) 较宽的半固态温度区间($T_l \sim T_s$)。

(4) 较小的金属材料的液相率 – 温度曲线在液相率为 10% 和 50% 处的斜率(($df/dT)_{10\%}$、($df/dT)_{50\%}$)。

(5) 较宽的半固态触变成形温度区间($T_{50\%} \sim T_s$)。

在研究中,FC200 灰口铸铁、FCD400 球墨铸铁、轧制态 SKD61 热作模具钢及轧制态 SKD11 冷作模具钢等 4 种钢铁材料被用作钢铁材料的半固态成形研究的备选原始材料。上述 4 种钢铁材料均由日本东京都白山商社(Shirayama)负责采购。其中,FC200 灰口铸铁、FCD400 球墨铸铁都是直径为 200mm 的圆柱形铸造棒材,而 SKD61 热作模具钢和 SKD11 冷作模具钢则是直径为 10mm 的轧制棒材。

为了节约研究所花费的时间和设备的能耗,开展研究的第一步就是要在上述 4 种钢铁材料中甄别和选择出适合半固态成形的钢铁材料,进而以甄别出的适合半固态成形的钢铁材料作为研究对象,有针对性地设定后续研究计划,进而有条不紊地开展深入研究。而对于被认定为不适合半固态成形的钢铁材料,除了不再作为未来开展半固态成形技术研究对象外,还要从科学的角度出发,不仅要阐明这些材料不符合目前通用适合半固态成形材料判断标准的哪一条,还要通过有条理的科学分析去指出为什么这些钢铁材料并不适合半固态成形的原因,进而对结果进行归纳总结,结合其他国家其他单位科研工作目前已发表的科研成果,指出不符合半固态成形的钢铁材料的共性及不同之处。一方面,为其他科研工作者扫清在科研道路上的干扰和荆棘,让他们在选择适合半固态成形的钢铁材料时少走弯路;另一方面,为其他科研工作者提供足够的科研素材以便其对症下药,有针对性地去设计并制造出适合半固态成形的钢铁材料。

根据第 1 章所述,首先可以通过铁碳二元相图在 FC200 灰口铸铁、FCD400 球墨铸铁、轧制态 SKD61 热作模具钢、轧制态 SKD11 冷作模具钢等 4 种钢铁材料中进行适合半固态成形的钢铁材料的粗选。

本研究中所采用的 FC200 灰口铸铁、FCD400 球墨铸铁、SKD61 热作模具钢及 SKD11 冷作模具钢 4 种钢铁材料的化学成分组成分别如表 2.1 ~ 表 2.4 所列。

表 2.1　FC200 灰口铸铁的化学成分组成(%(质量分数))

C	Si	Mn	P	S	Fe
3.45	3.20	0.60	0.20	0.08	余量

表 2.2　FCD400 球墨铸铁的化学成分组成(%(质量分数))

C	Si	Mn	P	S	Mg	Fe
3.70	3.10	0.50	0.15	0.02	0.05	余量

表 2.3　SKD61 热作模具钢的化学成分组成(%(质量分数))

C	Si	Mn	P	S	Cu	Ni	Cr	V	Mo	Fe
0.36	0.94	0.47	0.014	0.003	0.09	0.06	5.26	0.8	1.2	余量

表 2.4　SKD11 冷作模具钢化学成分组成(%(质量分数))

C	Si	Mn	P	S	Cu	Ni	Cr	V	Mo	Fe
1.46	0.26	0.44	0.26	0.001	0.11	0.20	11.56	0.22	0.82	余量

基于表 2.1 至表 2.4 中的化学成分组成情况,可以使用式(2.1)对 FC200 灰口铸铁、FCD400 球墨铸铁、SKD61 热作模具钢和 SKD11 冷作模具钢的碳当量(C.E.)进行简单估算。

$$C.E. = \%C + \%Mn/6 + \%Si/24 + \%Ni/40 + \%Cr/5 + \%Mo/4 + \%V/14$$
(2.1)

式中:%C 为碳元素含量;%Mn 为锰元素含量;%Si 为硅元素含量;%Ni 为镍元素含量;%Cr 为铬元素含量;%Mo 为钼元素含量;%V 为钒元素含量。

经过简单的计算,FC200 灰口铸铁的碳当量为 3.68%,FCD400 球墨铸铁的碳当量为 3.92%,SKD61 热作模具钢的碳当量为 1.89%,SKD11 冷作模具钢的碳当量为 4.08%。当然上述计算手法由于并未考虑除了 C、Mn、Si、Ni、Cr、Mo、V 等合金元素以外的其他合金元素对碳当量的影响,并不能准确地计算 SKD61 热作模具钢和 SKD11 冷作模具钢这类含有更多种类合金元素的钢铁材料的碳当量,因此计算结果仅仅是作为粗略地选择适合半固态成形的钢铁材料的参考数值,而作为判断的唯一标准则过于简陋和草率。

根据计算所得到的 FC200 灰口铸铁、FCD400 球墨铸铁、轧制态 SKD61 热作模具钢和轧制态 SKD11 冷作模具钢的碳当量,可以在铁碳合金二元相图中预估上述 4 种钢铁材料的半固态温度区间(图 2.1)。具体方法如下。

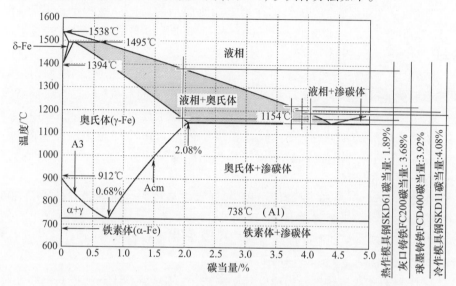

图 2.1　FC200 灰口铸铁、FCD400 球墨铸铁、轧制态 SKD61 热作模具钢和
轧制态 SKD11 冷作模具钢的铁碳合金二元相图

首先在 x 轴碳当量中寻找计算所得的钢铁材料的碳当量数值,进而基于该数值所在位置沿垂直方向向上画一条直线,与标有“液相 + 奥氏体”的三角区域相交。而该直线在“液相 + 奥氏体”的三角区域内线段的长短程度则表征了具有该碳素当量的钢铁材料的半固态温度区间的宽窄程度。而该线段的上下两个端点的 y 轴坐标则指示了该钢铁材料大致的液相线温度和固相线温度。由于金属材料的碳当量仅仅是通过经验公式进行计算的,并未考虑其他合金元素以及由合金元素所组成的共晶化合物的种类、形貌和分布情况对钢铁材料的部分熔融行为等热力学性质的影响,所以使用这种方法所预估的固相线温度、液相线温度和半固态温度区间并不是十分精确。但是这种方法由于其简便性和经济性,常常被用来进行合适半固态成形的钢铁材料的粗略初选。当然,仅通过铁碳二元相图上获得的信息来看,FC200 灰口铸铁、FCD400 球墨铸铁、轧制态 SKD61 热作模具钢和轧制态 SKD11 冷作模具钢 4 种钢铁材料中只有轧制态 SKD61 热作模具钢具有较为宽阔的半固态温度区间。然而事实是否真的如此,还有待通过其他方法进行分析和验证。

除了上述利用碳当量计算和二元相图查询的理论方法,第 1 章还介绍了另一种测定金属材料半固态温度区间以及固相线温度和液相线温度的试验手段——利用“熔融－冷却”试验获得的冷却曲线进行分析。下面简述熔融－冷却试验的实施步骤和方法,并以 FC200 灰口铸铁、FCD400 球墨铸铁、轧制态SKD61 热作模具钢和轧制态 SKD11 冷作模具钢 4 种钢铁材料为例,讲解如何通过测得的冷却曲线预估金属材料的半固态温度区间以及固相线温度和液相线温度。

"熔融－冷却试验"的试验是在第 1 章所展示的凝固－冷却试验装置(图1.25)上开展的,而且"熔融－冷却试验"的试验步骤也与第 1 章所述的凝固－冷却试验步骤大致相同。

"熔融－冷却"试验的步骤为,利用感应加热线圈将位于氧化铝坩埚内部的圆柱形钢铁坯料加热至完全熔融,并继续加热至更高的温度(一般加热至高于通过铁碳二元合金相图预估的液相线温度 100℃以上比较稳妥)。随后,停止对圆柱形钢铁坯料的加热,任其在氧化铝坩埚内部自由冷却至室温。在此"熔融－冷却"试验的过程中,圆柱形钢铁坯料的温度被计算机系统通过热电偶实时地进行测量和保存。

在整理"熔融－冷却"试验的过程中,计算机系统通过热电偶测量的 FC200灰口铸铁、FCD400 球墨铸铁、轧制态 SKD61 热作模具钢和轧制态 SKD11 冷作模具钢 4 种钢铁材料的温度数据,获得上述 4 种钢铁材料的冷却温度－时间变化曲线分别如图 2.2 ~ 图 2.5 所示。

寻找 FC200 灰口铸铁、FCD400 球墨铸铁、轧制态 SKD61 热作模具钢和轧制态 SKD11 冷作模具钢 4 种钢铁材料的冷却温度－时间变化曲线的拐点位置,而这些拐点的纵坐标数值则为上述 4 种钢铁材料在冷却过程总固相开始出现和液相完全消失的温度,即上述 4 种钢铁材料的液相线温度和固相线温度。

根据以上方法和步骤所得到的 FC200 灰口铸铁、FCD400 球墨铸铁、轧制态SKD61 热作模具钢和轧制态 SKD11 冷作模具钢 4 种钢铁材料的固相线温度、液相线温度以及固－液相线温度区间如表 2.5 所列。

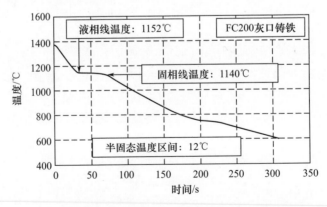

图 2.2   FC200 灰口铸铁的冷却温度－时间变化曲线(固相线
温度和液相线温度分别是 1140℃和 1152℃)

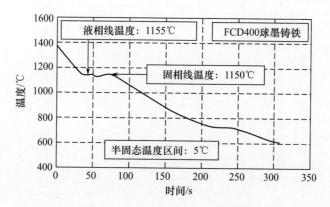

图 2.3 FCD400 球墨铸铁的冷却温度 – 时间变化曲线(固相线
温度和液相线温度分别是 1150℃和 1155℃)

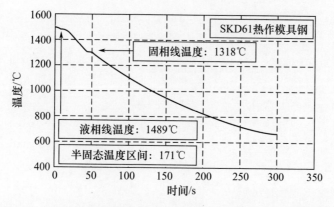

图 2.4 SKD61 热作模具钢的冷却温度 – 时间变化曲线(固相线
和液相线温度分别是 1318℃和 1489℃)

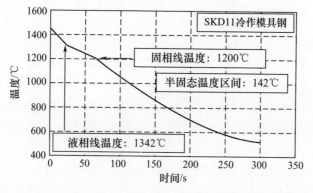

图 2.5 SKD11 冷作模具钢的冷却温度 – 时间变化曲线(固相线
和液相线温度分别是 1200℃和 1342℃)

表 2.5   不同钢铁材料的固相线温度,液相线温度和半固态温度区间

钢铁材料牌号	固相线温度/℃	液相线温度/℃	半固态温度区间/℃
FC200	1140	1152	12
FCD400	1150	1155	5
SKD61	1318	1489	171
SKD11	1200	1342	142

从表 2.5 中可以发现,尽管 FC200 灰口铸铁和 FCD400 球墨铸铁这两种铸铁材料的固相线温度和液相线温度都低于轧制态 SKD61 热作模具钢和轧制态 SKD11 冷作模具钢这两种模具钢材料,但是 FC200 灰口铸铁和 FCD400 球墨铸铁的半固态温度区间却相当狭窄,如此狭窄的半固态温度区间使得 FC200 灰口铸铁和 FCD400 球墨铸铁这两种铸铁类材料很难作为半固态成形技术研究的对象。另外,尽管轧制态 SKD61 热作模具钢和轧制态 SKD11 冷作模具钢这两种模具钢材料的固相线温度和液相线温度都高于 FC200 灰口铸铁和 FCD400 球墨铸铁这两种铸铁材料,但是轧制态 SKD61 热作模具钢和轧制态 SKD11 冷作模具钢这两种模具钢材料的半固态温度区间则相当宽阔,为开展半固态成形试验探索和工业应用都预留了大量的发挥空间。

上述基于冷却温度 – 时间变化曲线获得的不同钢铁材料的固相线温度、液相线温度和半固态温度区间与此前通过铁碳二元合金相图所预估的数据进行比较后发现,通过上述两种手段估测的 FC200 灰口铸铁、FCD400 球墨铸铁、轧制态 SKD61 热作模具钢大致相吻合,然而对于轧制态 SKD11 冷作模具钢,显然铁基于碳当量计算结合碳二元合金相的预估手段并没有很好地反映真实的情况。从另一个侧面反映了对于某些钢铁合金材料,无论是通过碳当量计算结合铁碳二元相图的理论分析手段,还是基于"熔融 – 冷却"试验获得冷却温度 – 时间变化曲线的试验分析手段,都是可行且有效的甄别和选择适合半固态成形的钢铁材料的工具,而对于另一些钢铁合金材料,通过碳当量计算结合铁碳二元相图的理论分析手段所获得的结果仅仅可以作为一个参考,为了确保最终所作出判断的准确性,还需要基于多方面的测试结果。

综上所述,通过碳当量计算结合铁碳二元相图的理论分析手段和基于"熔融 – 冷却"试验获得冷却温度 – 时间变化曲线的试验分析手段得出的结果为:具有较宽的半固态温度区间的轧制态 SKD61 热作模具钢和轧制态 SKD11 冷作模具钢这两种模具钢材料是适合半固态成形的钢铁材料。因此,轧制态 SKD61 热作模具钢和轧制态 SKD11 冷作模具钢被选作研究的原始材料。

在初步选定研究对象之后,使用高温差热分析(HDSC)的方法来测定轧制

态 SKD61 热作模具钢和轧制态 SKD11 冷作模具钢在其各自的半固态温度范围内液相率随温度的变化情况。

高温差热分析(HDSC)有别于传统差热分析(DSC)的主要区别在于,高温差热分析能够在更高的工作温度条件下确保分析结果的准确性。因此,高温差热分析对于开展钢铁合金以及同样拥有较高的固－液相线温度的其他金属材料的半固态成形技术的研究很有帮助[2]。

进行高温差热分析需要做的准备包括将需要分析的金属材料切割成边长仅为 2mm 的立方体试验,然后将该立方体试样放置于高温差热分析仪器中,并以 20℃/s 的加热速率将立方体试样加热至完全熔融,随后该熔融试样在仪器中冷却。金属材料试样的热信号被差热分析仪实时而准确地记录并保存。

由于高温差热分析得到的结果仅仅是金属材料的热信号,而并不能直接给出该金属材料在某个处于半固态温度区间内温度时的液相率。各国科研工作者开创了若干种数据处理方法,以基于金属材料在加热和冷却过程中热信号的变化去估算该金属材料在半固态温度区间内液相率随温度变化曲线。其中,比较通用的方法之一是比利时国列日大学的拉西里等所开发的面积积分法[3]。

下面以和轧制态 SKD11 冷作模具钢为例,简述使用面积积分法基于差热分析结果估算该金属材料在半固态温度区间内液相率随温度变化曲线的具体手法,如图 2.6 所示。

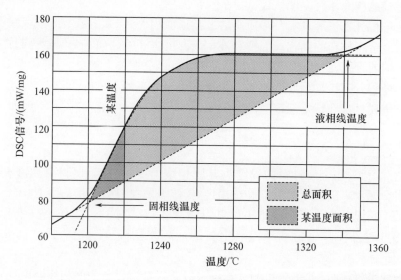

图 2.6　通过高温差热分析得到的轧制态 SKD11 冷作模具钢热信号随温度变化曲线

　　首先在 DTA 分析或 DSC 分析获得的热信号曲线中寻找该金属材料的液相线温度和固相线温度,由于在上述两温度中金属材料的金属相变比较剧烈,因此会在热信号曲线中出现明显的拐点或者吸热/散热峰。但是需要注意的是,由于金属材料在呈完全固态的情况下也会因加热或者冷却而发生固态金属相变并引起热信号曲线中出现同样明显的拐点或者吸热/散热峰。而如何在热信号曲线的各个拐点和峰值中寻找液相出现(固相线温度)和固相消失(液相线温度)则仰赖于科研工作者自身的经验(有经验的科研工作者大致了解该类型金属的固相线温度和液相线温度所处的温度范围,比如钢铁材料的半固态温度区间大约在 1100℃以上,镁合金的半固态温度区间大约在 500℃以上)或者其他手段(比如上文所述的查阅金属相图,通过熔融 – 冷却试验获得的冷却温度 – 时间变化曲线,查阅相关科技文献和学术期刊等)获得的信息来缩小搜寻范围,并最终确定该金属材料的固相线温度和液相线温度。

　　随后,画一条辅助直线将该金属材料的温度信号曲线在固相线温度和液相线温度处的两个拐点连接起来,并且确保该直线的斜率与该金属材料的固相线温度处拐点左侧的曲线段和液相线温度处拐点右侧的曲线段的斜率大致相同,以确保左右两段曲线的平滑过渡。

　　随后,该金属材料的温度信号曲线在固相线温度和液相线温度处的两个拐点连接那段曲线较为平直的部分向 x 轴方向画辅助直线延伸至此前所画的那条直线。自此,3 条辅助直线构成了一个处于该金属材料的固相线温度和液相线温度之间的三角形。该三角形的两个底角的横坐标值分别是该金属材料的精准固相线温度和液相线温度。

　　通过积分方法计算上一步所画的三角形面积(S_0)。

　　以该金属材料的固相线温度和液相线温度之间的任何一个温度为起点画垂直于 x 轴的直线,与此前所画三角形的底边和其中一条边相交。

　　通过积分方法计算此前所画三角形在该直线左侧部分的面积(S_t)。

　　该金属材料在特定温度时的液相率(f_1^t)可通过以下公式进行计算,即

$$f_1^t = \frac{S_t}{S_0} \qquad (2.2)$$

　　由此可知,当金属材料的温度为其固相线温度时,该金属材料的液相率为 0%,当金属材料的温度为其液相线温度时,该金属材料的液相率为 100%。

　　基于高温差热分析测试结果计算得到的轧制态 SKD61 热作模具钢和轧制态 SKD11 冷作模具钢这两种模具钢材的液相率随温度变化曲线如图 2.7 和图 2.8 所示。

　　由此可见,通过差热分析测试不仅可以获得金属材料的固相线温度、液相线温度及半固态温度区间,还可以获得金属材料的液相率随温度变化的规律。通

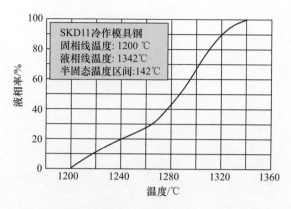

图 2.7　通过高温差热分析得到的轧制态 SKD11 热作模具钢液相率随温度变化曲线

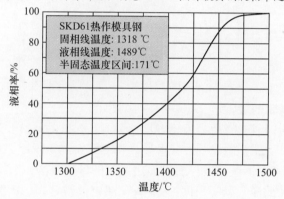

图 2.8　通过高温差热分析得到的轧制态 SKD61 冷作模具钢液相率随温度变化曲线

过对比高温差热分析测试结果和"熔融－冷却"试验所得到的轧制态 SKD61 热作模具钢和轧制态 SKD11 冷作模具钢这两种模具钢材的固相线温度、液相线温度及半固态温度区间几乎相同,也印证了高温差热分析测试和"熔融－冷却"试验两种试验分析手段的有效性和准确性。

2.1.2　二次重熔试验介绍

基于 2.1.1 小节所选择的适合半固态成形的钢铁材料,以及通过差热分析所得到的轧制态 SKD61 热作模具钢和轧制态 SKD11 冷作模具钢这两种模具钢材的固相线温度、液相线温度及半固态温度区间和钢铁材料中液相率随温度变化的规律,我们的研究就可以推进到一个新的阶段:研究钢铁材料在从固态加热至半固态过程中其微观组合的演变规律。本小节将通过二次重熔试验的方法研究包括轧制态 SKD61 热作模具钢、铸态 SKD61 热作模具钢、轧制态 SKD11 冷作模具钢 3 种钢铁材料在从室温加热至半固态温度过程中微观组织的演变规律,为后续研究钢铁材料的半固态坯/浆料的成形性能做准备。

本书中的二次重熔试验全部是在日本东京大学生产技术研究所（Institute of Industrial Science,The University of Tokyo）柳本润教授实验室完成的。所使用的设备是由富士电波所生产的高速高温多道次热模拟试验机（themac-master-Z-5t），该设备如图 2.9 所示。

图 2.9   高速高温多道次热模拟试验机（themac-master-Z-5t）

二次重熔试验的装置示意图如图 2.10 所示。首先,需要使用机械加工的方法将原始材料切削成为直径为 8mm、高为 12mm 的圆柱形试样,并使用一对由热传导率较低的高温陶瓷制成的圆柱形模具将该钢铁试样固定于圆柱形感应加热线圈的正中央,确保钢铁试样与感应加热线圈的几何中心重合。为了在试验过程中测量和记录试样的温度变化,一组 K 型热电偶被钎焊于钢铁试样的中央位置。为了保证温度在钢铁试样中的均匀分布,一对隔热效果较好的云母垫片被用来阻隔钢铁试样与上下模具之间的热交换。为了避免钢铁试样在高温下被氧化,氮气作为保护气体充填在整个试验空间内。

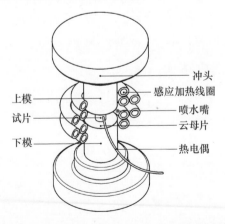

冲头
感应加热线圈
上模
试片
喷水嘴
云母片
下模
热电偶

图 2.10   位于多道次热压测试机的工作区域的重熔试验设备示意图

在重熔试验中,感应加热线圈由安装在计算机中的 PID 温度控制系统所控制,如图 2.11 所示,PID 温度控制系统可以根据 K 型热电偶所测得的钢铁试样的温度来实时调整感应加热线圈的功率,进而保证钢铁试样的温度按照事先在计算机系统中设定的温度变化曲线变化,实现对钢铁材料试样的精确控温。在二次重熔试验结束时,计算机系统会立即启动位于感应加热线圈上的冷水喷嘴喷出冷水,将钢铁试样迅速冷却至室温,为后续开展钢铁材料的微观组织观察和图像分析做准备。

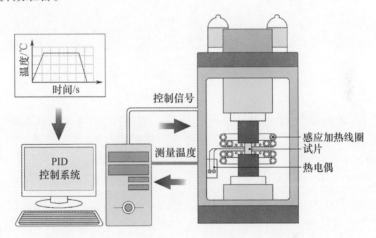

图 2.11　装备了 PID 温度控制系统的试验平台示意图

2.1.3　微观组织观察介绍

二次重熔钢铁金相试样的制备包括以下几个步骤。

(1)将快速冷却至室温的二次重熔钢铁材料试样用砂轮切开。

(2)将切开的钢铁材料试样镶嵌在圆柱形热镶嵌树脂平台中,切开的平面暴露于树脂平台的表面。

(3)分别使用砂纸、金刚石悬浊液和氧化铝悬浊液对镶嵌在树脂平台中的钢铁材料金相试样进行打磨和抛光,直至镜面状态。

(4)将抛光后的钢铁材料金相试样浸泡于 10% 硝酸－酒精腐蚀溶液中浸泡约 10s,完成金相腐蚀。

(5)将腐蚀后的钢铁材料金相试样用酒精洗净并用棉签配合吹风机干燥。

使用 Keyence 光学显微镜和 JOEL 场发射扫描电子显微镜对将制备好的钢铁材料金相试样进行微观组织观察并拍摄金相组织照片。

基于使用 Keyence 光学显微镜和 JOEL 场发射扫描电子显微镜所拍摄的钢铁材料金相组织照片,利用专业图像分析软件对二次重熔钢铁材料的微观组织进行图像分析。图像分析的主要目的是获得钢铁材料在各半固态温度下的液相分数、固相晶粒尺寸、固相晶粒的形状。根据各国科研工作者的定义,金属材料的半固态坯料/浆料中的液相率(f_l)、固相晶粒尺寸(D)以及固相晶粒形状因子(F)由以下公式来定义和描述[4],即

$$f_l = \frac{\sum L_i}{T} \tag{2.3}$$

$$D = \frac{\sum 2\sqrt{\frac{A_i}{\pi}}}{N} \tag{2.4}$$

$$F = \frac{\sum \left(\frac{4\pi A_i}{P_i^2} \right)}{N} \tag{2.5}$$

式中:L_i 为液相区域的面积;T 为整个金相照片的总面积;A_i 为固相晶粒的面积;P_i 为固相晶粒的周长;N 为固相晶粒的数量。当固相晶粒为完全理想的球状时,其形状因子 F 的数值为 1。

上述图像分析方法是建立在以下极端理想的假设条件基础之上的:默认金属材料中所有的原始液相都在从半固态温度冷却至室温的过程中转化成为共晶化合物,而金属材料中的所有原始固相晶粒则在从半固态温度冷却至室温的过程中得以完全保留,无论是固相晶粒的尺寸大小和机械形状都没有在冷却过程中发生任何变化。这种基于对冷却至室温的二次重熔金属材料的微观组织分析结果推测该金属材料在半固态状态下固相和液相的体积占比以及分布情况的方法是截止到目前最被国内外科研工作者所广泛接受并使用的方法[5]。

不可否认,这种方法比较简单且可行。但是,德国亚琛工业大学的普特根等指出了这种方法的弊端:无论水冷的冷却速度多快,都会有部分液相在冷却过程中发生凝固且转化为固相晶粒的一部分。普特根等使用多种微观组织分析和表征方法对冷却至室温的二次重熔钢铁材料的微观组织进行研究,旨在通过微观组织表征手段将冷却后增加的固相晶粒部分从所有固相晶粒中区分开来,以获得最原始的固相晶粒的大小及形状。然而,研究结果表明,半固态坯料/浆料中的液相在冷却过程中所发生的凝固相当复杂,共有以下 3 种模式[6]。

模式一,均匀球状凝固,即固相晶粒周围的液相均匀地凝固在原固相晶粒的周围,进而成为原固相晶粒的一部分,均匀球状凝固仅会引起固相晶粒的长大,并不会改变固相晶粒的形状因子。

模式二,非均匀球状凝固,即固相晶粒周围的液相沿某个或者某几个方向进行凝固(往往是向液相富集的方向凝固),从而聚集在原固相晶粒的周围而成为原固相晶粒的一部分,非均匀球状凝固不仅会引起固相晶粒的长大,还会改变固

相晶粒的形状因子。

　　模式三,树枝状凝固,即球状固相晶粒周围的液相以柱状树枝晶的形式凝固,原固相晶粒的周围生长出部分粗大的枝晶,进而成为原固相晶粒的一部分,树枝状凝固不仅会引起固相晶粒的长大,还会改变固相晶粒的形状因子。

　　普特根等还指出,上述 3 种模式中,只有模式三树枝状凝固生成的固相晶粒能够与半固态状态下的原固相晶粒进行区分,而另外两种凝固模拟生成的固相晶粒部分则在各种金相分析手段下显示出了与原有固相晶粒别无二致的微观组织形貌和物理特征,而以均匀球状凝固和非均匀球状凝固的模拟转化为固相晶粒的原有液相,并无法通过对冷却后试样的金相照片进行图像分析而测量[7]。由此可以得知,通过快速冷却结合金相分析的手段推断的金属材料在某一半固态温度条件下的液相率是低于真实情况的。

　　针对以上问题,澳大利亚卧龙岗大学的坎波(Campo)等使用高温显微镜直接对半固态条件下的金属材料的微观组织进行观察并拍摄照片,并通过图像分析等手段来研究半固态微观组织中固 – 液两相的形貌、分布、比率等[8]。英国帝国理工大学的格尔利等学者通过同步辐射的方式对加热至半固态温度的铝合金薄板中固 – 液两相的微观组织演化规律进行了测定和分析[9]。上述两种手段都实现了对处于半固态的金属材料微观组织的观测和研究,避免了由于液相凝固带来的困扰。然而,无论高温显微镜还是同步辐射装置都因其设备自身高昂的价格以及对试样尺寸或种类的严格要求,而使得上述两种方法并没有在全球范围得到普及。

　　因此,在相当长的一段时间内,基于快速冷却至室温的金属材料的金相组织观察结果对其在半固态温度条件下的微观组织进行推测的手段都是最为被国内外研究者所普遍使用的方法之一。

2.1.4　轧制态 SKD61 热作模具钢的二次重熔

　　为了研究轧制态 SKD61 热作模具钢在二次重熔中的微观组织演变,首先使用车床将轧制态 SKD61 热作模具钢棒材切削成直径为 8mm、长为 12mm 的圆柱形试样。试验装置示意图如图 2.10 所示。中央表面钎焊着 K 型热电偶的圆柱形试样被安置于圆柱形感应加热线圈的正中央。为了轧制态 SKD61 热作模具钢在二次重熔过程中所发生连续的显微组织演变,图 2.10 中那对具有较低热传导系数的高温陶瓷模具被一对具有较高热传导系数的耐高温玻璃模具所代替。另外,圆柱形试样和玻璃模具之间将不放置云母垫片,进而保证热量在圆柱形试样和玻璃模具之间的良好传递,以实现温度在圆柱形试样沿长度方向呈梯度分布。我国北京科技大学的李静媛以及日本东京大学的杉山澄雄和柳本润等曾经以同样的设备、同样的方法研究不锈钢材料在二次重熔过程中所发生连续的显微组织演变。他们的研究结果显示,由于上、下玻璃模具较高的导热性,钢铁材料试样中央的温度高于其上下两端的温度,温度在被玻璃模具夹持的圆柱形钢铁材料试样中沿高度方向呈梯度分布[10]。

建立好上述试验平台之后,通过操控计算机内安装的 PID 温度控制系统将轧制态 SKD61 热作模具钢试样以 20℃/s 的加热速率加热至 1450℃,并等温保持 20s。随后通过位于感应线圈的冷却水喷嘴喷出的高速冷却水将轧制态 SKD61 热作模具钢试样冷却到室温。

使用砂轮将初始状态的轧制态 SKD61 热作模具钢试样以及二次重熔的轧制态 SKD61 热作模具钢试样切开,并将切好的两组试样分别镶嵌于在圆柱形热镶嵌树脂平台中,并确保切开的平面曝露于树脂平台的表面,以便后续打磨和抛光的顺利开展,把经过砂纸打磨和金刚石悬浊液,氧化铝悬浊液抛光的两组轧制态 SKD61 热作模具钢材料金相试样浸泡于 10% 硝酸 – 酒精腐蚀溶液中浸泡约 10s,并用酒精清洗干净。为避免试样表面的酒精干涸后的印记影响试样微观组织观察,需要使用棉签配合吹风机作业确保试样表面的整洁和干燥。随后使用 Keyence 光学显微镜对初始状态的轧制态 SKD61 热作模具钢试样以及二次重熔的轧制态 SKD61 热作模具钢试样的微观组织进行观察并拍照。

初始状态的轧制态 SKD61 热作模具钢试样平行于轧制方向和垂直于轧制方向拍摄的微观组织照片如图 2.12 所示。在垂直于轧制方向的截面上,轧制态 SKD61 热作模具钢呈现均匀的显微组织。深颜色的共晶化合物呈离散化均匀分布。在平行于轧制方向的截面上,可以观测到沿轧制方向的铁素体/珠光体的带状结构。深颜色的共晶化合物也分布于上述带状结构中。

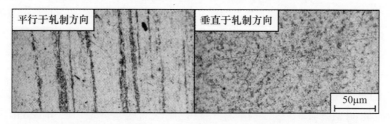

图 2.12　轧制态 SKD61 热作模具钢的微观组织的光学显微镜照片

这是一种典型的热塑性成形金相组织,这类具有明显的方向性的微观组织源于该原材料包括铸造和热轧成形在内的生产加工工艺。首先,在原材料的铸造过程中,钢铁的树枝状的凝固模式会导致钢铁基体主要分布于树枝晶内区域,而原材料中的杂质和合金元素则主要分布于树枝晶间区域,进而造成杂质和合金元素在铸锭中的树枝状微观偏析。英国莱彻斯特大学的奥马尔等指出,随后的热塑性变形不仅将原有树枝状的钢铁基体细化为等轴状晶粒,并且打碎处由树枝晶间的合金元素组成的连续的共晶化合物,使之变成离散破碎的共晶化合物,并且沿轧制方向呈带状分布[11]。因此,轧制态 SKD61 热作模具钢试样中观察到的这种沿轧制方向的合金元素微观偏析主要归因于原材料铸造凝固过程中的合金元素微观偏析和沿轧制过程中的塑性变形。

　　从二次重熔状态快速冷却至室温的轧制态 SKD61 热作模具钢试样的微观组织如图 2.13 所示,由于温度从该试样的中心向两端沿高度方向呈梯度分布,因此,图 2.13 所展示的微观组织照片也是从试样温度最低的上端沿高度方向直到试样温度最高的几何中心拍摄的。通过观察和分析二次重熔状态快速冷却至室温的轧制态 SKD61 热作模具钢试样从上端到几何中心的微观组织,可以预估在二次重熔过程中轧制态 SKD61 热作模具钢试样微观组织的演变规律。

　　如图 2.13(a)所示,在二次重熔的初级阶段,液相不仅仅出现于奥氏体晶粒的晶界上,而且还有部分液滴出现在奥氏体晶粒内部。由于等轴晶粒是在 SKD61 热作模具钢的轧制成形过程中产生的,因此部分成形能量储存在这些晶粒的晶界部分。同时原材料中无法固溶于晶粒的杂质和部分合金元素也作为钉扎效应存在于奥氏体晶粒的晶界上。一方面,储存于奥氏体晶界上的成形能量会在高温环境中释放进而导致奥氏体晶界的熔化;另一方面,杂质和合金元素富集的区域自然而然会拥有低于其他区域的固相线温度。由于上述两个原因,奥氏体晶粒的晶界部分先于其他区域发生熔融,并形成附着于奥氏体晶粒表面的液膜。同时还有一些无法固溶于晶粒的杂质和部分合金元素被奥氏体晶粒所包裹,这些杂质和合金元素富集的区域同样拥有低于其他区域的固相线温度,因此这些位于奥氏体晶粒内部的区域同样在二次重熔的初始阶段转化成为奥氏体内部的液滴。由于在原始轧制态 SKD61 热作模具钢试样中,上述杂质和合金元素平行于轧制方向呈带状分布,因此,二次重熔初级阶段产生的这些位于奥氏体晶粒内部的液滴也平行于轧制方向呈带状分布。

　　如图 2.13(b)所示,随着试样局部温度的升高,二次重熔继续进行。一方面,由于奥氏体晶粒的晶界持续熔化,附着于奥氏体晶粒表面的液膜厚度不断增加;另一方面,在奥氏体内部的液滴也随着二次重熔的发展而不断变大、变多,甚至一些距离较近的液滴聚集起来并且和奥氏体晶界上附着的液膜相互连接。这些不断扩张的液膜和不断增大的液滴的聚集打破了以前的呈多边形的奥氏体晶粒,并将这些奥氏体晶粒切割成为体积更小的云状固相奥氏体颗粒。

　　如图 2.13(c)所示,随着试样局部温度的升高,二次重熔继续进行。一方面,奥氏体晶粒的晶界持续熔化,附着于奥氏体晶粒表面的液膜不断增厚;另一方面,奥氏体晶粒内部的液滴不断聚集和变大。原来云状固体颗粒转变成体积内部依然保有少量液滴的蠕虫的固体颗粒。而蠕虫的固体颗粒上面剩余的凸出部分以及凹面处较细的区域在界面能的驱动下逐步转化为液相,进而导致这些蠕虫状的固体颗粒变成更小的独立的固相颗粒。而且这些固相颗粒中却不含有任何液滴。

　　随着温度的升高试样局部的二次重熔继续进行,有更多固态奥氏体转化为液相。在快速冷却至室温的轧制态 SKD61 热作模具钢试样的正中央观察到典型的树枝状铸态组织结构。

　　综上所述,轧制态 SKD61 热作模具钢的二次重熔发生在铁素体或者珠光体的充分奥氏体化之后,液相不仅首先出现在奥氏体晶界上,还会出现在杂质和合金元素富集的带状区域,原本具有较大体积和多边形几何形状的奥氏体晶粒被不断增加且相互连接的液相切割为具有更小体积和球状的离散分布的固相颗粒。英国莱彻斯特大学的奥马尔和阿特金森首次在国际学术期刊中报道了热轧钢铁材料在二次重熔中微观组织的演变规律[12]。

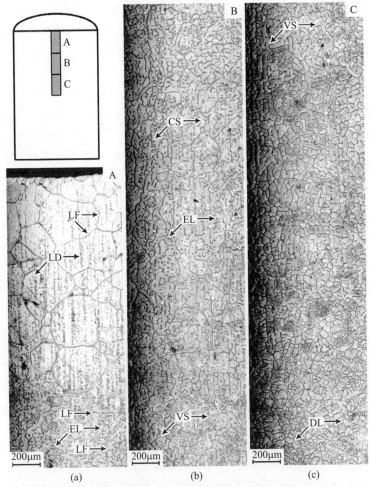

图 2.13　SKD61 轧制棒在半固态温度下的连续微观组织演变
LF—液膜;LD—液滴;CS—云状固相粒子;EL—被包裹的液相;
VS—蠕虫状固相粒子;DL—由液相凝固而形成的枝晶组织。

为了研究轧制态 SKD61 热作模具钢在二次重熔过程中被加热至某个半固态温度时的显微组织,进而研究轧制态 SKD61 热作模具钢在二次重熔中的微观组织演变。该试验所使用的试验平台以及金属试样形状、尺寸均与此前的二次重熔过程中 SKD61 热作模具钢微观组织连续变化试验相同,区别在于:圆柱形试样和高温陶瓷模具之间还放置了一对具有较低热传导率的云母垫片,进而阻隔圆柱形试样和高温陶瓷模具之间的热传导,以实现温度在圆柱形钢铁材料试样内部的均匀分布。我国北京科技大学的李静媛以及日本东京大学的杉山澄雄和柳本润等曾经以同样的设备同样的方法研究不锈钢材料在二次重熔过程中各个温度呈现的显微组织。他们的研究结果显示,由于上下陶瓷模具较低的导热性,温度在被高温陶瓷模具夹持的圆柱形钢铁材料试样中均匀分布[13]。

使用场发射扫描电子显微镜从平行于轧制方向和垂直于轧制方向拍摄的轧制态 SKD61 热作模具钢试样的微观组织照片如图 2.14 所示。如图 2.14(a)所示,颗粒状共晶化合物平行于轧制方向呈带状分布于轧制态 SKD61 热作模具钢试样的平行于轧制方向的截面上。如图 2.14(b)所示,离散的共晶化合物均匀分布在轧制态 SKD61 热作模具钢试样的垂直于轧制方向的截面上。此类典型的具有方向性的热塑性成形金相组织源于该轧制态 SKD61 热作模具钢的加工工艺。

轧制态 SKD61 热作模具钢的铸造过程是熔融后呈液态的原材料凝固成为固态的过程,金属晶体树枝状的凝固模式会生成大量的树枝状晶粒,而原材料中的杂质和合金元素则主要富集于树枝晶之间的区域,这种现象就是铸态金属中普遍存在的树枝状偏析。而随后的热轧成形不仅通过热塑性变形将铸锭中的树枝状晶转化为等轴晶。英国莱彻斯特大学的奥马尔等指出,原来富集于晶间区域的杂质和合金元素也由于塑性变形而转变成为离散的共晶化合物,并排列成平行于轧制方向的带状[14]。

(a) 平行于轧制方向截面　　　　　(b) 垂直于轧制方向截面

图 2.14　轧制态 SKD61 热作模具钢的微观组织的场发射扫描电子显微镜照片
(呈带状分布的离散共晶化合物用点画线标出)

为分析轧制态 SKD61 热作模具钢中呈带状分布的离散共晶化合物的具体情况,使用安装于场发射扫描电子显微镜上面的 X 射线能谱分析(EDS)装置来分析这些离散的共晶化合物的化学元素成分。EDS 成分分析结果如图 2.15 所示,除 Fe 外,C、Cr、V、Mo 等合金元素都富集于这些共晶化合物中。

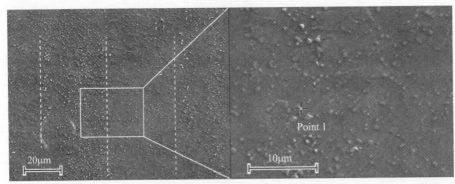

(a)SKD61热作模具钢的SEM金相照片

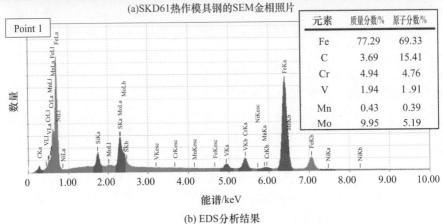

元素	质量分数/%	原子分数/%
Fe	77.29	69.33
C	3.69	15.41
Cr	4.94	4.76
V	1.94	1.91
Mn	0.43	0.39
Mo	9.95	5.19

(b) EDS分析结果

图 2.15   轧制态 SKD61 热作模具钢在室温的微观组织和共晶化合物的 EDS 分析结果
(呈带状分布的离散共晶化合物用点画线标出)

为了深入了解轧制态 SKD61 热作模具钢在不同温度条件下的微观组织,进而揭示轧制态 SKD61 热作模具钢在二次重熔过程中所发生的微观组织演变规律。以 20℃/s 的速率加热至不同的温度并保温 20s 后冷却至室温轧制态 SKD61 热作模具钢圆柱形试样的光学显微镜照片如图 2.16 所示。

如图 2.16(a)所示,当轧制态 SKD61 热作模具钢被加热至 900℃并保温 20s 后,此前呈带状分布的离散共晶化合物消失,获得了非常单纯的等轴奥氏体晶粒。上述微观组织是由于轧制态 SKD61 热作模具钢从室温被加热至 900℃的过程中所发生的共晶化合物溶解和奥氏体化等一系列微观组织演变所引起的。由于 900℃高于 SKD61 热作模具钢的奥氏体转变温度,因此,在加热的过程中发生从 α 相铁素体向 γ 相奥氏体的金属相变。此前很难辨认晶界的铁素体全部转变为了奥氏体。同时,由于 γ 相奥氏体的晶体结构是面心立方(FCC)结构,而 α 相铁素体的晶体结构是体心立方(BCC)结构。γ 相奥氏体能够提供比 α 相铁素体更多的原子空间以容纳合金元素的原子[15]。而随着温度的上升,合金元素的原子活跃度也大大提高,原本离散化的共晶化合物中的大量合金元素的原子被 γ 相奥氏体所容纳,进而造成了共晶化合物的溶解。因此,将轧制态 SKD61 热作模具钢加热至900℃后,获得了全部由奥氏体等轴晶粒组成的微观组织。

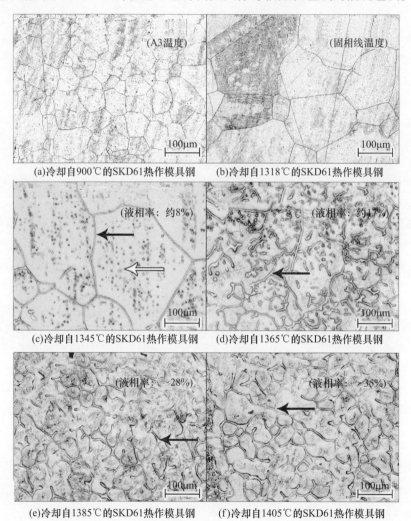

图 2.16　以 20℃/s 的速度加热至不同的温度并保温 20s 后冷却至室温轧制态 SKD61 热作模具钢圆柱形试样的光学显微镜照片(黑色箭头所指为连续的膜状共晶化合物,白色箭头所指为离散的颗粒状共晶化合物)

如图 2.17(b)所示,当轧制态 SKD61 热作模具钢加热至 1318℃并保温 20s 后,金相照片显示该钢铁试样依旧是仅由奥氏体等轴晶粒组成的。然而,奥氏体等轴晶粒的尺寸远远大于加热至 900℃并保温 20s 的轧制态 SKD61 热作模具钢中的奥氏体等轴晶的尺寸。这种现象是由于将轧制态 SKD61 热作模具钢试样从 900℃加热至 1318℃过程中所发生的奥氏体晶粒生长造成的。一方面,原子的活跃度随着温度的上升而不断提高;另一方面,轧制态金属材料的能量往往储存于其晶界部分。而宇宙中的物质往往倾向于从能量高的状态向能量低的状态转变。而轧制态金属材料降低自身能量的途径之一就是通过晶粒的互相融合进而减少晶界的表面积[16]。因此,在高温和晶粒表面能量的驱动下奥氏体晶粒不断生长,并形成图 2.16(b)所示的粗大奥氏体等轴晶。

如图 2.16(c)所示,当轧制态 SKD61 热作模具钢被加热至 1345℃并保温 20s 后,不仅有连续的膜状共晶化合物出现在粗大的奥氏体等轴晶的晶界区域,同时,还有大量离散的颗粒状共晶化合物出现在粗大的奥氏体等轴晶的内部。根据 2.1.3 小节的内容,知道上述连续的膜状共晶化合物是由附着于奥氏体晶粒上的液膜在快速冷却过程中转化的,而离散的颗粒状共晶化合物则是由包裹于奥氏体等轴晶内部的液滴在快速冷却过程中转化的。由此可以判断,当轧制态 SKD61 热作模具钢被加热至 1345℃时,在其内部发生了部分熔融。根据我国北京科技大学的李静媛以及日本东京大学的杉山澄雄和柳本润等的理论,部分熔融物首先会发生在金属材料内部具有较低熔点的区域[10]。而此类区域主要包括两类:一类是杂质和合金元素富集的区域;另一类则是蕴含着较高能量的区域。其中,轧制态 SKD61 热作模具钢的晶界上不但由于热轧成形而储存有残余的成形能量,还存在着少量的杂质及合金元素,由于这些杂质和难以固溶于奥氏体晶粒的微量合金元素在奥氏体转变和生长的阶段对奥氏体晶粒起到了钉扎效应,因此它们往往还存在于奥氏体的晶界区域。此外,在升温过程中原来呈带状分布的离散共晶化合物虽然固溶于奥氏体晶粒内部,但是并没有在奥氏体晶粒中均匀地分布,也就造成了奥氏体晶粒内部有些区域具有较高的合金元素含量。这些合金元素富集的区间具有低于其他区域的固相线温度。因此,在轧制态 SKD61 热作模具钢被加热至其固相线温度以上时,部分熔融发生于奥氏体等轴晶的晶界区域以及原来呈带状分布的离散共晶化合物所在奥氏体等轴晶的内部区域,进而形成了附着于奥氏体晶粒表面的连续液膜和奥氏体晶粒内部的离散液滴。上述两种不同形态的液相随着轧制态 SKD61 热作模具钢试样自 1345℃冷却至室温而转变成为在光学显微镜中所观察到的位于晶界上的连续的膜状共晶化合物和晶粒内部的离散的颗粒状共晶化合物。

如图 2.16(d)所示,当轧制态 SKD61 热作模具钢被加热至 1365℃并保温 20s 后,此前呈多边形形状的奥氏体晶粒不复存在,转变为云朵状的奥氏体晶粒,而这些奥氏体晶粒的周围和内部遍布着连续的膜状共晶化合物以及部分离散的颗粒状化合物,而且与冷却自 1345℃ 的轧制态 SKD61 热作模具钢相比,这些共晶化合物明显增多。基于此前的研究成果,可以推断无论是这些连续的膜状共晶化合物还是离散的颗粒状化合物都是从加热至 1365℃ 时的轧制态 SKD61 热作模具钢中的液相在此后的快速冷却过程中转变而来的。当轧制态 SKD61 热作模具钢从 1345℃ 加热至 1365℃ 的过程中,无论是奥氏体晶粒周围的液膜还是奥氏体晶粒内部液滴的体积比率都明显增加。奥氏体晶粒周围液膜的厚度不断增加的同时,使得原有多边形的奥氏体晶粒的边缘变得圆滑且模糊,奥氏体晶粒内部的液滴也不断变多、变大,甚至一些相邻的液滴和液膜互相连接,进而将原有的奥氏体晶粒分割成为具有复杂形状的云朵状固相晶粒。在保温 20s 后的快速水冷,使得这些分布于云朵状奥氏体晶粒周围和内部的液相全部转变成为了形貌各异的共晶化合物。

如图 2.16(e) 所示,当轧制态 SKD61 热作模具钢被加热至 1385℃ 并保温 20s 后,原本呈云朵状的奥氏体晶粒被一条一条蠕虫状的奥氏体晶粒所取代。相较于位于蠕虫状奥氏体晶粒边缘的连续的膜状共晶化合物,位于奥氏体晶粒内部离散的颗粒状共晶化合物的数量微乎其微。根据此前的研究成果,可以判断无论是这些连续的膜状共晶化合物还是离散的颗粒状化合物,都是从加热至 1385℃ 时的轧制态 SKD61 热作模具钢中的液相在此后的快速冷却过程中转变而来的。当轧制态 SKD61 热作模具钢从 1365℃ 加热至 1385℃ 的过程中,包括奥氏体晶粒周围的液膜和奥氏体晶粒内部的液滴在内的液相的体积比率明显增加。不仅奥氏体晶粒周围的液膜持续变厚,奥氏体晶粒内部的液滴也持续增多、增大。随着奥氏体晶粒内外液相的不断增加,原本云朵状的奥氏体晶粒被液相切割成为蠕虫状。在保温 20s 后的快速水冷,使得这些分布于蠕虫状奥氏体晶粒周围和内部的液相全部转变成为形貌各异的共晶化合物。

如图 2.16(f) 所示,当轧制态 SKD61 热作模具钢被加热至 1405℃ 并保温 20s 后,原本蠕虫状的奥氏体晶粒被一颗一颗球状的奥氏体晶粒所取代。原本奥氏体晶粒内部离散的颗粒状共晶化合物完全消失,仅仅剩下位于球状奥氏体晶粒边缘连续的膜状共晶化合物。根据此前的研究成果,可知这些位于球状奥氏体晶粒边缘的连续的膜状共晶化合物是从加热至 1385℃ 时的轧制态 SKD61 热作模具钢中的液相在此后的快速冷却过程中转变而来的。当轧制态 SKD61 热作模具钢从 1385℃ 加热至 1405℃ 的过程中,包括奥氏体晶粒周围的液膜和奥氏体晶粒内部的液滴在内的液相的体积比率明显增加。这些不断增加的液相不仅彻底吞没了原来蠕虫状奥氏体晶粒上较为细小的突出部分,同时也将蠕虫状奥氏体晶粒的内凹部分全部切断,进而获得离散的球状奥氏体晶粒。在保温 20s 后的快速水冷,使得这些位于球状奥氏体晶粒周围的液相全部转变成为连续的膜状共晶化合物。

通过专业图像分析软件对从不同温度冷却至室温的轧制态 SKD61 热作模具钢的金相照片进行分析,其分析结果包括轧制态 SKD61 热作模具钢的奥氏体晶粒尺寸随加热温度的变化曲线、轧制态 SKD61 热作模具钢的液相率随加热温度的变化曲线以及轧制态 SKD61 热作模具钢的奥氏体晶粒的形状因子随加热温度的变化曲线。

如图 2.17 所示,轧制态 SKD61 热作模具钢的奥氏体晶粒的尺寸随温度升高的变化规律是先增加后减少,当轧制态 SKD61 热作模具钢从 900℃加热至 1318℃的过程中,主要发生的微观组织演变是奥氏体晶粒长大,在此温度区间内所发生的奥氏体晶粒长大引起了奥氏体晶粒尺寸的不断增加。当轧制态 SKD61 热作模具钢的温度超过 1318℃后,奥氏体晶粒的尺寸随着温度的升高不断减少。在这个温度范围内,轧制态 SKD61 热作模具钢主要发生的微观组织转变是奥氏体晶粒的部分熔融,发生在奥氏体晶界的部分熔融不仅增加了液膜的厚度还降低了奥氏体晶粒的尺寸;发生在奥氏体晶粒内部的部分熔融在离散液滴出现的初始阶段对奥氏体晶粒的尺寸并没有太大影响,然而随着温度的逐渐上升,奥氏体晶粒内部的离散晶粒逐渐变多变大以至于互相连接,进而将奥氏体晶粒切碎成为更加细小的奥氏体晶粒,从而导致奥氏体晶粒尺寸的降低。

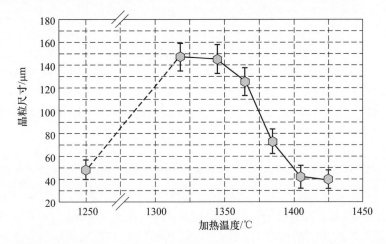

图 2.17   轧制态 SKD61 热作模具钢的奥氏体晶粒尺寸随加热温度的变化曲线

如图 2.18 所示,轧制态 SKD61 热作模具钢的液相率随着加热温度的升高而增加,这是由于奥氏体晶粒的部分熔融随着温度的升高而不断加剧,越来越多的奥氏体晶粒熔化而转化为液相,进而导致液相的体积比率逐渐增加。根据德国亚琛工业大学的昂伦浩特(Uhlenhaut)等的研究成果,图像分析所测得的较低的液相率是由于在冷却过程中部分液相转化为了固相晶粒的一部分,而无法通过图像分析软件进行判断和区分[17]。这部分在冷却过程中转化为固相晶粒的那部分液相的体积比率就是图像分析结果与差热分析结果之间的差值。

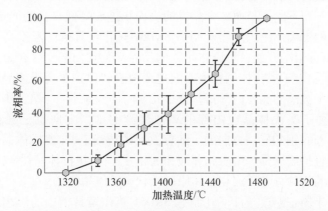

图 2.18　轧制态 SKD61 热作模具钢的液相率随加热温度的变化曲线

如图 2.19 所示,轧制态 SKD61 热作模具钢中的奥氏体晶粒的形状因子随着加热温度的升高,其变化规律为先降低后升高。在较低温度时的奥氏体等轴晶虽然呈多边形,但是其形状因子依然高于较高温度条件下的一条条的蠕虫状奥氏体晶粒。随着蠕虫状奥氏体晶粒向球状奥氏体晶粒的转变,奥氏体晶粒的形状因子随着温度的升高而逐渐增加。

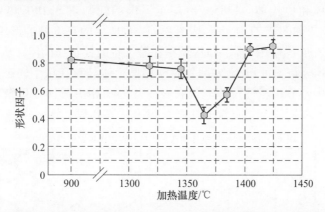

图 2.19　轧制态 SKD61 热作模具钢的奥氏体晶粒的形状因子随加热温度的变化曲线

综上所述,轧制态 SKD61 热作模具钢在二次重熔过程中所发生的微观组织演变规律如图 2.20 所示。整个二次重熔过程中,在轧制态 SKD61 热作模具钢的内部,奥氏体化、共晶化合物的溶解、奥氏体的晶粒长大、部分熔融等微观组合演变行为依次发生。当 SKD61 热作模具钢的温度高于其奥氏体化起始温度后,其金属基体开始了从 α 相铁素体向 γ 相奥氏体转变,由于 γ 相奥氏体所提供的原子空间和温度升高带来的原子活跃度提升,共晶化合物逐渐溶解于奥氏体基体之中,进而获得纯粹的奥氏体等轴晶组织。随着温度的进一步升高,奥氏体晶粒开始通过互相不断生长而减少晶界的表面积进而降低自身的能量,并因此获得更为粗大的奥氏体组织。当轧制态 SKD61 热作模具钢的温度高于其固相线温度之后,部分熔融开始在奥氏体晶粒的晶界部分和内部富含合金元素的部分发生,并形成附着于奥氏体晶粒表面的连续液膜和包裹于奥氏体晶粒内部的离散液滴。由于奥氏体晶粒内部富含合金元素的部分呈平行于轧制方向的带状分布,因此包裹于奥氏体晶粒内部的离散液滴的排列方向也是平行于轧制态 SKD61 热作模具钢的轧制方向的。随着温度的持续上升,奥氏体晶粒内外液相的体积比率也持续增加。由于相邻液相的相互连接,奥氏体晶粒变得支离破碎,并最终转变为均匀分布于液相基体中的球状奥氏体晶粒。

正如在半固态温度条件下轧制态 SKD61 热作模具钢中的液相在冷却后转变为共晶化合物,在半固态温度条件下轧制态 SKD61 热作模具钢中的固相奥氏体晶粒究竟是否在冷却之后发生了金属相变呢? 为了回答这个问题,进而揭示轧制态 SKD61 热作模具钢在从半固态温度冷却至室温过程中所发生的金属相变,我们使用了安装在场发射扫描电子显微镜上的电子背散射衍射(EBSD)设备对从 1385℃冷却至室温的轧制态 SKD61 热作模具钢的金属相进行了分析。为了节约分析时间,在 EBSD 分析的前期设定中,仅仅指定了铁的 α 相和 γ 相用于识别铁素体和奥氏体。1385℃冷却至室温的轧制态 SKD61 热作模具钢的EBSD 分析结果如图 2.21 所示。从图 2.21(a)所示的灰度图的形貌可以看出,半固态温度条件下的奥氏体晶粒区域存在着大量的针状马氏体。从图 2.21(b)所示的金属相分布图可知,绝大部分的 γ 相奥氏体晶粒在从半固态向固相冷却的过程中转化为了 α 相马氏体。仅有极少数的 γ 相奥氏体以残余奥氏体的形式存在于从 1385℃冷却至室温的轧制态 SKD61 热作模具钢试样中。

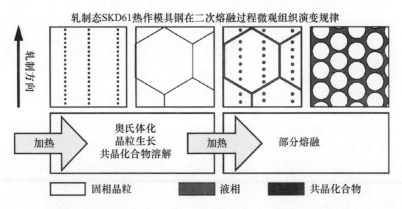

图 2.20   轧制态 SKD61 热作模具钢在二次重熔过程中所发生的微观组织演变规律

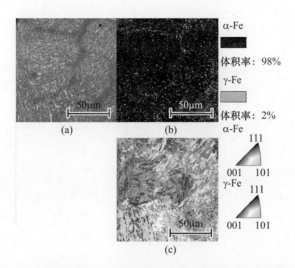

图 2.21 从 1385℃冷却至室温的轧制态 SKD61 热作模具钢
的电子背散射衍射(EBSD)分析测试结果

2.1.5 铸态 SKD61 热作模具钢的二次重熔

为了制备铸态 SKD61 热作模具钢的原始材料,使用电磁加热线圈将 2.1.4 小节使用的轧制态 SKD61 热作模具钢熔化于一个直径为 100mm 的氧化铝坩埚中,进而通过自然冷却获得一块 SKD61 热作模具钢铸锭。为了消除 SKD61 热作模具钢铸锭表面氧化皮膜对其组织性能的影响,使用线切割的手段将该铸锭表面的氧化皮膜去除。

为了研究铸态 SKD61 热作模具钢在二次重熔过程中被加热至某个半固态温度时的显微组织,进而研究铸态 SKD61 热作模具钢在二次重熔中的微观组织演变。首先,使用线切割方法将铸态 SKD61 热作模具钢棒材切削成圆柱形试样,该圆柱形试样的长度和直径分别为 12mm 和 8mm。试验装置示意图如图 2.10 所示。中央表面钎焊着 K 型热电偶的圆柱形试样被一对具有较低热传导系数的高温陶瓷模具夹持于圆柱形感应加热线圈的正中央。圆柱形试样和高温陶瓷模具之间还放置了一对具有较低热传导率的云母垫片,用于阻隔圆柱形试样和高温陶瓷模具之间的热传导,以实现温度在圆柱形钢铁材料试样内部的均匀分布。我国北京科技大学的李静媛以及日本东京大学的杉山澄雄和柳本润等曾经以同样的设备同样的方法研究不锈钢材料在二次重熔过程中各个温度时呈现的显微组织。他们的研究结果显示,由于上下陶瓷模具较低的导热性,温度在被高温陶瓷模具夹持的圆柱形钢铁材料试样中均匀分布[10]。

铸态 SKD61 热作模具钢在室温下的微观组织如图 2.22 所示,粗大的黑色共晶化合物杂乱无章地分布于晶粒尺寸约为 200μm 的粗大铸态晶粒基体中。

这些粗大的共晶化合物是由于合金元素在铸造过程中引起的微光偏析而产生的,因此这些共晶化合物主要分布在树枝晶之间的区域。

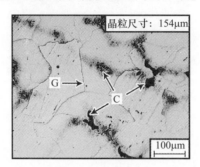

图 2.22   使用光学显微镜拍摄的铸态 SKD61 热作模具钢在室温下的微观组织
G—晶界;C—共晶化合物。

如图 2.23 所示,当铸态 SKD61 热作模具钢被加热至 1250℃并保温 20s 后,此前分布于树枝晶间区域的共晶化合物消失,获得了非常单纯的粗大等轴奥氏体组织,奥氏体晶粒的尺寸大约为 200μm。上述微观组织与从室温被加热至奥氏体温度和固相线温度之间的轧制态 SKD61 热作模具钢的微观组织相类似,都是由于在加热过程中所发生的共晶化合物溶解和奥氏体化等一系列微观组织演变所引起的。由于 900℃高于 SKD61 热作模具钢的奥氏体转变温度,因此,在加热的过程中发生从 α 相铁素体向 γ 相奥氏体的金属相变。晶体结构是面心立方(FCC)结构的 γ 相奥氏体能够提供比晶体结构是体心立方(BCC)结构 α 相铁素体更多的原子空间以容纳合金元素的原子。而合金元素的原子活跃度也随着温度的上升而大幅度提高,原本粗大的共晶化合物发生溶解,其中的大量合金元素的原子被 γ 相奥氏体所吸收。因此,将铸态 SKD61 热作模具钢试样加热至 1250℃后,该试样的微观组织转变为了纯粹的奥氏体等轴晶粒组织。

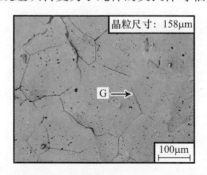

图 2.23   使用光学显微镜拍摄的从 1250℃冷却至室温的铸态
SKD61 热作模具钢在室温下的微观组织
G—晶界。

如图 2.24 所示,当铸态 SKD61 热作模具钢被加热至 1350℃并保温 20s 后,粗大的奥氏体等轴晶的晶界区域出现了连续的膜状共晶化合物。根据此前对轧制态 SKD61 热作模具钢部分熔融试验结果的讨论和分析知道,上述连续的膜状共晶化合物是由附着于奥氏体晶粒上的液膜在快速冷却过程中转化的。由此可以判断,当铸态 SKD61 热作模具钢被加热至 1350℃时,在其内部发生了部分熔融。根据我国哈尔滨工业大学的陈刚和英国莱斯特大学的海伦·阿特金森(Helen Atkinson)等的理论,部分熔融首先会发生在金属材料内部具有较低熔点的区域。而此类区域主要包括两类:一类是杂质和合金元素富集的区域;另一类则是蕴含着较高能量的区域[18]。而铸态 SKD61 热作模具钢的晶界上本来就存在着少量的杂质及合金元素,这些杂质和难以固溶于奥氏体晶粒的微量合金元素在奥氏体转变和生长的阶段对奥氏体晶粒起到了钉扎效应。此外,在升温过程中原来位于树枝晶间区域的粗大共晶化合物虽然固溶于奥氏体晶粒内部,但是并没有在奥氏体晶粒中均匀分布,也就造成了奥氏体晶粒内部有些区域具有较高的合金元素含量。这些合金元素富集的区间具有低于其他区域的固相线温度。因此,当铸态 SKD61 热作模具钢被加热至其固相线温度以上时,部分熔融发生于奥氏体等轴晶的晶界区域,进而形成了附着于奥氏体晶粒表面的连续液膜。这些附着于奥氏体晶粒表面的液膜随着铸态 SKD61 热作模具钢试样自 1350℃冷却至室温而转变成为在光学显微镜中所观察到的位于晶界上的连续的膜状共晶化合物。

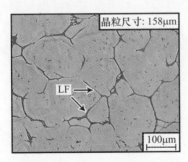

图 2.24　使用光学显微镜拍摄的从 1350℃冷却至室温的铸态
SKD61 热作模具钢在室温下的微观组织
LF—膜状共晶化合物。

如图 2.25 所示,当轧制态 SKD61 热作模具钢被加热至 1385℃并保温 20s 后,粗大的球状奥氏体晶粒的周围出现了团图的小型球状奥氏体晶粒。无论是较大的球状奥氏体晶粒还是较小的奥氏体晶粒都被连续的膜状共晶化合物所包围。根据德国亚琛工业大学的普特根等的研究成果,这些团簇的小型球状奥氏体晶粒是由大量的液相在快速冷却过程中凝固而成的[6]。也就是说,当液相比较多时,部分液相转化为了团簇的小型球状晶粒,而另外部分液相则转化为附着在球状晶粒表面的连续膜状共晶化合物。当铸态 SKD61 热作模具钢从 1345℃加热至 1385℃的过程中,奥氏体晶粒周围的液膜的体积比率明显增加。由于初始状态下的铸态 SKD61 热作模具钢中粗大共晶化合物的不均匀分布,这些不断增加的液相在半固态温度下的铸态 SKD61 热作模具钢中的分布同样并不均匀。在保温 20 s 后的快速水冷过程中液相富集区域所发生的微观组织演变可以看作铸造过程中的微观组织演变,使得这些聚集的液相的一部分转变成团簇的小型球状奥氏体晶粒,而另外一部分则转化成为固相晶粒周围连续的膜状共晶化合物。

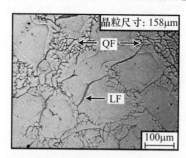

图 2.25　使用光学显微镜拍摄的从 1385℃冷却至室温的铸态
SKD61 热作模具钢在室温下的微观组织
LF—膜状共晶化合物;QL—冷却液相生成的晶粒。

通过专业图像分析软件对从不同温度冷却至室温的铸态 SKD61 热作模具钢的金相照片进行分析,其分析结果包括铸态 SKD61 热作模具钢的奥氏体晶粒尺寸随加热温度的变化曲线、铸态 SKD61 热作模具钢的液相率随加热温度的变化曲线以及铸态 SKD61 热作模具钢的奥氏体晶粒的形状因子随加热温度的变化曲线。

如图 2.26 所示,铸态 SKD61 热作模具钢的奥氏体晶粒的尺寸随温度升高而逐渐减少。铸态 SKD61 热作模具钢从室温加热至 1250℃的过程中,主要发生的微观组织转变是奥氏体化,粗大的共晶化合物溶解于奥氏体晶粒中,并没有发生轧制态 SKD61 热作模具钢在加热过程中所发生的奥氏体晶粒的长大。因此在此温度区间内,奥氏体晶粒的尺寸并没有发生明显的变化。当铸态 SKD61 热作模具钢的温度超过该材料的固相线温度后,奥氏体晶粒的尺寸随着温度的升高而不断减少。在这个温度范围内,铸态 SKD61 热作模具钢主要发生的微观组织转变是奥氏体晶粒的部分熔融,发生在奥氏体晶界的部分熔融不仅增加了液膜的厚度,还降低了奥氏体晶粒的尺寸。当铸态 SKD61 热作模具钢被加热至 1385℃并快速水冷之后,在粗大奥氏体晶粒边缘出现的团簇小型奥氏体晶粒大大地降低了图像分析软件所测得的固相晶粒尺寸。

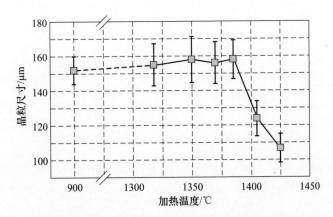

图 2.26　铸态 SKD61 热作模具钢的奥氏体晶粒尺寸随加热温度的变化曲线

如图 2.27 所示,铸态 SKD61 热作模具钢的液相率随着加热温度的升高而增加,这是由于奥氏体晶粒的部分熔融随着温度的升高而不断加剧,越来越多的奥氏体晶粒熔化而转化为液相,进而导致液相率逐渐增加。根据我国哈尔滨理工大学吉泽升以及日本东京大学的杉山澄雄和柳本润等的研究成果,图像分析所测得的较低液相率是由于在冷却过程中部分液相转化为固相晶粒的一部分,而无法通过图像分析软件进行判断和区分[19]。这部分在冷却过程中转化为固相晶粒的液相率就是图像分析结果与差热分析结果之间的差值。

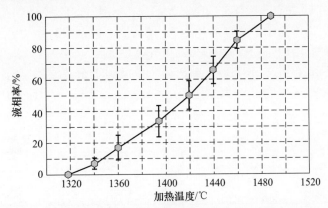

图 2.27　铸态 SKD61 热作模具钢的液相率随加热温度的变化曲线

如图 2.28 所示,铸态 SKD61 热作模具钢中的奥氏体晶粒的形状因子随着加热温度的升高而逐渐升高。在较低温度时的奥氏体等轴晶呈多边形,距离球状尚有一定差距。随着温度的不断升高,不仅原有奥氏体晶粒的形状由多边形相近球形逐步转变,新生成的团簇小型球状晶粒也使得分析软件所测量的固相晶粒的形状因子随着温度的升高而逐渐增加。

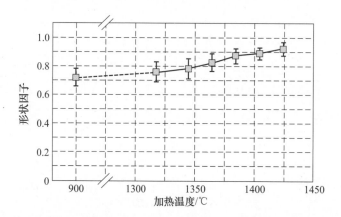

图 2.28   铸态 SKD61 热作模具钢的奥氏体晶粒的形状因子随加热温度的变化曲线

综上所述,铸态 SKD61 热作模具钢在二次重熔过程中所发生的微观组织演变规律如图 2.29 所示。整个二次重熔过程中,在铸态 SKD61 热作模具钢的内部,奥氏体化、共晶化合物的溶解、部分熔融等微观组织演变行为依次发生。当 SKD61 热作模具钢的温度高于其奥氏体化起始温度后,其金属基体开始从 α 相铁素体向 γ 相奥氏体的转变,由于 γ 相奥氏体所提供的原子空间和温度升高带来的原子活跃度提升,共晶化合物逐渐溶解于奥氏体基体中,进而获得纯粹的奥氏体等轴晶组织。随着温度的进一步升高而超过 SKD61 热作模具钢的固相线温度之后,部分熔融开始在奥氏体晶粒的晶界部分和内部富含合金元素的部分发生,并形成附着于奥氏体晶粒表面的连续液膜。随着温度的持续上升,奥氏体晶粒内外的液相率也持续增加,并最终转变为随机分布于液相基体中的球状奥氏体晶粒。由于共晶化合物在铸态 SKD61 热作模具钢中的不均匀分布,在室温下共晶化合物富集的区域出现了大量的液相,这些液相在冷却过程中析出大量的团簇细晶。

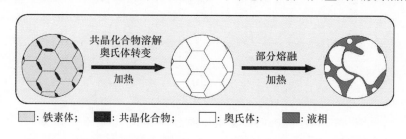

图 2.29   铸态 SKD61 热作模具钢在熔融过程的显微演变规律的示意图

2.1.6   轧制态 SKD11 冷作模具钢的二次重熔

为了研究轧制态 SKD11 冷作模具钢在二次重熔过程中被加热至某个半固态温度时的显微组织,进而研究轧制态 SKD11 冷作模具钢在二次重熔中的微观组织演变。首先轧制态 SKD11 冷作模具钢棒材被机械车床切削成圆柱形试样，该圆柱形试样的直径和长度分别为 8mm 和 12mm。试验装置示意图如图 2.10 所示。中央表面钎焊着 K 型热电偶的圆柱形试样被一对具有较低热传导系数的高温陶瓷模具夹持于圆柱形感应加热线圈的正中央。圆柱形试样和高温陶瓷模具之间还放置了一对具有较低热传导率的云母垫片，进而阻隔圆柱形试样和高温陶瓷模具之间的热传导，以实现温度在圆柱形钢铁材料试样内部的均匀分布。我国北京科技大学的李静媛以及日本东京大学的杉山澄雄和柳本润等曾经以同样的设备同样的方法研究不锈钢材料在二次重熔过程中各个温度时呈现的显微组织。她们的研究结果显示，由于上下陶瓷模具较低的导热性，温度在被高温陶瓷模具夹持的圆柱形钢铁材料试样中均匀分布[10]。

　　使用场发射扫描电子显微镜从平行于轧制方向和垂直于轧制方向拍摄的轧制态 SKD11 冷作模具钢试样的微观组织照片如图 2.30 所示。如图 2.30(a)所示，轧制态 SKD11 冷作模具钢试样中有两类共晶化合物，一类为较大的长条状共晶化合物，此类共晶化合物的长度方向平行于轧制方向，另一类为较小的颗粒状共晶化合物，呈带状分布于轧制态 SKD11 冷作模具钢试样的平行于轧制方向的截面上。如图 2.30(b)所示，无论是较大的共晶化合物还是较小的共晶化合物，都呈离散态均匀地分布在轧制态 SKD11 冷作模具钢试样的垂直于轧制方向的截面上。此类典型的具有方向性的冷塑性成形金相组织源于该轧制态 SKD11 冷作模具钢的加工工艺。

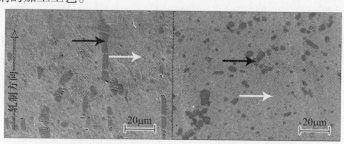

(a)平行于轧制方向的截面　　　　　(b)垂直于轧制方向的截面

图 2.30　轧制态 SKD11 冷作模具钢的微观组织的场发射扫描电子显微镜照片
（黑色箭头所指为长条状共晶化合物，白色箭头所指为颗粒状共晶化合物）

　　轧制态 SKD11 冷作模具钢的铸造过程是熔融后呈液态的原材料凝固成为固态的过程，金属晶体树枝状的凝固模式会生成大量的树枝状晶粒，而原材料中的杂质和合金元素则主要富集于树枝状晶之间的区域，这种现象就是铸态金属中普遍存在的树枝状偏析。而随后的热轧成形不仅通过热塑性变形将铸锭中的树枝状晶转化为等轴晶。英国莱彻斯特大学的奥马尔等指出，原来富集于晶间区域的杂质和合金元素也由于塑性变形而转变成为离散的共晶化合物并排列成

平行于轧制方向的带状。相较于 SKD61 热作模具钢,SKD11 冷作模具钢的合金
元素含量较高,因此富集于晶间区域的合金元素也较多,也形成了较大、较多的
共晶化合物。轧制阶段的热塑性变形仅将其中一部分共晶化合物粉碎为小型颗
粒状共晶化合物,而部分未被热塑性变形完全摧毁的共晶化合物则呈较大尺寸
的长条形状平行于轧制方向分布。

    为分析轧制态 SKD11 冷作模具钢中两类不同形貌共晶化合物的具体情况,
使用安装于场发射扫描电子显微镜上面的 X 射线能谱分析(EDS)装置来分析
这些离散的共晶化合物的化学元素成分。EDS 成分分析结果如图 2.31 所示,除
了 Fe 外,C、Cr、V、Mo 等合金元素都富集于这些共晶化合物中。

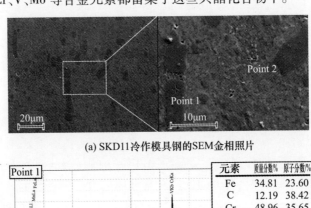

(a) SKD11冷作模具钢的SEM金相照片

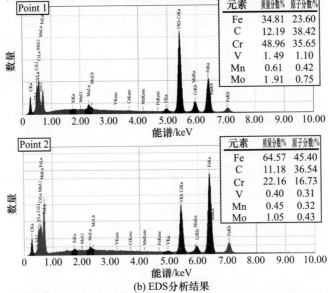

元素	质量分数/%	原子分数/%
Fe	34.81	23.60
C	12.19	38.42
Cr	48.96	35.65
V	1.49	1.10
Mn	0.61	0.42
Mo	1.91	0.75

元素	质量分数/%	原子分数/%
Fe	64.57	45.40
C	11.18	36.54
Cr	22.16	16.73
V	0.40	0.31
Mn	0.45	0.32
Mo	1.05	0.43

(b) EDS分析结果

图 2.31   轧制态 SKD11 冷作模具钢中两种不同形貌的共晶化合物的 EDS 分析结果

    如图 2.32(a)所示,当轧制态 SKD11 冷作模具钢被加热至 900℃并保温 20s
后,此前呈带状分布的体积较小的颗粒状共晶化合物消失,而体积较大的长条状
共晶化合物则存于等轴奥氏体晶粒的晶界上。上述微观组织是由于轧制态

SKD11 冷作模具钢从室温被加热至 900℃的过程中所发生的共晶化合物溶解和奥氏体化等一系列微观组织演变所引起的。由于 900℃高于 SKD11 冷作模具钢的奥氏体转变温度，因此，在加热的过程中发生从 α 相铁素体向 γ 相奥氏体的金属相变。此前很难辨认晶界的铁素体全部转变为了奥氏体。同时，由于 γ 相奥氏体的晶体结构是面心立方（FCC），而 α 相铁素体的晶体结构是体心立方（BCC）结构。γ 相奥氏体能够提供比 α 相铁素体更多的原子空间以容纳合金元素原子。而随着温度的上升，合金元素原子的活跃度也大大提高，体积较小的颗粒状共晶化合物中的大量合金元素的原子被 γ 相奥氏体所容纳，进而造成了这些体积较小的颗粒状共晶化合物的溶解。然而，由于奥氏体基体所提供的原子容纳空间终究是有限的，而 SKD11 冷作模具钢的合金元素含量却非常高，仅体积较小的颗粒状共晶化合物溶解于奥氏体晶粒中，而体积较大的长条状共晶化合物则依旧存在于奥氏体晶粒的晶界上。因此，将轧制态 SKD11 冷作模具钢加热至 900℃后，获得了长条状共晶化合物与奥氏体等轴晶粒共存的微观组织。

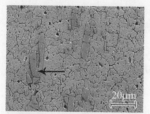

(a) 冷却自900℃的SKD11冷作模具钢

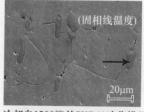

(b) 冷却自1200℃的SKD11冷作模具钢

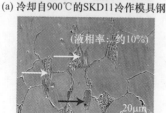

(c) 冷却自1220℃的SKD11冷作模具钢

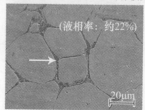

(d) 冷却自1260℃的SKD11冷作模具钢

(e) 冷却自1280℃的SKD11冷作模具钢

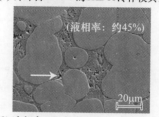

(f) 冷却自1300℃的SKD11冷作模具钢

图 2.32　以20°/s 的速度加热至不同的温度并保温20s 后冷却
至室温轧制态 SKD11 冷作模具钢的光学显微镜照片

（黑色箭头所指为初生共晶化合物，白色箭头所指为液相在冷却过程中生成的共晶化合物）

如图 2.32(b)所示,当轧制态 SKD11 冷作模具钢加热至 1200℃并保温 20s 之后,金相照片显示该钢铁试样依旧是由奥氏体等轴晶粒和长条状共晶化合物所组成的。然而,奥氏体等轴晶的尺寸远远大于加热至 900℃并保温 20s 的轧制态 SKD11 冷作模具钢中的奥氏体等轴晶的尺寸,但依旧有一定数量的长条状共晶化合物存在于这些粗大奥氏体晶粒的晶界上。这种现象是由于将轧制态 SKD11 冷作模具钢试样从 900℃加热至 1200℃过程中所发生的奥氏体晶粒生长和共晶化合物的溶解造成的。一方面,原子的活跃度随着温度的上升而不断提高;另一方面,轧制态金属材料的能量往往储存于其晶界部分。而宇宙中的物质往往倾向于从能量高的状态向能量低的状态转变。而轧制态金属材料降低自身能量的途径之一就是通过晶粒的互相融合进而减少晶界的表面积。因此,在高温和晶粒表面能量的驱动下奥氏体晶粒不断生长,并形成图 2.16(b)所示的粗大奥氏体等轴晶。但是,由于奥氏体晶界上长条状共晶化合物的存在,奥氏体的生长也受到了这些长条状共晶化合物钉扎效应的影响。这也是轧制态 SKD11 冷作模具钢有别于轧制态 SKD61 热作模具钢之处。

如图 2.33(c)所示,当轧制态 SKD11 冷作模具钢被加热至 1220℃并保温 20s 后,不仅有连续的膜状共晶化合物出现在粗大的奥氏体等轴晶的晶界区域,同时还有部分离散的鱼骨状共晶化合物出现在粗大的奥氏体等轴晶的交界处。根据前面的内容,知道上述连续的膜状共晶化合物是由附着于奥氏体晶粒上的液膜在快速冷却过程中转化的,而离散的鱼骨状共晶化合物则是由存在于奥氏体等轴晶交界处的液相在快速冷却过程中转化的。由此可以判断,当轧制态 SKD11 冷作模具钢被加热至 1345℃时,在其内部发生了部分熔融。根据我国哈尔滨工业大学的姜巨福和英国莱彻斯特大学的海伦·阿特金森等的理论,部分熔融首先会发生在金属材料内部具有较低熔点的区域。而此类区域主要包括两类:一类是杂质和合金元素富集的区域;另一类则是蕴含着较高能量的区域[20]。其中,轧制态 SKD11 冷作模具钢的晶界上不但由于热轧成形而储存有残余的成形能量,还存在着少量的杂质及合金元素,由于这些杂质和难以固溶于奥氏体晶粒的微量合金元素在奥氏体转变和生长阶段对奥氏体晶粒起到了钉扎效应,因此上述杂质和元素往往还富集于多个奥氏体晶粒交界的区域,这些区域都具有低于其他区域的固相线温度。此外,由于多个呈多边形形貌的奥氏体晶粒在其交界处的角度大都比较尖锐,而在加热过程中,由表面能所驱动的部分熔融往往会通过将这些尖角熔化而得以降低。因此,在轧制态 SKD11 冷作模具钢被加热至其固相线温度以上时,部分熔融发生于奥氏体等轴晶的晶界区域以及多个奥氏体晶粒交界的区域,进而形成了附着于奥氏体晶粒表面的连续液膜和较大块的位于奥氏体晶粒交界处的离散液滴。上述两种形态各异的液相随着轧制态 SKD11 冷作模具钢试样自 1345℃冷却至室温而转变成为在光学显微镜中所观察到的位于晶界上的连续的膜状共晶化合物和离散分布于多个奥氏体晶粒交界处的鱼骨状共晶化合物。为了研究位于奥氏体晶粒交界处离散的鱼骨状共晶化合物和原有的长条状共晶化合物的异同,使用了安装在场发射扫描电子显微镜上的 EDS 装置,对上述两种共晶化合物进行合金元素先扫描。EDS 线扫描分析的结果如图 2.33 所示。通过比较这两种共晶化合物中的合金元素含量可以发现,在从 1220℃ 冷却至室温的轧制态 SKD11 冷作模具钢试样中,新生成的鱼骨状共晶化合物所蕴含的合金元素含量低于原始的长条状共晶化合物。这是由于新生成的鱼骨状共晶化合物不仅包含原本富集于奥氏体晶粒交界处的合金元素和杂质,还包含在加热过程中所熔融的奥氏体,所以这些新生成的鱼骨状共晶化合物中的铁元素含量高于原始的长条状共晶化合物。相对地,新生成的鱼骨状共晶化合物中的其他合金元素的含量则低于原始的长条状共晶化合物。

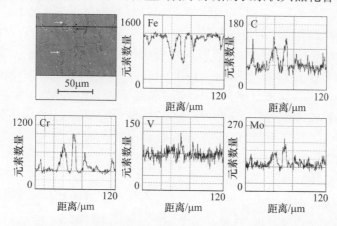

图 2.33　从 1220℃ 冷却至室温的轧制态 SKD11 冷作模具钢的 EDS 线分析测试结果

如图 2.32(d) 所示,当轧制态 SKD11 冷作模具钢被加热至 1260℃ 并保温 20s 后,此前位于奥氏体晶界处的长条状共晶化合物不复存在。多边形奥氏体晶粒周围遍布着连续的鱼骨状共晶化合物,而且与冷却自 1220℃ 的轧制态 SKD11 冷作模具钢相比,这些鱼骨状共晶化合物明显增多。基于此前的研究成果,可以推断这些连续的鱼骨状共晶化合物是由加热至 1260℃ 时的轧制态 SKD11 冷作模具钢中的液相在此后的快速冷却过程中转变而成的。当轧制态 SKD11 冷作模具钢从 1220℃ 加热至 1260℃ 的过程中,不仅奥氏体的晶界继续发生部分熔融,而且原来位于奥氏体晶界上的长条状共晶化合物也彻底熔融为液相,而这些发生在奥氏体晶界周围的部分熔融必然使得奥氏体晶粒周围的液相率明显增加。这些位于奥氏体晶粒周围液膜的不断增加并没有使原有多边形的奥氏体晶粒的边缘变得更加圆滑。在 1220℃ 保温 20s 后的快速水冷,使得这些附着于多边形奥氏体晶粒周围的液相全部转变成为鱼骨状共晶化合物。

　　如图 2.32(e)所示,当轧制态 SKD11 冷作模具钢被加热至 1280℃并保温 20s 后,原本呈多边形的奥氏体晶粒的外形变得更加圆润而光滑。而附着于奥氏体晶粒边缘连续的鱼骨状共晶化合物也有明显的变厚和增多。根据此前的研究成果,这些连续的鱼骨状共晶化合物是由加热至 1280℃时的轧制态 SKD11 冷作模具钢中的液相在此后的快速冷却过程中转变而来的。当轧制态 SKD11 冷作模具钢从 1260℃加热至 1280℃的过程中,包括奥氏体晶粒周围液膜的体积比率明显增加。随着奥氏体晶粒外液相的不断增加,原本呈多边形的奥氏体晶粒在界面能的驱动下逐步转变为外形更加圆润且光滑的具有圆角的类多边形奥氏体晶粒。在保温 20s 后的快速水冷后,使得这些分布于具有圆角的类多边形奥氏体晶粒周围的液相全部转变成为连续的鱼骨状共晶化合物。

　　如图 2.32(f)所示,当轧制态 SKD11 冷作模具钢被加热至 1300℃并保温 20s 后,原本圆角的类多边形奥氏体晶粒被球状奥氏体晶粒所取代。这些球状的奥氏体晶粒被连续的鱼骨状共晶化合物所包围。根据此前的研究成果,可知这些位于球状奥氏体晶粒边缘连续的鱼骨状共晶化合物是从加热至 1300℃时的轧制态 SKD11 冷作模具钢中的液相在此后的快速冷却过程中转变而来的。当轧制态 SKD11 冷作模具钢从 1280℃加热至 1300℃的过程中,附着于奥氏体晶粒周围液膜的体积比率明显增加。这些因奥氏体晶粒突出部位熔融而不断增加的液相将原来具有圆角的类多边形奥氏体晶粒彻底转变为球状的奥氏体晶粒。在保温 20s 后的快速水冷后,使得这些位于球状奥氏体晶粒周围的液相全部转变成为连续的鱼骨状共晶化合物。

　　通过专业图像分析软件对从不同温度冷却至室温的轧制态 SKD11 冷作模具钢的金相照片进行分析,其分析结果包括轧制态 SKD11 冷作模具钢的奥氏体晶粒尺寸随加热温度的变化曲线、轧制态 SKD11 冷作模具钢的液相率随加热温度的变化曲线以及轧制态 SKD11 冷作模具钢的奥氏体晶粒的形状因子随加热温度的变化曲线。

　　如图 2.34 所示,轧制态 SKD11 冷作模具钢的奥氏体晶粒的尺寸随温度升高的变化规律是首先较大幅度地增加然后较小幅度地减少,在轧制态 SKD11 冷作模具钢从 900℃加热至 1200℃的过程中,主要发生的微观组织演变是奥氏体晶粒长大,在此温度区间内所发生的奥氏体晶粒长大引起了奥氏体晶粒尺寸的不断增加,然而奥氏体晶粒的长大并非是无止境的,当奥氏体晶粒接触到尚未熔融的长条状共晶化合物后,在该长条状共晶化合物方向的生长也就由于共晶化合物的钉扎效应而停止了。当轧制态 SKD11 冷作模具钢的温度超过 1220℃后,奥氏体晶粒的尺寸随着温度的升高而不断减少。在这个温度范围内,轧制态 SKD11 冷作模具钢主要发生的微观组织转变是奥氏体晶粒的部分熔融,发生在奥氏体晶界的部分熔融不仅增加了液膜的厚度,还降低了奥氏体晶粒的尺寸。

不同于轧制态 SKD61 热作模具钢,在二次重熔过程中并没有发生在奥氏体晶粒内部的部分熔融。因此,在半固态温度条件下,没有在离散液滴出现的轧制态 SKD11 冷作模具钢的奥氏体晶粒的内部,也就不会发生奥氏体晶粒由于其内部液相的互相连接而被切碎的现象发生。因此,随着温度的逐渐上升,奥氏体晶粒的尺寸仅发生较小幅度的降低。

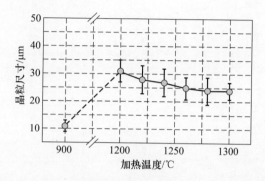

图 2.34　轧制态 SKD11 冷作模具钢的奥氏体晶粒尺寸随加热温度的变化曲线

如图 2.35 所示,轧制态 SKD11 冷作模具钢的液相率随着加热温度的升高而增加,这是由于奥氏体晶粒的部分熔融随着温度的升高而不断加剧,越来越多的奥氏体晶粒熔化而转化为液相,进而导致液相的体积比率逐渐增加。相较于基于 DSC 差热分析结果所计算的轧制态 SKD11 冷作模具钢的液相率随着加热温度的变化曲线,通过图像分析获得的轧制态 SKD11 冷作模具钢在各个温度条件下的液相率都比较低。根据法国国立高等工程技术学校的贝克尔(Becker)等的研究成果,图像分析所测得的较低的液相率是由于在冷却过程中部分液相转化为了固相晶粒的一部分,而无法通过图像分析软件进行判断和区分[21]。这部分在冷却过程中转化为固相晶粒的那部分液相的体积比率就是图像分析结果与差热分析结果之间的差值。

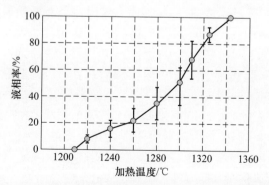

图 2.35　轧制态 SKD11 冷作模具钢的液相率随加热温度的变化曲线

如图 2.36 所示,轧制态 SKD11 冷作模具钢中的奥氏体晶粒的形状因子随着加热温度的升高而升高。在较低温度时的奥氏体等轴晶呈多边形,随着温度的升高,这些多边形奥氏体晶粒的尖角部分和平直的边缘逐渐变得圆润而光滑,不断向球状奥氏体晶粒发生转变,因此,在二次重熔过程中,轧制态 SKD11 冷作模具钢的奥氏体晶粒的形状因子随着温度的升高而逐渐增加。

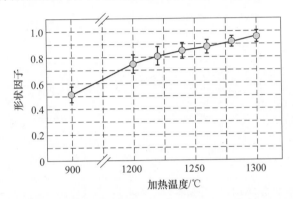

图 2.36　轧制态 SKD11 冷作模具钢的奥氏体晶粒的形状因子随加热温度的变化曲线

综上所述,轧制态 SKD11 冷作模具钢在二次重熔过程中所发生的微观组织演变规律如图 2.37 所示。整个二次重熔过程中,在 SKD11 冷作模具钢的内部,奥氏体化、共晶化合物的溶解、奥氏体的晶粒长大、部分熔融等微观组织演变行为依次发生。当 SKD11 冷作模具钢的温度高于其奥氏体化起始温度后,其金属基体开始了从 α 相铁素体向 γ 相奥氏体的转变,由于 γ 相奥氏体所提供的原子空间和温度升高带来的原子活跃度提升,颗粒状的共晶化合物逐渐溶解于奥氏体基体之中,而由于 SKD11 冷作模具钢的合金元素含量较高,而 γ 相奥氏体所能容纳的原子数量有限,因此,体积较大的长条状的共晶化合物并没有在 SKD11 冷作模具钢的奥氏体化阶段完全熔化于奥氏体基体之中。而是依旧存在于奥氏体晶粒的晶界上。随着温度的进一步升高,奥氏体晶粒开始通过互相不断生长而减少晶界的表面积进而降低自身的能量,并因此获得了更为粗大的奥氏体组织。而由于奥氏体晶界上长条状共晶化合物的钉扎效应,这些尚未完全熔化于奥氏体基体的长条状共晶化合物对奥氏体晶粒的生长起到限制作用,有效地阻止了奥氏体晶粒随着温度升高而无限度生长。当轧制态 SKD11 冷作模具钢的温度高于其固相线温度之后,部分熔融起始于奥氏体晶粒的晶界区域,多个奥氏体晶粒的交界区域,以及内部富含合金元素的长条状共晶化合物区域,并形成了一些连续的液膜附着于奥氏体晶粒表面,还有一些新生的液相富集于多个奥氏体晶粒交界区域以及原长条状共晶化合物所在的区域。由于轧制态 SKD11 冷作模具钢中的颗粒状共晶化合物的排列并没有明显的方向性,只有长条状化合物的长度方向平行于轧制方向,因此在半固态温度条件下生成的液相都没有呈现出明显的方向性。随着温度的持续上升,奥氏体晶粒周围液相的体积比率也持续增加,而奥氏体晶粒的尺寸不断降低,奥氏体晶粒的尖角和边缘逐渐变得圆滑和模糊,并最终获得均匀分布于液相基体中的球状奥氏体晶粒。

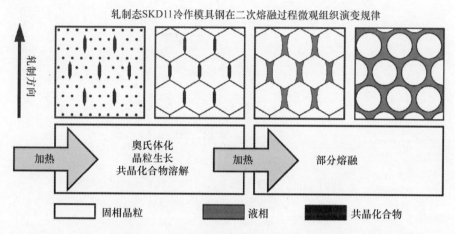

图 2.37　轧制态 SKD11 冷作模具钢在二次重熔中所发生的微观组织演变规律

正如在半固态温度条件下轧制态 SKD11 冷作模具钢中的液相在冷却后转为共晶化合物,在半固态温度条件下轧制态 SKD11 冷作模具钢中的固相奥氏体晶粒究竟是否在冷却之后发生了金属相变呢? 为了回答这个问题,进而揭示轧制态 SKD11 冷作模具钢在从半固态温度冷却至室温过程中所发生的金属相变,使用了安装在场发射扫描电子显微镜上的电子背散射衍射(EBSD)设备对从 1300℃冷却至室温的轧制态 SKD11 冷作模具钢的金属相进行了分析。为了节约分析时间,在 EBSD 分析的前期设定中,仅指定了铁的 α 相和 γ 相这两种金属相来识别铁素体和奥氏体。1300℃冷却至室温的轧制态 SKD11 冷作模具钢的 EBSD 分析结果如图 2.38 所示。从图 2.38(a)所示的灰度图的形貌可以看出,半固态温度条件下的一部分奥氏体晶粒的中心区域存在着 α 相,这些 α 相被辨识为针状马氏体,而其他区域则充斥着 γ 相,这些 γ 相被辨识为残余奥氏体。从图 2.38(b)所示的金属相分布图可知,仅有大约 1/3 部分的 γ 相奥氏体晶粒在从半固态向固相冷却的过程中转化为了 α 相马氏体。而还有大约 2/3 的 γ 相奥氏体以残余奥氏体的形式残余在从 1300℃冷却至室温的轧制态 SKD11 冷作模具钢试样中。从图 2.38(c)所示的金属晶粒取向图可以看出,在一部分晶粒中存在着孪生的现象,这一现象也从另一个角度证明了残余奥氏体晶粒的存在。

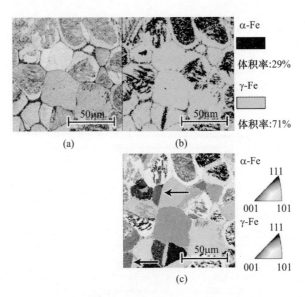

图 2.38   从 1300℃冷却至室温的轧制态 SKD11 冷作模具钢的
电子背散射衍射（EBSD）分析测试结果

2.2   轧制态 SKD61 热作模具钢的触变成形性能

2.2.1   触变成形物理模拟试验

为了研究轧制态 SKD61 热作模具钢在半固态触变成形过程中的变形行为，一系列高温热压缩物理模拟试验在日本东京大学生产技术研究所柳本润教授实验室的高速高温多道次热模拟试验机（Themac-Master-Z-5t）试验平台上得以开展。

高温热压缩物理模拟试验的装置和二次重熔试验的装置相同，其示意图也如图 2.11 所示。首先，需要使用车床将原始轧制棒状材料切削成直径为 8mm、长度为 12mm 的圆柱形试样。同时，用一对由热传导率较低的高温陶瓷制成的圆柱形模具夹持该圆柱形试样，并固定于圆柱形感应加热线圈的正中央，除了要确保钢铁试样与感应加热线圈的几何中心重合，还需要保证上下高温陶瓷模具施加于圆柱形试样的压力为零。为了在试验过程中测量和记录试样的受力和变形情况的变化，一组载荷和位移传感器被安装在随上模运动的冲头内部的中央位置。为了在试验过程中测量和记录试样的温度变化，一组 K 型热电偶钎焊于钢铁试样的中央位置。为了保证温度在钢铁试样中的均匀分布，一对隔热效果较好的云母垫片被用来阻隔钢铁试样与上下模具之间的热交换。为了避免钢铁试样在高温下被氧化，氮气作为保护气体充填在整个试验空间内。

高温热压缩物理模拟试验包括 3 个主要阶段,即加热重熔阶段、触变成形阶段及快速水冷阶段,其示意图如图 2.39 所示。

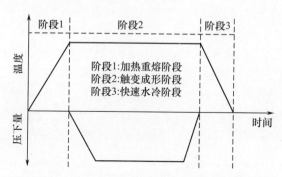

图 2.39　高温热压缩物理模拟试验的示意图

在加热重熔阶段的试验中,感应加热线圈由安装在计算机中的 PID 温度控制系统所控制,PID 温度控制系统可以根据 K 型热电偶所测得的钢铁试样的温度来实时调整感应加热线圈的功率,进而保证钢铁试样的温度按照事先在计算机系统中设定的温度变化曲线变化,实现对钢铁材料试样的精确控温。在轧制态 SKD61 热作模具钢的触变成形热压缩物理模拟试验中,圆柱形轧制态 SKD61 热作模具钢以 20℃/s 的加热速率加热至不同的目标温度（1305℃、1325℃、1345℃、1365℃、1385℃、1405℃、1425℃）。

在触变成形阶段,PID 温度控制系统依旧基于 K 型热电偶所测得的钢铁试样的温度来实时调整感应加热线圈的功率,确保钢铁试样的温度稳定地保持为事先在计算机系统中设定的触变成形温度,并在一定时间内(事先在计算机系统中设定的保温时间)等温保持。在轧制态 SKD61 热作模具钢的触变成形热压缩物理模拟试验中,圆柱形轧制态 SKD61 热作模具钢在不同的目标温度（1305℃、1325℃、1345℃、1365℃、1385℃、1405℃、1425℃）的保温时间均为20s。在等温保持结束的一瞬间,高温陶瓷上模在高温多段热压缩试验机的冲头带动下以事先在计算机系统中设定的应变速率对圆柱形钢铁试样进行压缩,当高温陶瓷上模在冲头的带动下向下运动到事先在计算机系统中设定的下压量后,钢铁材料的触变成形阶段告终。

在快速水冷阶段,安装于感应加热线圈上的冷水喷嘴在计算机系统的控制下,向触变成形后的钢铁试样喷射冷水,迅速将钢铁试样冷却至室温,为后续开展钢铁材料的微观组织观察和图像分析做准备。

2.2.2　微观组织分析介绍

与二次重熔钢铁金相试样的制备相同,高温热压缩物理模拟试验钢铁金相试样的制备也包括以下几个步骤。

（1）将快速冷却至室温的高温热压缩钢铁材料试样用砂轮切开。

（2）将切开的钢铁材料试样镶嵌在圆柱形热镶嵌树脂平台中,切开的平面曝露于树脂平台的表面。

（3）分别使用砂纸、金刚石悬浊液和氧化铝悬浊液对镶嵌在树脂平台中的钢铁材料金相试样进行打磨和抛光,直至镜面状态。

（4）将抛光后的钢铁材料金相试样浸泡于10% 硝酸－酒精腐蚀溶液中约10s,完成金相腐蚀。

（5）将腐蚀后的钢铁材料金相试样用酒精洗净并用棉签配合吹风机干燥。

使用 Keyence 光学显微镜和 JOEL 场发射扫描电子显微镜对制备好的钢铁材料金相试样进行微观组织观察,并拍摄金相组织照片。

基于使用 Keyence 光学显微镜和 JOEL 场发射扫描电子显微镜所拍摄的钢铁材料金相组织照片,利用专业图像分析软件对二次重熔钢铁材料的微观组织进行图像分析。图像分析的主要目的是获得钢铁材料在各半固态温度下的液相率、固相晶粒尺寸、固相晶粒的形状。

2.2.3　压缩曲线的处理方法

在高温热压缩物理模拟试验的过程中,高温陶瓷上模所受的变形抗力以及其在冲头的带动下的行程数据都被计算机系统通过安装在冲头内部的感应器精确地记录并保存下来。上述通过高温热压缩物理模拟试验获得的时间－载荷－行程曲线是分析和量化金属材料在其半固态温度区间内触变成形性能的基础,也是结合微观组织观察和图像分析结果来揭示金属材料在半固态触变成形过程中微观组织演变规律的依据。为了使高温热压缩物理模拟试验成果能够广泛地与其他材料的半固态触变成形性能以及同种材料在不同温度条件下的塑性成形性能进行对比,往往需要将计算机系统所记录的时间－载荷－行程曲线通过数学方法转换成通用性更强、对试样形状及尺寸依赖性更小的真实应力－真实应变曲线。本研究中,高温热压缩物理模拟试验的真实应力(σ)和真实应变(ε)的数值是通过以下公式进行计算的,即

$$\sigma = \frac{F(h_0 - \Delta h)}{\pi \cdot D_0^2 \cdot h_0} \tag{2.6}$$

$$\varepsilon = \ln\left(\frac{h_0 - \Delta h}{h_0}\right) \tag{2.7}$$

式中:D_0 和 h_0 分别为压缩之前圆柱形试样的半径和高度;F 和 Δh 分别为计算机系统所记录的成形载荷和变形量。

2.2.4　触变成形对轧制态 SKD61 热作模具钢外观的影响

使用高温热压缩物理模拟试验机以 1/s 的应变速率为在不同温度下将轧制态 SKD61 热作模具钢的高度从 12mm 减少为 6mm 并冷却至室温后,轧制态 SKD61 热作模具钢试样的外观照片如图 2.40 所示。需要说明的是,这些轧制态 SKD61 热作模具钢的成形温度并非都处于该材料的半固态温度区间内,SKD61 热作模具钢在 1305℃时呈完全的固态,不包含任何形态的液相。

图 2.40　不同温度下高温热压缩物理模拟试验后轧制态 SKD61 热作模具钢的照片

当成形温度为 1305℃时,轧制态 SKD61 热作模具钢为固态,因此,在高温热压缩物理模拟试验结束后,轧制态 SKD61 热作模具钢试样呈鼓形这一圆柱形金属试样在热压缩后的典型外形,如图 2.40(a)所示。

当成形温度为 1325℃时,轧制态 SKD61 热作模具钢为半固态,然而,在高温热压缩物理模拟试验结束后,轧制态 SKD61 热作模具钢试样依旧呈鼓形,如图 2.40(b)所示。这是由于在 1325℃时,轧制态 SKD61 热作模具钢的液相率较低,少量的液相并不足以明显地改变该材料的成形性能,更遑论改变压缩后试样的几何外形。

当成形温度为 1345℃时,轧制态 SKD61 热作模具钢为半固态,在高温热压缩物理模拟试验结束后,轧制态 SKD61 热作模具钢试样不再呈鼓形,由于其表面发生的大量破裂而呈向日葵的形状,如图 2.41(c)所示。这是由于在 1345℃时,轧制态 SKD61 热作模具钢中出现了附着于奥氏体晶粒周围的连续液膜,这些连续的液膜使得位错无法在轧制态 SKD61 热作模具钢内部奥氏体晶粒之间传递。同时由于液相抗拉伸、抗剪切的能力非常弱,而圆柱形金属试样在压缩过程中,其内部并不仅仅承受压缩变形,同样还承受着剪切变形和拉伸变形。特别是在圆柱试样的表面部分承受着较大的拉伸应力。在拉伸应力的作用下,裂纹发源于附着于奥氏体晶粒表面的液膜,并且沿着这些被液膜所润湿的奥氏体晶粒不断地延伸和扩张,进而发展成为轧制态 SKD61 热作模具钢试样表面上肉眼可见的众多裂纹。

当成形温度为1365℃时,轧制态SKD61热作模具钢为半固态,在高温热压缩物理模拟试验结束后,轧制态SKD61热作模具钢试样由于其表面发生的大量破裂而呈向日葵的形状,如图2.41(d)所示。这是由于在1365℃时,轧制态SKD61热作模具钢中附着于奥氏体晶粒周围的连续液膜随着温度的升高而变多变厚。在圆柱试样承受着较大的拉伸应力的表面部分,在拉伸应力将SKD61热作模具钢的半固态浆料沿着这些附着于奥氏体晶粒表面的液膜撕裂,进而获得了图2.40(d)所示的向日葵形状的轧制态SKD61热作模具钢试样。

当成形温度为1385℃时,轧制态SKD61热作模具钢为半固态,在高温热压缩物理模拟试验结束后,轧制态SKD61热作模具钢试样由于其表面发生的大量破裂而呈向日葵的形状,如图2.41(e)所示。与在1345℃和1365℃压缩所获得呈向日葵形状的轧制态SKD61热作模具钢试样不同的是,在1385℃压缩的轧制态SKD61热作模具钢因破裂而产生的"向日葵的花瓣"更大。这是由于在1385℃时,轧制态SKD61热作模具钢中附着于奥氏体晶粒周围的连续液膜随着温度的升高而变多变厚的同时,奥氏体晶粒也逐渐由多边形向球形转变。由于上述微观组织演化,具有球状半固态组织的SKD61热作模具钢浆料具有较好的流动性和黏性。因此,尽管圆柱试样的表面由于拉伸应力在奥氏体晶粒周围的液膜处出现了裂纹,但是从SKD61热作模具钢中心区域向自由表面区域流动的液相一定程度上对一部分裂纹进行了填充和修复,进而获得了图2.40(e)所示的具有较大花瓣的向日葵形状的轧制态SKD61热作模具钢试样。

当成形温度为1400℃时,轧制态SKD61热作模具钢为半固态,在高温热压缩物理模拟试验结束后,轧制态SKD61热作模具钢试样呈现具有较大花瓣的向日葵的形状,如图2.40(f)所示。上述外观与在1385℃压缩的轧制态SKD61热作模具钢试样的外形大致相同。基于上一自然段所描述的内容,这种具有较大花瓣的向日葵形状压缩试样是由于压缩过程中圆柱形试样表面较大的拉应力造成的撕裂和圆柱形试样内部的液相向表面流动所造成的填充相互之间的作用和博弈最终造成的结果。

当成形温度为1405℃时,轧制态SKD61热作模具钢为半固态,在高温热压缩物理模拟试验结束后,轧制态SKD61热作模具钢试样呈现具有较大花瓣的向日葵形状,如图2.41(g)所示。与在1385℃和1400℃压缩所获得的具有较大花瓣的向日葵形状的轧制态SKD61热作模具钢试样不同的是,在1405℃压缩的轧制态SKD61热作模具钢因破裂而产生的"向日葵的花瓣"表面较为光滑,不再存在细小的裂纹。这是由于在1405℃的温度条件下,轧制态SKD61热作模具钢半固态浆料的流动性非常良好,几乎所有在SKD61热作模具钢试样表面因拉伸应力而产生的裂纹都会在其延伸并恶化之前及时地被从中心区域外流的液相所填充。但是由于1405℃时,轧制态SKD61热作模具钢的液相终究是有限的,当圆柱形试样被压缩至一定程度时,即使处于 SKD61 热作模具钢试样内部的液相完全流动到了试样的表面区域,也无法组织半固态金属坯料沿着液相所产生的裂纹的不断加剧,进而获得图 2.40(g)所示的较大花瓣的向日葵形状的轧制态 SKD61 热作模具钢试样。

当成形温度为 1425℃时,轧制态 SKD61 热作模具钢为半固态,在高温热压缩物理模拟试验结束后,若干具有金属光泽的液泡出现在轧制态 SKD61 热作模具钢试样的表面,如图 2.40(h)所示。这是由于在升温至 1425℃之后,轧制态 SKD61 热作模具钢内部存在着大量的液相,使得球状的固相奥氏体晶粒悬浮于液相基体之中,此时的 SKD61 热作模具钢在成形载荷作用下的变形性能更近似于液体而非固体。因此,在受到压缩之后,伴随着 SKD61 热作模具钢试样表面的破裂,大量包裹着球状固相晶粒的液相从试样内部奔涌而出,进而在快速水冷之后获得图 2.40(h)所示的若干具有金属光泽的液泡。

2.2.5　触变成形对轧制态 SKD61 热作模具钢的微观组织的影响

为了分析轧制态 SKD61 热作模具钢在半固态触变成形过程中的微观组织演变,了解轧制态 SKD61 热作模具钢在不同的半固态温度条件下的变形性能及机理,高温热压缩物理模拟试验前后,轧制态 SKD61 热作模具钢试样不同区域的光学显微镜照片如图 2.41 所示。基于不同试验条件处理的轧制态 SKD61 热

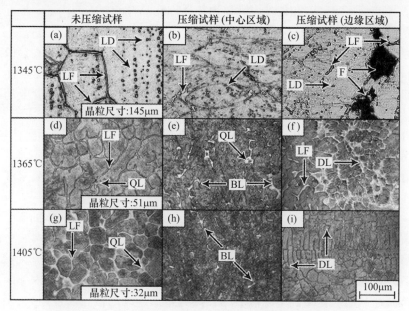

图 2.41　不同试验条件下轧制态 SKD61 热作模具钢的微观组织

LF—液膜;LD—液滴;F—裂痕;QL—冷却液相生成的晶粒;

BL—被固体颗粒阻塞的液相;DL—凝固后呈枝晶状的液相。

作模具钢试样不同区域的光学显微镜照片,使用专业图像分析软件估算了上述试样的中心区域和表面区域的液相率,并与各温度条件下未压缩SKD61热作模具钢的液相率进行了对比,图像分析的结果如图2.43所示。

如图2.41(a)所示,尽管在1345℃下保温20s后,SKD61热作模具钢的部分奥氏体晶粒的晶界因部分熔融而转化成为附着于多边形奥氏体晶粒表面的连续液膜。但是在SKD61热作模具钢半固态坯料中并没有形成从中心区域到边缘区域完整而连续的液相通道网络,使得SKD61热作模具钢试样的中心区域的液相无法通过液相通道流向该试样的边缘区域,这些位于奥氏体晶粒周围的液相在触变成形过程中更多是作为多边形奥氏体晶粒之间的润滑剂。同时,在1345℃,奥氏体晶粒内部含合金元素较多的区域也因部分熔融而出现了离散的液滴。由于这些液滴被奥氏体晶粒所包裹,并不具备自由流动的能力。根据英国帝国理工大学的格尔利和日本京都大学的安田秀幸(Hideyuki Yasuda)等的理论,当半固态金属坯料的液相率较低时,该半固态金属坯料在成形载荷作用下的主要变形行为是固相晶粒的塑性变形以及固相晶粒相互之间沿其边缘的液相的滑动[22]。固相晶粒的塑性变形主要发生压应力占比较大的试样中心区域,如图2.42(b)所示,而无论是附着于多边形奥氏体固相晶粒表面的液膜还是包裹于奥氏体固相晶粒内部的液滴都不具有良好的流动性,因此在压缩试样的中心区域上述两种形貌的液相依然存于奥氏体固相晶粒的表面及内部。而在压缩试样的边缘区域(图2.41(c)),由于此处的半固态浆料主要承受的是拉应力,而液相的拉伸强度相较于固相可以忽略不计。因此,在拉应力的作用下,裂纹在奥氏体固相粒子之间的液膜处开始萌发并随着触变成形的不断加剧而延伸并扩大。此外,半固态触变成形过程中固相粒子之间的滑动也从一定程度上加剧了轧制态SKD61热作模具钢半固态坯料中裂纹的扩张。由于在1345℃下,轧制态SKD61热作模具钢坯料内部的液相并没有在触变成形过程中形成由内至外的通道并向外流动,所以通过使用图像分析软件所测得的在1345℃下压缩的轧制态SKD61热作模具钢试样的中心区域和边缘区域的液相率相较于触变成形前的试样并没有较大的差异,如图2.42所示。

如图2.41(d)所示,在1365℃下保温20s后,SKD61热作模具钢的部分奥氏体晶粒不仅因为其晶界的部分熔融而转化成为连续液膜,而且原本多边形的奥氏体晶粒由于其内部的液滴通过长大和互相之间的连接而被分割为云朵状的奥氏体固相晶粒。在1365℃的轧制态SKD61热作模具钢半固态坯料内部的液相已经形成了从中心区域到边缘区域的较为完整而连续的液相通道网络,使得构成上述液相通道网络的液相能够在成形过程中从轧制态SKD61热作模具钢试样的中心区域向边缘区域流动。当然,除此之外的部分未能与液相通道网络连接的液膜以及被固相粒子所包裹的液滴依旧不具备自由流动的能力和条件。根据英国帝国理工大学的格尔利和日本京都大学的安田秀幸等的理论,当半固态金属坯料的液相率达到一定程度且能构成液相通道网络时,该半固态金属坯料在成形载荷作用下的主要变形行为是固相晶粒相互之间沿其边缘液相的滑动以及液相从半固态坯料的中心区域向其边缘区域的流动[23]。在轧制态 SKD61 热作模具钢半固态坯料的成形过程中,液相从半固态坯料的中心区域向其边缘区域的外流造成了成形后坯料中心区域和边缘区域迥异的微观组织。一方面,液相从半固态坯料的中心区域向其边缘区域的外流导致成形后轧制态 SKD61 热作模具钢半固态试样中心区域液相的大幅度减少,如图 2.41(e)所示,仅有少量离散的液相被因塑性变形而难以区分其晶界位置的固相粒子所包围;另一方面,液相的从半固态坯料的中心区域向其边缘区域的外流导致了成形后轧制态 SKD61 热作模具钢试样边缘区域液相的大幅度增加,这些增加的液相填充和修复了轧制态 SKD61 热作模具钢试样边缘区域由于拉应力而在固相粒子之间出现的裂纹。此外,由于轧制态 SKD61 热作模具钢试样边缘区域液相的富集,这些液相在快速冷却的过程中以树枝状模式发生凝固进而得到图 2.41(f)所示的枝晶状铸态组织。由于在 1365℃下,轧制态 SKD61 热作模具钢坯料内部的液相在触变成形过程中形成由内至外的液相通道并向外流动,所以通过使用图像分析软件所测得的在 1365℃下压缩的轧制态 SKD61 热作模具钢试样的中心区域的液相率低于未压缩试样的液相率,而压缩试样边缘区域的液相率则高于未压缩的轧制态 SKD61 热作模具钢试样的液相率,如图 2.42 所示。这种在半固态成形过程中,因固 – 液两相迥异的成形及流动性能而造成的成形试样中心区域和边缘区域液相率的差异称为液相偏析。

　　如图 2.41(g)所示,在 1405℃下保温 20s 后,轧制态 SKD61 热作模具钢的部分奥氏体晶粒不仅因为其晶界的部分熔融而转化成为连续液膜,而且原本不规则云朵状的奥氏体晶粒则由于其内外的液相通过互相之间的连接而被分割为球状的奥氏体固相晶粒。在 1405℃的轧制态 SKD61 热作模具钢半固态坯料内部的液相已经形成了从中心区域到边缘区域的非常完整而连续的液相通道网络,使得构成上述液相通道网络的液相能够在成形过程中顺畅地从轧制态 SKD61 热作模具钢试样的中心区域向边缘区域流动。1405℃的轧制态 SKD61 热作模具钢半固态坯料内部几乎不再有不具备自由流动能力和条件的液相存在。根据我国北京科技大学的李静媛以及日本东京大学的杉山澄雄和柳本润等的理论,当半固态金属坯料的液相率达到一定程度且形成了均匀遍布于球状固相晶粒四周的液相通道网络时,该半固态金属坯料在成形载荷作用下的主要变形行为是液相从半固态坯料的中心区域向其边缘区域的流动以及固相晶粒随液相的流动而运动[24]。在轧制态 SKD61 热作模具钢半固态坯料的成形过程中,液相从半固态坯料的中心区域向其边缘区域的外流造成了成形后坯料中心区域和边缘区域迥异的微观组织。在成形后的轧制态SKD61热作模具钢半固态试样中心区域,因被固相晶粒所阻隔而未能流动到试样的边缘区域的液相微乎其微。而在成形后的轧制态SKD61热作模具钢半固态试样中心区域,由于大量的液相通过液相通道网络富集于此,使得在这个区域中占比较少的原固相粒子被液相转变的枝晶状的铸造组织所包围。由于在1405℃的触变成形过程中,轧制态SKD61热作模具钢试样中心区域的几乎所有的液相都通过液相通道流往试样的边缘区域,所以通过使用图像分析软件所测得的在1405℃下压缩的轧制态SKD61热作模具钢试样的中心区域的液相率远远低于未压缩试样的液相率,而压缩试样边缘区域的液相率则远远高于未压缩的轧制态SKD61热作模具钢试样的液相率,如图2.42所示。半固态成形试样中心区域和边缘区域之间的液相率的差异随着成形温度的升高而变大。也就是说,半固态成形温度的升高会造成半固态成形金属试样内部液相偏析的加剧。

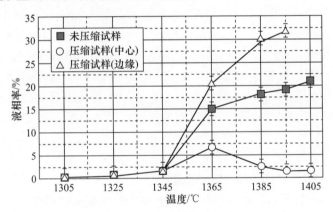

图2.42　通过图像分析获得的在各种试验条件下轧制态SKD61
热作模具钢试样的液相率随温度变化曲线

2.2.6　轧制态SKD61热作模具钢的触变成形性能

基于高温热压缩物理模拟试验过程中计算机系统所记录的时间 – 载荷 – 行程数据,通过使用一系列的标准公式进行计算,进而获得轧制态SKD61热作模具钢在不同温度下压缩成形过程中的真实应力 – 真实应变曲线如图2.43所示。其中,在各温度成形前的保温时间均为20s,压缩应变速率均为1/s。

当压缩变形温度是1305℃时,轧制态SKD61热作模具钢为固态,因此,轧制态SKD61热作模具钢在1305℃的压缩过程中获得的真实应力 – 真实应变曲线是非常典型的钢铁材料在传统热成形温度下发生塑性变形的真实应力 – 真实应变曲线。在压缩变形的初期,轧制态SKD61热作模具钢试样发生弹性变形,真实应力随着真实应变的增加而呈线性增加,直至达到轧制态SKD61热作模具钢

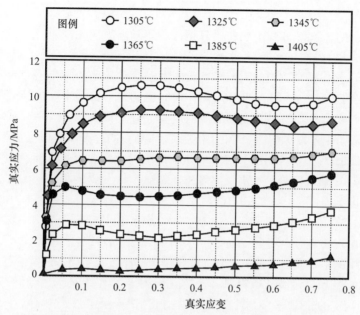

图 2.43　轧制态 SKD61 热作模具钢在不同温度下压缩成形
过程中真实应力-真实应变曲线

在 1305℃时的屈服极限。随后,轧制态 SKD61 热作模具钢开始发生塑性变形,真实应力不再随着真实应变的变化呈线性变化,而是出现了先缓慢降低后缓慢升高的趋势。轧制态 SKD61 热作模具钢 1305℃的真实应力-真实应变曲线在其压缩试验的塑性变形阶段所发生的上述变化是在其金属材料内部发生的包括动态再结晶和动态回复在内的一系列微观组织演变的结果。

当压缩变形温度是 1325℃时,轧制态 SKD61 热作模具钢为半固态,但是根据此前所测定的轧制态 SKD61 热作模具钢液相率随温度变化规律,在 1325℃时轧制态 SKD61 热作模具钢的液相率约为 5.2%,如图 2.8 所示。而且 1325℃时,轧制态 SKD61 热作模具钢中的液相大多数为离散且不连续的。因此,在 1325℃时轧制态 SKD61 热作模具钢中的液相并不具备自由流动的条件。在 1325℃压缩过程中,轧制态 SKD61 热作模具钢的变形行为主要还是固相奥氏体晶粒的塑性变形。基于以上原因,轧制态 SKD61 热作模具钢在 1325℃的压缩过程中,液相仅仅在固相奥氏体晶粒边缘起到润滑剂的作用,进而对轧制态 SKD61 热作模具钢的变形抗力起到一定的弱化效应。这也是轧制态 SKD61 热作模具钢在 1325℃的压缩过程中获得的真实应力-真实应变曲线与其在 1325℃的压缩过程中获得的真实应力-真实应变曲线的变化趋势相似的原因。同时,由于在 1325℃温度条件下轧制态 SKD61 热作模具钢内部液相的存在,其真实应力相较 1305℃的压缩过程中获得的真实应力低。

当压缩变形温度为1345℃时,轧制态SKD61热作模具钢为半固态,但是根据此前所测定的轧制态SKD61热作模具钢液相率随温度变化规律,在1325℃时,轧制态SKD61热作模具钢的液相率约为12.8%,如图2.8所示。而且1345℃时,轧制态SKD61热作模具钢中的附着于奥氏体固相晶粒周围的液相逐渐变成连续的。因此,在压缩过程中,轧制态SKD61热作模具钢的变形行为主要包括固相奥氏体晶粒的塑性变形和沿其表面液膜的滑动以及部分液相从试样的中心区域向边缘区域的流动。由于发生塑性变形的固相奥氏体晶粒的逐渐减少以及液相的流动,轧制态SKD61热作模具钢在1345℃的压缩试验过程中获得的真实应力明显低于轧制态SKD61热作模具钢在更低温度下压缩试验中获得的真实应力。并且相较于更低温度下通过压缩试验获得的轧制态SKD61热作模具钢真实应力–真实应变曲线,1345℃压缩试验获得的轧制态SKD61热作模具钢真实应力–真实应变曲线中并未出现真实应力随真实应变的增加而下降的阶段,也就是说,由于固相奥氏体晶粒发生的塑性变形并没有大到使固相奥氏体晶粒发生动态回复的程度。

当压缩变形温度为1365℃时,轧制态SKD61热作模具钢为半固态,但是根据此前所测定的轧制态SKD61热作模具钢液相率随温度变化规律,在1365℃时轧制态SKD61热作模具钢的液相率约为21.8%,如图2.8所示。而且1365℃时,轧制态SKD61热作模具钢中附着于奥氏体固相晶粒周围的液相逐渐增加以及奥氏体固相晶粒逐渐变小。由于液相率约为21.8%的轧制态SKD61热作模具钢在压缩变形中主要的变形行为包括固相晶粒沿液膜的滑动以及液相从试样中心区域向边缘区域的外流。而上述微观组织演变则使得压缩变形过程中发生的液相外流变得更加简单。因此,轧制态SKD61热作模具钢在1365℃的压缩试验过程中获得的真实应力明显低于轧制态SKD61热作模具钢在更低温度下压缩试验中获得的真实应力。此外,在半固态压缩变形过程中,轧制态SKD61热作模具钢的真实应力–真实应变曲线的变化规律为真实应力随着真实应变的增加而先升高,再降低,而后再升高。

当压缩变形温度为1385℃时,轧制态SKD61热作模具钢为半固态,但是根据此前所测定的SKD61热作模具钢液相率随温度变化规律,在1385℃时SKD61热作模具钢的液相率约为32.8%,如图2.8所示。而且变形温度为1385℃时,液相率约为32.8%的SKD61热作模具钢在压缩过程中发生的变形行为主要包括轧制态SKD61热作模具钢中心区域的液相向其边缘区域的外流以及固相晶粒沿着附着于其外表面的液相的滑动。而随着成形温度升高,附着于奥氏体固相晶粒周围的液相逐渐增加以及奥氏体固相晶粒的逐渐变小,使得压缩变形过程中发生的液相外流和固相晶粒的滑动变得越加简单,进而使得压缩变形过程中的真实应力明显降低。同时,当轧制态SKD61热作模具钢试样在1385℃下压缩变形时,其真实应力首先随真实应变的增加而升高,随后又随着真实应变的增加而降低,最后又随着真实应变的增加而再次升高。

当压缩变形温度为 1405℃时,轧制态 SKD61 热作模具钢为半固态,但是根据此前所测定的轧制态 SKD61 热作模具钢液相率随温度变化规律,在 1405℃时轧制态 SKD61 热作模具钢的液相率约为 41.3% ,如图 2.8 所示。而且 1405℃时,液相率约为 41.3% 的轧制态 SKD61 热作模具钢中的固相粒子呈球状并被连续的液相所包围。具有上述微观组织的轧制态 SKD61 热作模具钢半固态坯料在压缩过程中发生的变形行为主要是液相从轧制态 SKD61 热作模具钢中心区域的液相向其边缘区域的外流以及球状固相晶粒随液相流动而产生的滚动和转动。由于液相外流以及球状固相粒子在液相基体内的滚动和流动的变形抗力很小,使得压缩变形过程中的真实应力变得很低,并且不随真实应变的增加而发生明显的变化。

当压缩变形温度高于 1405℃时,轧制态 SKD61 热作模具钢为半固态,并且根据此前对轧制态 SKD61 热作模具钢在二次重熔过程中的微观组织演变规律的研究,当温度高于 1405℃时,轧制态 SKD61 热作模具钢半固态坯料内部的固相晶粒随着温度的升高而变得更小、更圆,同时由不断增加的液相组成的液相外流通道网络变得更多、更粗。上述微观组织演变使得轧制态 SKD61 热作模具钢半固态坯料的变形抗力变得更小,以至于无法通过安装在冲头内部的感应器测量其压缩过程中的成形载荷。基于以上原因,无法通过计算机系统记录的时间 – 载荷 – 行程数据来分析轧制态 SKD61 热作模具钢在高于 1405℃时的热压缩试验过程中的真实应力 – 真实应变曲线。

综上所述,很明显地,随着成形温度的升高,轧制态 SKD61 热作模具钢压缩成形中逐渐减少的真实应力,是由于该材料内部随温度升高而增加的液相率造成的。当温度在 1325℃ 和 1345℃时,液相分数很小,在压缩过程中主要发生的变形行为是固相晶粒的塑性变形,在这些条件下的真实应力 – 真实应变曲线与固态轧制态 SKD61 热作模具钢试样在 1305℃被压缩变形的真实应力 – 真实应变曲线非常相似。因为在 1405℃时,主要发生在轧制态 SKD61 热作模具钢坯料内部的变形行为是被液态基体所包围球状固态颗粒的滑移和旋转,因此真实应力在整个变形过程中都很低。

值得注意的是,当轧制态 SKD61 热作模具钢的成形温度是 1365℃ 和 1385℃时,通过压缩试验获得的真实应力 – 真实应变曲线被两个明显的拐点分为 3 个阶段。在第一阶段,真实应力随着真实应变的增加而增加;在第二阶段,真实应力随着真实应变的增加而降低;在第三阶段,真实应力随着真实应变的增加而降低。当轧制态 SKD61 热作模具钢的成形温度是 1385℃时,上述两个拐点处的真实应变分别为 0.06 和 0.27,如图 2.44 所示。当真实应变为 0.06 时,真实应力达到第一个峰值后逐渐下降,直到真实应变为 0.27 时,真实应力降到最低值,随后,真实应力单调地随着真实应变的增加而增加直到压缩完成。

为了揭示上述现象发生的基本机理,使用日本东京大学生产技术研究所柳本润教授实验室的高速高温多道次热模拟试验机(Themac-Master-Z-5t)试验平台针对轧制态 SKD61 热作模具钢在 1385℃ 时开展了一系列新的高温热压缩物理模拟试验。高温热压缩物理模拟试验的装置示意图如图 2.10 所示。

首先,需要使用车床将轧制 SKD61 热作模具钢棒材切削成为直径为 8mm、长度为 12mm 的圆柱形试样。同时,用一对由热传导率较低的高温陶瓷制成的圆柱形模具夹持该圆柱形试样,并固定于圆柱形感应加热线圈的正中央,除了要确保钢铁试样与感应加热线圈的几何中心重合外,还需要保证上下高温陶瓷模具施加于圆柱形试样的压力为零。为了在试验过程中测量和记录试样的受力和变形情况的变化,一组载荷和位移传感器被安装在了随上模运动的冲头内部的中央位置。为了在试验过程中测量和记录试样的温度变化,一组 K 型热电偶被钎焊于钢铁试样的中央位置。为了保证温度在钢铁试样中的均匀分布,使用一对隔热效果较好的云母垫片来阻隔钢铁试样与上下模具之间的热交换。为了避免钢铁试样在高温下被氧化,氮气作为保护气体充填在整个试验空间内。

高温陶瓷上模在冲头的驱动下以 1.0/s 的应变速率将轧制态 SKD61 热作模具钢试样压缩至试样的真实应变为 0.06 和 0.27,随后通过快速水冷将压缩试样冷却至室温。进而使用砂轮将冷却至室温的轧制态 SKD61 热作模具钢试样沿其中轴线切开;随后,将切开的轧制态 SKD61 热作模具钢试样镶嵌在圆柱形热镶嵌树脂平台中,切开的平面曝露于树脂平台的表面;之后,分别使用砂纸、金刚石悬浊液和氧化铝悬浊液对镶嵌在树脂平台中的 SKD61 热作模具钢试样进行打磨和抛光直至镜面状态;然后,使用 10% 硝酸 – 酒精腐蚀溶液将抛光后的轧制态 SKD61 热作模具钢试样腐蚀 10s;之后,使用酒精将腐蚀好的轧制态 SKD61 热作模具钢试样表面清洗干净;随后,用吹风机和棉签完成轧制态 SKD61 热作模具钢试样表面的清理;然后,使用 Keyence 光学显微镜将制备好的轧制态 SKD61 热作模具钢试样进行微观组织观察并拍摄金相组织照片;最后,使用专业图像分析软件对拍摄的轧制态 SKD61 热作模具钢试样的微观组织金相照片进行图像分析。

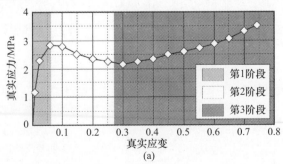
(a)

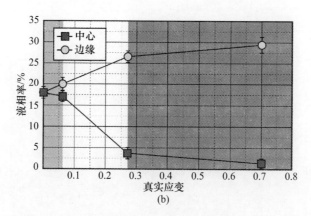

图 2.44　轧制态 SKD61 热作模具钢在 1385℃时热压缩成形过程中真实应力－真
　　　　实应变曲线(a)以及通过图像分析软件获得的压缩至不同真实应变后
　　　　的轧制态 SKD61 热作模具钢不同区域的液相率(b)

　　使用 Keyence 光学显微镜拍摄的压缩至不同真实应变后冷却至室温的
SKD61 热作模具钢的中心区域和边缘区域的微观组织如图 2.45 所示。

　　当压缩成形的真实应变为 0.06 时,无论在轧制态 SKD61 热作模具钢试样
的中心区域还是边缘区域,都能够观察到附着于固相晶粒表面的液膜以及被固
相晶粒所包裹的液滴所转化而成的共晶化合物。根据图 2.45 所示的图像分析
结果,发现当真实应变为 0.06 时,尽管轧制态 SKD61 热作模具钢试样的中心区
域的液相率高于轧制态 SKD61 热作模具钢试样的边缘区域的液相率,但是轧制
态 SKD61 热作模具钢试样的中心区域和边缘区域的液相率之间的差距并不是
很大。相较于真实应变为 0.69 时轧制态 SKD61 热作模具钢试样的中心区域和
边缘区域的液相率之间存在着巨大差距,真实应变为 0.06 时轧制态 SKD61 热
作模具钢试样在 1385℃的压缩过程中并没有发生明显的液相外流,该试样的中
心区域和边缘区域的液相率之间的差距可谓微乎其微。

　　当压缩成形的真实应变为 0.27 时,在轧制态 SKD61 热作模具钢试样的中
心区域仅能观察到被固相晶粒所包裹的液滴所转化而成的共晶化合物,然而在
轧制态 SKD61 热作模具钢试样的边缘区域不仅可以观察到附着于固相晶粒表
面的液膜所转化而成的共晶化合物,还能够观察到大量由于液相凝固而转化为
的树枝状晶粒。根据图 2.44 所示的图像分析结果发现,当真实应变为 0.27 时,
尽管 SKD61 热作模具钢试样的中心区域的液相率远高于轧制态 SKD61 热作模
具钢试样的边缘区域的液相率,发现对比真实应变为 0.27 时轧制态 SKD61 热
作模具钢试样的中心区域和边缘区域的液相率之间的差距已经几乎达到了真实
应变为 0.69 时轧制态 SKD61 热作模具钢试样的中心区域和边缘区域的液相率
之间的差距。可以说,当轧制态 SKD61 热作模具钢试样被压缩至真实应变为

0.27 的变形过程中发生了极其明显的液相外流。

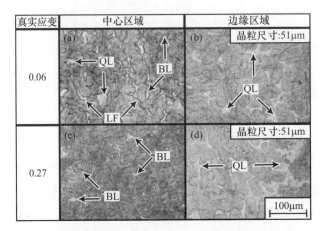

图 2.45　在 1385℃ 被以 1.0/s 的应变速率压缩至不同的真实应变的轧制态
SKD61 热作模具钢试样不同位置的微观组织

LF—液膜;QL—冷却液相生成的晶粒;BL—被固体颗粒阻塞的液相。

　　基于以上微观组织观察和图像分析的结果,轧制态 SKD61 热作模具钢试样在 1385℃ 的压缩成形过程中所发生的微观组织演化描述如下。

　　当轧制态 SKD61 热作模具钢试样的真实应变为 0 时,由于被加热至 1385℃ 的轧制态 SKD61 热作模具钢试样中附着于奥氏体固相晶粒表面的液相并没有充分地互相连接,而形成可供液相外流的液相通道网络。

　　在轧制态 SKD61 热作模具钢试样的真实应变由 0 增加至 0.06 的过程中,试样中的液相并没有明显的液相流动,在这一阶段随着真实应变的增加而升高的真实应力主要用于破坏 1385℃ 的轧制态 SKD61 热作模具钢试样内部的固相骨骼,进而导致固相晶粒沿液膜滑动而逐渐形成可供轧制态 SKD61 热作模具钢试样中心区域的液相在成形载荷下向试样边缘区域流动的液相外流通道网络,并且导致真实应力在成形过程中不断增加。

　　当轧制态 SKD61 热作模具钢试样的真实应变由 0.06 增加至 0.27 的过程中,轧制态 SKD61 热作模具钢试样中心区域的液相开始在成形载荷的驱动下沿着上一阶段已经形成的液相外流通道网络向轧制态 SKD61 热作模具钢试样的边缘区域流动。在这一阶段,轧制态 SKD61 热作模具钢试样的主要变形行为是液相的外流以及固相晶粒沿其周围的液相所进行的滑动及转动,并没有发生固相晶粒的塑性变形。因此,在这个阶段的压缩过程中,真实应力随着真实应变的增加而不断减少。当真实应变达到 0.27 时,轧制态 SKD61 热作模具钢试样中心区域具有自由流动能力的液相基本完全流动到试样的边缘区域,半固态压缩过程中的液相外流基本完成。在轧制态 SKD61 热作模具钢试样中心区域仅残留了不具备自由流动能力的液相以及部分由于固相的滑动和滚动而被阻隔的液相。此外,大量未发生塑性变形的固相晶粒充斥在轧制态 SKD61 热作模具钢的中心区域。

当轧制态 SKD61 热作模具钢试样的真实应变由 0.27 增加至 0.69 的过程中,进一步压缩引起了轧制态 SKD61 热作模具钢试样中心区域的固相颗粒的塑性变形和滑动,直到压缩完成。在这一阶段的压缩成形过程中,此前残余在试样中心区域的液相通过固相晶粒在塑性变形和滑动过程中产生的稍纵即逝的外流通道而流到试样的边缘区域,进而导致压缩变形后轧制态 SKD61 热作模具钢试样中心区域和边缘区域液相率之间差距进一步拉大。而占此阶段主导地位的轧制态 SKD61 热作模具钢试样中心区域的固相颗粒的塑性变形导致了真实应力随着真实应变的增加而增加。

综上所述,当成形温度为 1385℃时,轧制态 SKD61 热作模具钢的半固态压缩成形主要可分为 3 个阶段。

第一阶段,轧制态 SKD61 热作模具钢半固态坯料主要发生的微观组织演变为固相骨骼的破坏以及液相外流通道的形成,进而导致成形载荷以及真实应力在这一阶段的不断增加。

第二阶段,轧制态 SKD61 热作模具钢半固态坯料主要发生的微观组织演变为液相沿着液相外流通道从试样的中心区域向边缘区域流动,进而导致成形载荷以及真实应力在这一阶段的不断降低。

第三阶段,轧制态 SKD61 热作模具钢半固态坯料主要发生的微观组织演变为参与在试样中心区域的固相晶粒的塑性变形,进而导致成形载荷以及真实应力在这一阶段的不断增加。

由此可知,轧制态 SKD61 热作模具钢的半固态成形过程的液相外流主要发生于其半固态成形的第二阶段。

为了研究半固态成形的应变速率对轧制态 SKD61 热作模具钢的液相外流的影响,使用日本东京大学生产技术研究所柳本润教授实验室的高速高温多道次热模拟试验机(Themac-Master-Z-5t)试验平台针对轧制态 SKD61 热作模具钢在 1385℃时开展了一系列新的高温热压缩物理模拟试验。高温热压缩物理模拟试验的装置示意图如图 2.10 所示。

首先,需要使用车床将轧制 SKD61 热作模具钢棒材切削成为直径为 8mm、长度为 12mm 的圆柱形试样。同时,用一对由热传导率较低的高温陶瓷制成的圆柱形模具夹持该圆柱形试样,并固定于圆柱形感应加热线圈的正中央,除了要确保钢铁试样与感应加热线圈的几何中心重合,还需要保证上下高温陶瓷模具施加于圆柱形试样的压力为零。为了在试验过程中测量和记录试样的受力和变形情况的变化,在随上模运动的冲头内部的中央位置安装了一组载荷和位移传感器。为了在试验过程中测量和记录试样的温度变化,一组 K 型热电偶被钎焊于钢铁试样的中央位置。为了保证温度在钢铁试样中的均匀分布,用一对隔热效果较好的云母垫片来阻隔钢铁试样与上下模具之间的热交换。为了避免钢铁试样在高温下被氧化,用氮气作为保护气体充填在整个试验空间内。

　　高温陶瓷上模在冲头的驱动下以 0.1/s、1.0/s、5/s、10/s 的应变速率将加热至 1385℃ 轧制态 SKD61 热作模具钢试样压缩至试样的真实应变数值为 0.06、0.27 和 0.69,随后通过快速水冷将压缩试样冷却至室温,进而使用砂轮将冷却至室温的轧制态 SKD61 热作模具钢试样沿其中轴线切开;随后,将切开的轧制态 SKD61 热作模具钢试样镶嵌在圆柱形热镶嵌树脂平台中,切开的平面曝露于树脂平台的表面;之后,分别使用砂纸、金刚石悬浊液和氧化铝悬浊液对镶嵌在树脂平台中的轧制态 SKD61 热作模具钢试样进行打磨和抛光,直至镜面状态;然后,使用 10% 硝酸 – 酒精腐蚀溶液将抛光后的轧制态 SKD61 热作模具钢试样腐蚀 10s;之后,使用酒精将腐蚀好的轧制态 SKD61 热作模具钢试样表面清洗干净;随后,用吹风机和棉签完成轧制态 SKD61 热作模具钢试样表面的清理;然后,使用 Keyence 光学显微镜将制备好的轧制态 SKD61 热作模具钢试样进行微观组织观察并拍摄金相组织照片;最后,使用专业图像分析软件对拍摄的轧制态 SKD61 热作模具钢试样的微观组织金相照片进行图像分析。

　　以 0.10.1/s、1.0/s、5/s、10/s 的应变速率将加热至 1385℃ 的轧制态 SKD61 热作模具钢试样压缩至试样的真实应变数值为 0.69 后,基于计算机系统所记录的时间 – 行程 – 载荷数据所计算而得到的轧制态 SKD61 热作模具钢试样在 1385℃ 下半固态触变压缩成形的真实应力 – 真实应变曲线如图 2.46 所示。

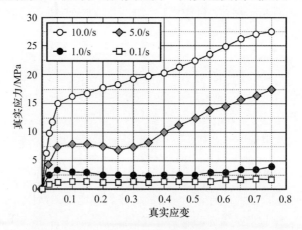

图 2.46　成形温度为 1385℃ 时不同应变速率下轧制态 SKD61 热作
模具钢半固态压缩变形的真实应力 – 真实应变曲线

　　从图 2.47 中可以发现,轧制态 SKD61 热作模具钢在 1385℃半固态压缩成形过程中各个阶段的真实应力数值都随着应变速率的增加而增加。此外,当应变速率为 1.0/s 时轧制态 SKD61 热作模具钢半固态压缩成形真实应力－真实应变曲线所展现的三段式变化趋势随着应变速率的升高而不复存在。当应变为 10/s 时,该真实应力－应变曲线仅仅能够以类似屈服点的位置为界划分为两个阶段。而且在这两个阶段内,真实应力都随着真实应变的增加而不断升高。唯一区别在于,在真实应力－真实应变曲线的第一个阶段,真实应力随真实应变增加而增加的斜率较大,而在真实应力－真实应变曲线的第二个阶段,真实应力随真实应变增加而升高的斜率较小。

　　使用 Keyence 光学显微镜拍摄的以 0.1/s 的应变速率压缩至不同真实应变后冷却至室温的 SKD61 热作模具钢的中心区域和边缘区域的微观组织如图 2.47 所示。使用 Keyence 光学显微镜拍摄的以 10/s 的应变速率压缩至不同真实应变后冷却至室温的轧制态 SKD61 热作模具钢的中心区域和边缘区域的微观组织如图 2.48 所示。而基于上述半固态压缩成形的 SKD61 热作模具钢的微观组织金相图片,使用专业的图像分析软件对这些试样不同区域的液相率进行了估测。图像分析的结果如图 2.49 和图 2.50 所示。

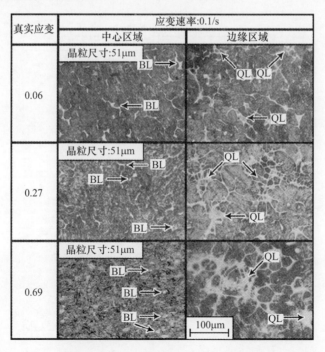

图 2.47　成形温度为 1385℃、应变速率为 0.1/s 时不同真实应变下的微观组织
QL—冷却液相生成的晶粒;BL—被固体颗粒阻塞的液相。

　　如图 2.47 和图 2.49 所示,以应变速率为 0.1/s 对轧制态 SKD61 热作模具钢试样进行压缩并压缩至其真实应变为 0.06 时,较低的应变速率引起了较低的真实应力,轧制态 SKD61 热作模具钢试样中心区域的液相率低于边缘区域的液相率,而且当应变速率从 1.0/s 降低为 0.1/s 后,试样中心区域和边缘区域的液相率的差值进一步拉大。如图 2.48 和图 2.50 所示,以应变速率为 10.0/s 将 SKD61 热作模具钢试样进行压缩,并将其压缩至真实应变为 0.06 时,较高的应变速率不仅导致了较大的真实应力,而且还造成了轧制态 SKD61 热作模具钢试样中心区域的液相率同样低于边缘区域的液相率。但是当应变速率从 1.0/s 增加到 10.0/s 后,试样中心区域和边缘区域的液相率之间的差值稍微下降。

　　上述试验结果说明,在轧制态 SKD61 热作模具钢试样被压缩至真实应变为 0.06 的过程中,尽管主要发生的变形行为是固相骨骼的破碎和液相外流通道的形成,但是依然有一部分液相在这一阶段向试样的边缘区域流动。由于比较低的应变速率导致这一阶段的成形时间的延长,也就给液相的向外流动提供了更长的时间,所以,在这一阶段所发生的少量液相外流会由于应变速率的降低而增加。而较高的应变速率使得流动的液相甚至没有足够的时间去充填固相晶粒之间的空隙,导致了图 2.48 所示的固相晶粒之间的空洞。因此,在真实应变从 0 到 0.06 这一阶段所发生的少量液相外流可以通过提高应变速率而加以遏制。

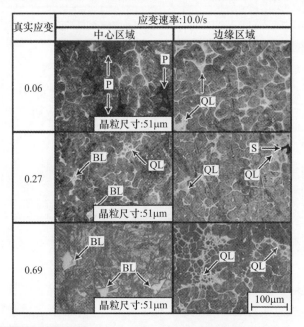

图 2.48　成形温度为 1385℃、应变速率为 10/s 时不同真实应变下的微观组织

QL—冷却液相生成的晶粒;BL—被固体颗粒阻塞的液相;P—固相晶粒;S—液相疏松。

如图 2.47 和图 2.49 所示,以应变速率为 0.1/s 将轧制态 SKD61 热作模具钢试样从真实应变为 0.06 压缩至真实应变为 0.27 时,较低的应变速率引起了较低的真实应力数值,轧制态 SKD61 热作模具钢试样中心区域的液相率远远低于边缘区域的液相率,而且当应变速率从 1.0/s 降低为 0.1/s 后,轧制态 SKD61 热作模具钢试样中心区域和边缘区域的液相率的差值被进一步拉大。如图 2.48 和图 2.50 所示,以应变速率为 10.0/s 将 SKD61 热作模具钢试样从真实应变为 0.06 压缩至其真实应变为 0.27 时,较高的应变速率不仅导致较高的真实应力数值,同样也造成了 SKD61 热作模具钢试样中心区域的液相率同样低于边缘区域的液相率。但是当应变速率从 1.0/s 增加到 10.0/s 后,试样中心区域和边缘区域的液相率之间的差值稍微下降,此前存在于 SKD61 热作模具钢试样中心区域的孔洞也由于这一区域中固相晶粒的塑性变形而得以消除。

上述试验结果说明,在 SKD61 热作模具钢试样被压缩至真实应变为 0.27 的过程中所发生的变形行为,主要是液相外流,中心区域的液相通过上一阶段所形成的液相外流通道从试样的中心区域流向试样的边缘区域,同时还伴随着一些固相晶粒沿着液相的滑动以及在液相中的旋转,而比较低的应变速率延长了这一阶段的时间,不仅给液相外流提供了充足的时间,同时还让固相晶粒有足够的时间通过滑动和转动形成新的外流通道供液相从试样的中心区域向边缘区域流动。所以,在这一阶段所发生的液相外流会由于应变速率的降低而增加。而且较高的应变速率使得流动的液相并没有足够的时间从试样的中心区域向边缘区域流动,而且短暂的成形时间让固相晶粒没有机会去通过滑动或转动为液相外流创造出更多新的外流通道。同时,由于液相外流被较高的应变速率所抑制,

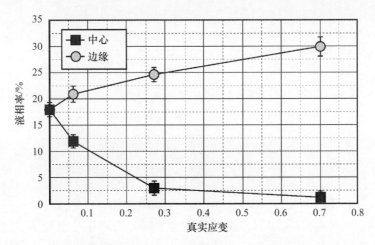

图 2.49　当成形温度为 1385℃、应变速率为 0.1/s 时轧制态 SKD61 热作模具钢压缩试样内部不同区域的液相率的变化

所以固相晶粒的塑性变形则被较高的应变速率所加强,进而导致真实应力在此阶段随着真实应变的增加而大幅度提升。因此,在真实应变从 0.06 到 0.27 这一阶段所发生的大量液相外流会随着应变速率的降低而得到促进,也会随着应变速率的提高而受到抑制。

如图 2.48 和图 2.50 所示,以应变速率为 0.1/s 将 SKD61 热作模具钢试样从真实应变为 0.27 压缩至真实应变为 0.69 时,较低的应变速率引起了较低的真实应力数值,SKD61 热作模具钢试样中心区域的液相率远远低于边缘区域的液相率。而且当应变速率从 1.0/s 降低为 0.1/s 后,SKD61 热作模具钢试样中心区域和边缘区域的液相率的差值被进一步拉大。如图 2.49 和图 2.51 所示,以应变速率为 10.0/s 将 SKD61 热作模具钢试样从真实应变为 0.27 压缩至其真实应变为 0.69 时,较高的应变速率不仅导致了较高的真实应力数值,同样也造成了 SKD61 热作模具钢试样中心区域的液相率同样低于边缘区域的液相率。但是当应变速率从 1.0/s 增加到 10.0/s 后,试样中心区域和边缘区域的液相率之间的差值稍微下降。

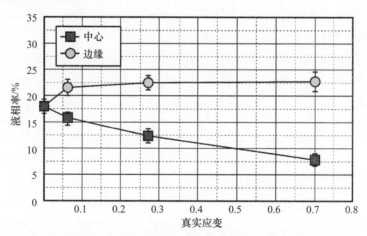

图 2.50 当成形温度为 1385℃、应变速率为 10.0/s 时轧制态 SKD61
热作模具钢压缩试样内部不同区域的液相率的变化

上述试验结果说明,在轧制态 SKD61 热作模具钢试样被压缩至真实应变为 0.69 的过程中所发生的主要变形行为是残余在试样中心区域的固相晶粒的塑性变形,还伴随着少部分液相从试样中心区域向边缘区域的外流。而比较低的应变速率延长了这一阶段的时间,不仅降低了因试样中心区域的固相晶粒的塑性变形所引起的真实应力的提高,同时还给少部分的液相外流提供了较多的时间。所以,在这一阶段较低的应变速率会进一步增加压缩试样中心区域和边缘区域液相率之间的差距。而且较高的应变速率则导致这一阶段真实应力的持续增加,但是不会给试样中心区域的液相足够的时间向试样的边缘区域流动,而且短暂的成形时间让固相晶粒没有机会去通过滑动或转动为液相外流创造更多新的外流通道。因此,较低的应变速率带来的较长成形时间,能够在真实应变从0.27 到 0.69 这一阶段为液相外流创造一定的条件。而较高的应变速率则由于较短的成形时间,使液相外流不会在这一阶段进一步加剧。

综上所述,半固态成形过程中的液相外流是由于位于半固态坯料中心区域的液相向边缘区域的流动引起的,较低的应变速率在延长液相外流时间的同时还给液相外流通道网络的产生和调整提供了足够的时间,即使一些液体外流通道路径被移动或者变形的固相晶粒阻塞,而低的应变速率给向外流动的液相提供了充足的时间去调整它的路径,进而保证了液相外流的连续性。因此,在半固态成形的应变速率较低的情况下,只有很少的液相残留在半固态成形试样的中心区域。在半固态成形的应变速率较高的情况下,半固态坯料内部的液相并没有足够的时间去形成外流通道,并进而持续地从试样的中心区域向边缘区域流动,一些液相由于被邻近的固相晶粒所阻塞而不再具备向试样的边缘区域流动的能力。在以较高应变速率开展的半固态成形过程中,液相外流受到了抑制而固相晶粒的塑性变形得到了加强,不仅造成成形过程中较高的真实应力和成形载荷,同时降低了半固态成形制件中的液相偏析。

2.3　本章小结

在轧制态 SKD61 热作模具钢、铸态 SKD61 热作模具钢、轧制态 SKD11 冷作模具钢的二次重熔过程中,部分熔融往往发生在上述钢铁材料中具有较低熔点的区域,这些区域包括晶界区域和富含合金元素的区域。这些钢铁材料在被加热至不同半固态温度后,因其中液相不同的体积比率和分布,具有完全不同的半固态微观组织。而这些具有不同半固态微观组织特征的钢铁材料具有完全不同的半固态成形性能。

参 考 文 献

[1] BALITCHEV E, HALLSTEDT B, NEUSCHUTZ D. Thermodynamic Criteria for the Selection of Alloys Suitable for Semi – Solid Processing[J]. Steel Research International,2005,76(2):92 – 96.

[2] MENG Y, ZHANG J, YI Y, et al. Study on the effects of forming conditions on microstructural evolution and

forming behaviors of Cr – V – Mo tool steel during multi – stage thixoforging by physical simulation [J]. Journal of Materials Processing Technology,2017,248:275 – 285.

[3] LECOMTE – BECKERS J,RASSILI A,CARTON M,et al. Advanced Methods in Material Forming [M]. Berlin:Springer,2007,321 – 347.

[4] MENG Y,SUGIYAMA S,YANAGIMOTO J. Microstructural evolution during RAP process and deformation behavior of semi – solid SKD61 tool steel [J]. Journal of Materials Processing Technology,2012,212:1731 – 1741.

[5] ŁUKASZ R,DUTKIEWICZ J. Deformation behavior of high strength X210CrW12 steel after semi – solid processing [J]. Materials Science and Engineering:A,2014,603:93 – 97.

[6] PÜTTGEN W,HALLSTED T B,Bleck W,et al. On the microstructure and properties of 100Cr6 steel processed in the semisolid state[J]. Acta Materialia,2007,55:6553 – 6560.

[7] PÜTTGEN W,HALLSTEDT B. BLECK W,et al. On the microstructure formation in chromium steels rapidly cooled from the semi – solid state[J]. Acta Materialia,2007,55(3):1033 – 1042.

[8] CAMPO K N,FREITAS C C,RUBENS C, et al. In – situ microstructural observation of Ti – Cu alloys for semi – solid processing[J]. Materials Characterization,2018,145:10 – 19.

[9] NAGIRA T,GOURLAY C M,SUGIYAMA A,et al. Direct observation of deformation in semi – solid carbon steel[J]. Scripta Materialia,2011,64:129 – 1132.

[10] LI J,SUGIYAMA S,YANAGIMOTO J. Microstructural evolution and flow stress of semi – solid type 304 stainless steel[J]. Journal of Materials Processing Technology,2005,161(3):396 – 406.

[11] OMAR M Z,ATKINSON H V,KAPRANOS P,et al. Mechanical Properties and Fracture Surfaces of Thixoformed HP9/4/30 Steel [J]. 10Th Esaform Conference on Material Forming, 2007, 907 (142): 1185 – 1190.

[12] OMAR M Z,ATKINSON H V,PALMIERE E J,et al. Microstructural development of HP9/4/30 steel during partial remelting[J]. Steel Research International,2004,75:552 – 560.

[13] JINGYUAN L,SUMIO S,JUN Y,et al. Effect of inverse peritectic reaction on microstructural spheroidization in semi – solid state[J]. Journal of Materials Processing Technology,2008,208:165 – 170.

[14] OMAR M Z,PALMIERE E J,HOWE A A,et al. Thixoforming of a high performance HP9/4/30 steel [J]. Materials Science and Engineering:A,2005,395:53 – 61.

[15] KENNEY M P,COTTRTOIS J A,EVANS R D,et al. Metals Handbook,9th ed[M]. Ohio:ASM International,1988,15(5):327 –338.

[16] POUS – ROMERO H,LONARDELLI I,COGSWELL D,et al. Austenite grain growth in a nuclear pressure vessel steel[J]. Materials Science and Engineering:A,2013,567(1):72 – 79.

[17] UHLENHAUT D I,KRADOLFER J,PÜTTGEN W,et al. Structure and properties of a hypoeutectic chromium steel processed in the semi – solid state [J]. Acta Materialia,2006,54(10):2727 – 2734.

[18] CHEN G,JIANG J,DU Z,et al. Hot tensile behavior of an extruded Al – Zn – Mg – Cu alloy in the solid and in the semi – solid state[J]. Materials and Design,2014,54:1 – 5.

[19] JI Z, HU M H,SUGIYAMA S,et al. Formation process of AZ31B semi – solid microstructures through strain – induced melt activation method[J]. Materials Characterization,2008,59(7):905 – 911.

[20] JIANG J,ATKINSON H V,WANG Y. Microstructure and Mechanical Properties of 7005 Aluminum Alloy Components Formed by Thixoforming[J]. Journal of Materials Science and Technology,2017,33(4):379 – 388.

[21] GU G C,PESCI R,LANGLOIS L,et al. Microstructure observation and quantification of the liquid fraction

of M2 steel grade in the semi – solid state,combining confocal laser scanning microscopy and X – ray microtomography [J]. Acta Materialia,2014,66:118 – 131.

[22] SU T C,O'SULLIVAN C,NAGIRA T,et al. Semi – solid deformation of Al – Cu alloys:A quantitative comparison between real – time imaging and coupled LBM – DEM simulations[J]. Acta Materialia,2019,163: 208 – 225.

[23] KAREH K M,O'SULLIVAN C,NAGIRA T,et al. Dilatancy in semi – solid steels at high solid fraction [J]. Acta Materialia,2017,125:187 – 195.

[24] FONSECA J,O'SULLIVAN C,NAGIRA T,et al. In situ study of granular micromechanics in semi – solid carbon steels[J]. Acta Materialia,2013,61(11):4169 – 4179.

第3章　基于半固态成形技术的工具钢产品制造工艺

3.1　基于半固态成形技术的工具钢产品制造工艺的基本概念

3.1.1　基于半固态成形技术的工具钢产品制造工艺的基础理论

正如此前在第2章里所讨论的,传统的工具钢及其产品的制造工艺流程因其包含了长时间的调质处理和多道次的热成形工艺而具有的周期长、能耗高等缺点,不符合目前国内外所倡导的绿色制造和节能减排的生产制造理念和趋势。与此同时,在金属材料制品的生产加工中的材料利用率也被更加细化地解读为材料体积利用率和材料性能利用率。顾名思义,材料体积利用率是指加工后金属材料产品的体积与加工前金属材料的体积之间的比值,也就是传统意义上的材料利用率,金属材料生产加工的材料体积利用率越高,该生产加工工艺就越趋近于近净成形。然而,单纯地提高材料体积利用率并不能够满足当前我国交通运输业和武器装备向现代化、高速化方向发展的需求,因此便有了材料性能利用率这个概念[1]。顾名思义,材料性能利用率是指加工后金属材料产品的性能与该金属材料所能够达到的最佳性能之间的比值,材料性能利用率越高,则在该产品上兑现的该金属材料的性能也就越多。因此,在设计和优化金属材料产品生产工艺流程时不仅需要考虑如何提高材料体积利用率(实现控形),还必须深入地思考如何能够提高材料性能利用率(实现控性)。

为了在缩短工具钢及其产品的加工周期和能量消耗的基础上充分提高工具钢及其产品在生产加工过程中的材料体积利用率和材料性能利用率,势必需要将一些新技术或者新工艺引入到传统的工具钢及其产品的加工工艺流程中,而半固态成形技术则是上述新技术、新工艺中比较有潜力的备选方案之一。

解决问题需要对症下药,由于传统的工具钢及其产品的加工工艺中耗时较长和耗能较多的工步分别是对铸坯的长达一天的调质热处理和多道次的热加工工艺,同时半固态成形制件因液相偏析而有待提高的力学性能也导致加工工具钢产品的制造加工不能完全依赖半固态成形技术,因此,对于创新路线的基本理念就是使用短时间的前续热处理来取代长时间的调制热处理,并且使用半固态成形技术来取代消耗大量能量的多道次热轧工艺。

3.1.2　基于半固态成形技术的工具钢产品制造工艺的 A 方案

　　由于传统的工具钢及其产品的工艺路线中大量的时间和能量消耗在了长时间的调质热处理和随后的多道次热加工成形,因此,我们的最初想法是使用短时间(约 3h)热处理来取代长时间调质热处理,并且用半固态成形取代多道次热加工成形。

　　诚然半固态成形可以利用半固态金属合金材料较低的变形抗力,以较少的成形道次和较低的成形载荷获得既定几何形状的工具钢及其产品,能够很好地实现工具钢及其产品的成形。并且由于半固态成形制件较少的加工余量,确保了工具钢及其产品生产加工具有较高的材料体积利用率。但是,由于半固态成形制件内部的共晶化合物的形貌和分布因液相偏析而并不均匀,并且其金相组织并不足够精细,导致半固态成形工具钢及其产品的力学性能未能达到使用传统工艺路线所加工生产的工具钢及其产品的水准,无法确保工具钢及其产品生产加工具有较高的材料性能利用率。因此,仅仅使用短时间(约 3h)热处理来取代长时间调质热处理并且用半固态成形取代多道次热加工成形的工艺路线并不能很好地实现工具钢及其产品的成性。

　　基于以上论述,当使用半固态成形技术取代多道次热加工成形技术后,工具钢及其产品的生产加工仅能确保成形而不能确保成性,仅能提高材料的体积利用率而不能提高材料的性能利用率。因此,需要对上述工艺流程作进一步优化,我们提出的优化方案就是,使用半固态成形取代多道次热加工成形(假设 N 道次)中的 $N-1$ 道次热加工成形,而保留最后一道次的热加工成形,通过这一道次的热加工成形对半固态成形工具钢制件施加塑性变形,进而实现微观组织细化和共晶化合物的形貌和分布的调整与优化,并最终实现工具钢制件力学性能的提升,从而实现工具钢及其产品的成形和成性,在大幅度提高材料体积利用率的同时可有效地提高材料性能利用率。

　　所以基于半固态成形技术的工具钢产品制造工艺的 A 方案的主体思路是,在传统的工具钢及其产品的生产加工工艺流程的基础上,使用短时间(约 3h)的热处理取代长时间调质热处理,并且以半固态成形取代多道次热加工成形,而在半固态成形之后追加单道次热加工成形工艺。后续的相关工艺则是一系列热处理和机械加工的组合工艺,进而获得具有既定几何形状尺寸和力学性能的工具钢及其制件。

3.1.3　基于半固态成形技术的工具钢产品制造工艺的 B 方案

　　本方案是建立在 A 方案的基础上的,其初步思路是,生产对力学性能的要求并不是非常高的工具钢及其制件,如果仅仅通过半固态成形即可很好地完成工具钢及其产品的成形和成性,则无需在半固态成形之后追加的单道次热加工成形工艺。

因此,基于半固态成形技术的工具钢产品制造工艺的 B 方案的主体思路是,在传统的工具钢及其产品的生产加工工艺流程的基础上,使用短时间(约3h)的热处理取代长时间调质热处理,并且以半固态成形取代多道次热加工成形。后续的相关工艺是一系列热处理和机械加工的组合工艺,进而获得具有既定几何形状尺寸和力学性能的工具钢及其制件。

3.2   基于半固态成形技术的工具钢产品制造工艺核心技术的选择

3.2.1   获得具有均匀球化半固态组织的金属合金材料的方法

无论是基于半固态成形技术的工具钢产品制造工艺的 A 方案还是 B 方案,都需要一种有效的制备具有均匀分布于液相基体中的球化固相颗粒的微观组织的半固态工具钢坯料或浆料的方法。获得具有均匀球化半固态组织的工具钢坯料或浆料,对于工具钢及其产品的创新制造工艺路线是至关重要的。

英国莱彻斯特大学的刘(Liu)和海伦·阿特金森(Helen Atkinson)等指出,在半固态金属合金坯料或浆料的成形性能与其微观组织形貌具有严重的依存性和关联度,半固态金属合金坯料或浆料内部固相晶粒的大小和圆度以及液相的体积比都决定着该半固态坯料或浆料在成形载荷下的流动性能和变形抗力[2]。由于呈圆球形状的固相颗粒均匀地分布在液态基体内部,使得半固态坯料或浆料具有较高的流动性,因此,上述半固态坯料或浆料的微观组织结构被普遍地认为是最适合半固态成形技术的微观结构[3]。此外,冷却至室温的半固态成形制件内部依旧具有均匀的等轴球状晶粒而并非铸造成形制件内部树枝状微观组织,使得半固态成形金属合金材料制件具有比传统铸造成形的金属合金材料制件更加优秀的力学性能[4]。为了获得具有均匀球状微观组织的半固态金属合金坯料或者浆料,国内外的科研工作者研发并提出了多种半固态金属合金的制坯或制浆方法和工艺。下面就对其中比较行之有效且较为通用的制坯或制浆方法和工艺进行简单介绍。

到目前为止,各国的科研工作者提出了许多创新方法来制备具有理想微观组织结构的半固态金属合金坯料或浆料,如图 3.1 所示。日本大阪工业大学的足立(Adachi)[5]和羽贺俊雄(Haga Toshio)[6]等发明了用于制备具有均匀球状组织的半固态金属合金坯料或浆料的冷却斜槽法,如图 3.1(a)所示。冷却斜槽法让熔融状态的金属合金材料在通过一个斜槽的过程中冷却至半固态并流入收集容器中,液态金属合金材料在斜槽上流动的过程中不仅仅会发生部分凝固,还会由于下层金属合金材料与斜槽制件的摩擦对金属合金材料进行剪切作用。通过冷却斜槽法制备的半固态坯料或浆料的黏度、流动速度、晶粒度、液相比率等特性都可以通过控制冷却斜槽的长度和斜度来进行自由调节。日本东京大学的木内学和杉山澄雄等于 1992 年发明了剪切冷却轧制法[7]。如图 3.1(b) 所示，剪切冷却轧制法极其近似于冷却斜槽法，利用具有一定角速度的轧辊对熔融状态的金属合金材料进行冷却的同时施加剪切应力。剪切轧制被用来实现金属合金的部分凝固，中国台湾成功大学的王(Wang)等于 1997 年成功地使用压力喷射法来制备具有均匀球状微观组织的金属坯料，如图 3.1(c) 所示，并结合后续的加热工艺获得具有均匀球状微观组织的半固态坯料或浆料[8]。格里泽斯(Griths)和麦卡尼(McCartney)等使用电磁搅拌法对熔融金属合金材料的凝固过程施加影响，如图 3.1(d) 所示，进而依靠电磁搅拌的剪切作用打碎金属合金材料在凝固过程中生成的枝晶臂，进而获得具有均匀分布于液相中的球状等轴固相晶粒微观组织形貌的半固态金属合金坯料或者浆料[9]。

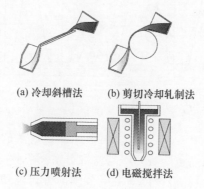

(a) 冷却斜槽法　　　(b) 剪切冷却轧制法

(c) 压力喷射法　　　(d) 电磁搅拌法

图 3.1　多种半固态金属合金坯料或浆料制备方法示意图

　　上述半固态金属合金材料的制浆或制坯方法和技术大都依赖特殊的设备，一方面，部分设备价格比较昂贵(如压力喷射法)；另一方面，所制备的半固态坯料或者浆料的几何尺寸受限(如冷却斜槽法)。因此，为了让半固态金属合金材料的制浆或制坯变得更加常规和更加便利，美国科学家杨等研发出了应变诱导熔化激活法(strain lnduced melt activation，SIMA)[10]，英国的柯克伍德等发明了再结晶重熔法(recrystallization And partial melting，RAP)[11]。无论是应变诱导熔化激活法还是再结晶重熔法都包括金属合金材料的预变形和预变形金属合金材料的二次重熔两个阶段。然而，应变诱导熔化激活法和再结晶重熔法这两种近似方法在金属合金材料的预变形时却有着明显的不同。

　　根据杨等在其专利中的定义，应变诱导熔化激活法的时间－温度历史示意图如图 3.2 所示。应变诱导熔化激活法需要在金属合金材料的预变形阶段首先将原始金属合金材料加热至其再结晶温度以上固相线温度以下的温度范围内进行热塑性变形，并在低于其再结晶温度的范围来对原始金属合金材料施加足够应变量,只有该应变量必须高于该金属合金材料的临界应变量时才能实现应变诱导的效果。也就是说,在二次重熔阶段之前,需要对原始金属合金材料在其再结晶温度以上和以下分别进行两次塑性变形。在二次重熔阶段,预变形金属合金材料将被加热至其液相线温度以下固相线温度以上的半固态温度区间,在此阶段所发生的静态再结晶和部分熔融等微观组织演变行为会确保金属合金材料的微观组织形貌从典型的塑性变形微观组织形貌变成均匀分布于液相基体中的球状固态颗粒微观组织形貌。

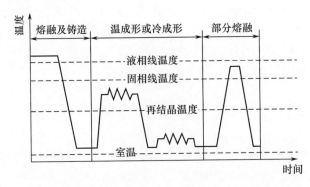

图 3.2   应变诱导熔化激活法(SIMA)的时间 – 温度历史(根据美国专利 4,415,374)

根据柯克伍德等在其专利中的定义,再结晶重熔法的时间 – 温度历史示意图如图 3.3 所示。再结晶重熔法并不需要将金属合金材料加热至其再结晶温度以上,而是直接在其再结晶温度以下温度范围内进行温塑性变形或者冷塑性变形,为原始金属合金材料导入高于其临界应变量的应变,并在随后的二次重熔阶段直接将经过塑性预变形的金属合金材料直接加热到其固相线温度以上,在二次重熔阶段,预变形的金属合金材料内部会发生包括再结晶和部分熔融在内的复杂微观组织演变行为,进而获得均匀分布于液相基体中的等轴球状固相颗粒。

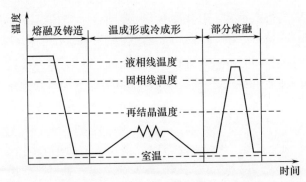

图 3.3   再结晶重熔法(RAP)的时间 – 温度历史(根据美国专利 5,037,498)

3.2.2　获得具有均匀球状半固态组织的钢铁材料的方法

上述众多半固态金属合金坯料或浆料制备方法在钢铁合金半固态制坯或者制浆的可行性方面已经被国内外科研工作者通过试验方法予以证实。德国亚琛工业大学的赫特(Hirt)等通过冷却斜槽法成功地制备了用于半固态触变锻造的钢铁合金半固态坯料,该半固态坯料的均匀球状微观组织形貌确保了半固态触变锻造成形的顺利开展,并且获得了具有优良力学性能的钢铁制件[12]。韩国科学技术研究院的金(Kim)等通过电磁搅拌法成功地制备了具有均匀球状微观组织形貌的不锈钢半固态浆料,并通过半固态流变成形试制了具有良好外观结构和力学性能的不锈钢制件[13]。我国北京科技大学的宋仁伯等将电磁搅拌制浆与半固态流变轧制工艺相结合,顺利地完成了具有良好力学性能的不锈钢薄带的试制[14]。比利时列日大学的拉西里等针对钢铁合金材料较高的液相线温度,特别设计并研发了一种用于压力喷射的试验装置,借助该装置他们成功地获得了均匀球状半固态钢铁合金坯料[15]。

然而,钢铁合金材料较高的固相线温度和液相线温度使得其半固态坯料或浆料的制备成为制约钢铁合金材料半固态成形工业应用的一大难题。一方面,冷却斜槽法和电磁搅拌法需要工具的表面与完全熔融的液态钢铁合金材料直接接触,这就对上述工具表面材料的耐热性能提出了近乎苛刻的要求;另一方面,电磁搅拌设备和压力喷射设备比较高昂的购置和维修价格显著地提高了钢铁合金产品的制造成本。考虑到生产设备的成本和寿命以及生产线的简洁性,应变诱导熔化激活法和再结晶重熔法这两种方法相对而言是更加合理、更加经济的用于钢铁合金半固态坯料或浆料制备的方法。一方面,上述两种方法的工作对象是未完全熔融的钢铁合金材料,无需接触液态钢铁合金材料,降低了对工具材料和模具材料耐热性能的要求,并延长了工具和模具的使用寿命;另一方面,无论是应变诱导熔化激活法还是再结晶重熔法都可以使用常规的成形以及加热设备予以实施,无需专门购置特殊的设备,降低了钢铁合金制件的前期投入和生产成本。

基于以上论断,应变诱导熔化激活法和再结晶重熔法被我们选为创新的工具钢及其产品生产工艺流程中半固态制坯或制浆的关键技术的备选方案。应变诱导熔化激活法和再结晶重熔法的对比示意图如图 3.4 所示。与应变诱导熔化激活法相比,再结晶重熔法在冷成形或者温成形之前不需要将原始金属合金坯料加热至其再结晶温度以上进行热成形,因此,再结晶重熔法的工艺流程更短、消耗的时间和能量更少。所以,选择再结晶重熔法来制备具有均匀球状微观组织半固态铁合金坯料或浆料,进而开发基于半固态成形技术的工具钢及其产品制造工艺路线。

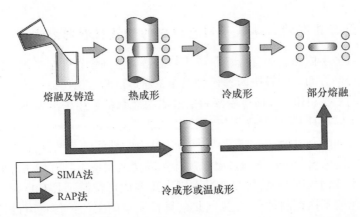

图 3.4   应变诱导熔化激活法(SIMA)和再结晶重熔法(RAP)的比较示意图

3.3   基于再结晶重熔法的工具钢产品制造工艺路线

3.3.1   基于再结晶重熔法的工具钢产品制造工艺的 A 方案

在基于半固态成形技术的工具钢产品制造工艺的创新路线中,不仅没有采用多道次热加工的工艺,而且原始材料制备环节的连续铸造也被重力铸造所取代,相较于连续铸造,重力铸造不但结构更加简单,而且所消耗时间和能量也更少。鉴于铸态钢铁合金材料在其再结晶温度以下的塑性较差,为了使再结晶的预变形环节更加容易开展,有必要提高钢铁合金材料铸坯的塑性变形性能。因此,在再结晶重熔处理之前需要对钢铁合金材料铸坯进行退火热处理。时长约 3h 的退火处理结束后,将对钢铁合金材料铸坯开展包含塑性预变形和二次重熔两个阶段的再结晶重熔处理。根据前期预研结果,再结晶重熔处理后的钢铁合金材料的力学性能要明显弱于通过传统的多道次轧制获得的商用轧制态钢铁合金材料[16],这是由于再结晶重熔处理钢铁合金材料的微观组织远不如经过 20 道次热轧的商用钢铁合金材料的微观组织精细和均匀。因此,当市场对工具钢产品的力学性能要求足够高时,再结晶重熔处理之后需要追加单一道次的热变形(热轧或者热锻),进而通过热塑性变形实现再结晶重熔处理钢铁合金材料微观组织的进一步细化和共晶化合物的离散化及均匀化。在此之后,还需要通过后续的一系列热处理(包括退火热处理、淬火热处理、回火热处理)和机械加工(机械粗加工和机械精加工)来获得具有理想的力学性能和几何形状尺寸的工具钢产品。

根据上面描述的方案,基于半固态成形技术的工具钢产品制造工艺的 A 方案示意图如图 3.5 所示。

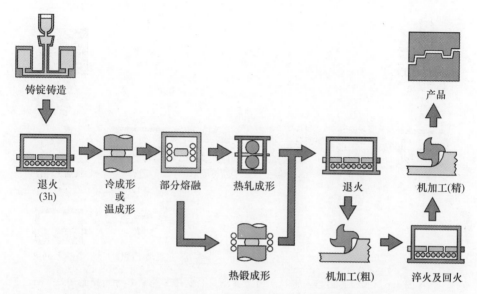

图 3.5　基于半固态成形技术的工具钢产品制造工艺的 A 方案示意图

3.3.2　基于再结晶重熔法的工具钢产品制造工艺的 B 方案

我国重庆大学的孟毅以及日本东京大学的杉山澄雄和柳本润等的研究结果表明,不同种类的工具钢在二次重熔后具有完全不同的半固态微观组织形貌,即便液相体积比相同,而固相颗粒的大小和形貌也千差万别。正如第 3 章中所采用的 SKD61 热作模具钢和 SKD11 冷作模具钢在各自的二次重熔过程中表现出完全迥异的微观组织演变规律,SKD61 热作模具钢的半固态坯料中的固相颗粒尺寸约为 37μm,明显大于 SKD11 冷作模具钢的半固态坯料中的固相颗粒尺寸(约为 7μm)。也就是说,当通过再结晶重熔处理获得的钢铁合金材料的微观组织足够精细且能够满足钢铁合金制件对力学性能要求的前提下,基于半固态成形技术的工具钢产品制造工艺的 A 方案中再结晶重熔处理后追加的单一道次热变形工序并非势在必行,考虑到半固态坯料或浆料良好的流动性和可调节的黏度,完全可以使用成形载荷更小的半固态成形来代替成形载荷较高的热成形工艺来实现钢铁合金制件加工成形,并通过后续的一系列热处理(包括退火热处理、淬火热处理、回火热处理)和机械加工(机械粗加工和机械精加工)来获得具有理想的力学性能和几何形状尺寸的工具钢产品。

根据以上描述,基于半固态成形技术的工具钢产品制造工艺的 B 方案示意图如图 3.6 所示。相较基于半固态成形技术的工具钢产品制造工艺的 A 方案,基于半固态成形技术的工具钢产品制造工艺的 B 方案的特点在于使用半固态成形工艺取代了热成形工艺。

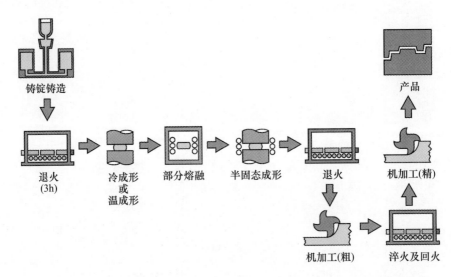

图 3.6　基于半固态成形技术的工具钢产品制造工艺的 B 方案示意图

3.4　本章小结

　　综上所述,为了提出新的工具钢及其产品的制造工艺路线以取代时间久且能耗高的传统的工具钢及其产品的制造工艺路线,我们基于金属合金材料的半固态成形技术,提出了两条创新的工具钢及其产品的制造工艺路线。传统制造工艺路线和两条创新的制造工艺路线的对比示意图如图 3.7 所示。

　　根据图 3.7 所提供的信息,在原始金属合金材料的制备阶段,两条基于半固态成形技术的创新工艺路线均以重力铸造取代了传统工艺路线中的连续铸造,能够有效地降低工具钢及其产品的生产制造成本。而在随后的加工前热处理阶段,两条基于半固态成形技术的创新工艺路线都将传统工艺路线中长达 24h 的调质热处理缩短为仅需 3h 的退火热处理,进而将工艺路线有效地缩短。在成形阶段,传统工艺路线中能量消耗巨大的多道次热轧工艺被再结晶重熔处理以及随后的单一道次热加工工艺或者简单的半固态成形工艺所取代,有效地降低了生产过程中的能量消耗及设备损耗,大幅度降低了工具钢及其产品的生产制造成本。因此,由于半固态成形技术的应用,使得工具钢及其产品的生产制造周期大幅度缩短,生产成本和能量消耗大幅度减少。

　　作为两条创新的工具钢产品制造工艺流程中核心部分的再结晶重熔处理以及后续的热处理工艺对于工具钢的微观组织和力学性能的影响则需要通过试验的方法进行探究,试验结果以及基于试验结果所展开的讨论将在随后的两个章节中加以阐述。

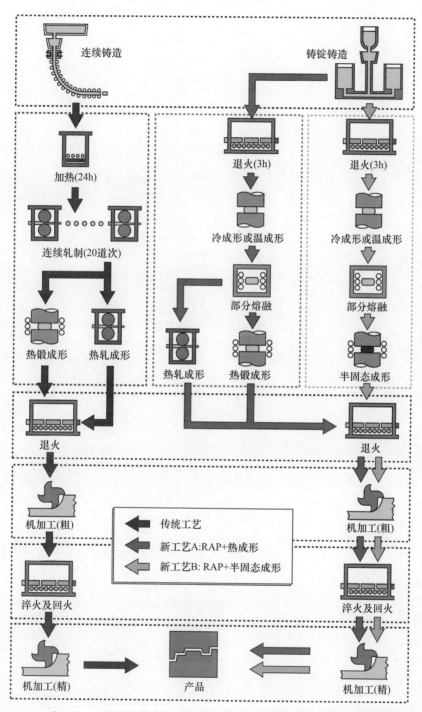

图 3.7　工具钢及其产品的传统和创新的工艺路线的对比示意图

参 考 文 献

[1] 康永林,宋仁伯,杨柳青,等. 金属材料半固态凝固及成形技术进展[J]. 中国材料进展,2010,29 (7):27 – 33.

[2] LIU D,ATKINSON H V,KAPRANOS P,et al. Microstructural evolution and tensile mechanical properties of thixoformed high performance aluminium alloys[J]. Materials Science and Engineering:A,2003,361:213 – 224.

[3] CHEN G,JIANG J,DU Z,et al. Hot tensile behavior of an extruded Al – Zn – Mg – Cu alloy in the solid and in the semi – solid state[J]. Materials and Design,2014,54:1 – 5.

[4] MENG Y,ZHANG J,YI Y,et al. Study on the effects of forming conditions on microstructural evolution and forming behaviors of Cr – V – Mo tool steel during multi – stage thixoforging by physical simulation [J]. Journal of Materials Processing Technology,2017,248:275 – 285.

[5] ADACHI M,SASAKI H,HARADA Y,et al. Method and apparatus for shaping semisolid metals:US5887640 [P],2004 – 05 – 24 [2005 – 02 – 08].

[6] HAGA T,KOUDA T,MOTOYAMA H,et al. High speed roll caster for strip casting of aluminium alloy [J]. Materials Science Forum,2000,185:331 – 337.

[7] KIUCHI M,SUGIYAMA S. A new process to manufacture semi – solid metals[J]. ISIJ International,1992,35 (6):790 – 797.

[8] WANG J L,SU Y H,TSAP C A. Structural evolution of conventional cast dendritic and spary – cast non – dondritic structures during isothermal holding in the semi – solid state[J]. Scripta Materialia,1997,37(12): 2003 – 2007.

[9] GRITHS W D,MCCARTNEY D G. The effect of electromagnetic stirring on macrostructure and macro segregation in the aluminium alloy 7150[J]. Materials Science and Engineering:A,1997,222(2):140 – 148.

[10] KIRKWOOD D H,SELLARS C M,ELIASBOYED L G. Fine grained metal composition:US 5037498 [P],1991.

[11] YOUNG K P,KYONKA C P,COURTOIS J A. Fine grained metal composition:US4415374[P],1983.

[12] HIRT G,SHIMAHARA H,SEIDLI,et al. Semi – Solid Forging of 100Cr6 and X210CrW12 Steel[J]. CIRP Annals – Manufacturing Technology,2005,54(1):257 – 260.

[13] KIM K B,LEE H,HEE K. Microstructures and formability of electromagnetically stirred billet of high melting point alloys[J]. 5th international conference on semi – solid processing of alloys and composites,1998, 2:21 – 26.

[14] SONG R,KANG Y,ZHAO A. Semi – solid rolling process of steel strips[J]. Journal of Materials Processing Technology,2008,198:291 – 299.

[15] WALMAG G,NAVEAU P,RASSILI A,et al. A new processing route for as – cast thixotropic steel[J]. Solid State Phenomena,2008,141 – 143:415 – 420.

[16] MENG Y,SUGIYAMA S,YANAGIMOTO J. Microstructural evolution during RAP process and deformation

behavior of semi – solid SKD61 tool steel[J]. Journal of Materials Processing Technology,2012,212(8):1731 – 1741.

[17] MENG Y,SUGIYAMA S,YANAGIMOTO J. Microstructural Evolution during partial melting and semisolid forming behaviors of two kinds of hot rolled Cr – V – Mo tool steel[J]. Journal of Materials Processing Technology,2015,224:203 – 212.

第4章　再结晶重熔法对合金工具钢的微观组织和力学性能的影响

4.1　再结晶重熔法

在第3章中,我们决定选择使用再结晶重熔法(recrystallization and partial melting,RAP)作为制备具有均匀细小球状组织的钢铁材料半固态坯料的潜在技术手段,进而实现以较短的工业流程和较低的能量消耗实现工具钢及其产品的绿色制造。为了验证第3章所提出的两条基于半固态成形技术的工具钢产品制造工艺路线的可行性,需要首先通过一系列以某种钢铁材料为研究对象的再结晶重熔试验来验证再结晶重熔法在制备具有均匀细小球状组织的钢铁材料半固态坯料的可行性。在第2章中,通过二次重熔试验和半固态触变压缩试验证实了 SKD61 热作模具钢不仅具有较为宽广的半固态温度区间,而且还能够在其半固态温度区间内展现出较均匀的球状微观组织。为了有效地实现晶粒细化和共晶化合物在钢铁材料中的均匀分布,并研究了再结晶重熔处理各个阶段的工艺参数对使用再结晶重熔法制备的钢铁材料坯料的微观组织和力学性能的影响,本章以物理模拟的方法,用一系列的试验手段通过再结晶重熔法制备具有细小球状组织的半固态铁合金坯料,并通过微观组织分析以及力学性能测试的手段去研究再结晶重熔及其各个阶段的工艺参数对钢铁材料坯料的微观组织和力学性能的影响,并分析其中所蕴含的科学原理。

4.2　合金工具钢的再结晶重熔试验

通过对比英国柯克伍德等关于再结晶重熔法的美国专利和美国杨(Young)等关于应变诱导熔化激活法(strain induced melt activation,SIMA)的美国专利[1,2]发现,再结晶重熔法与应变诱导熔化激活法的不同之处在于,应变诱导熔化激活法的塑性预变形是通过高于金属坯料的再结晶温度的热成形和低于金属坯料的再结晶温度的温成形或冷成形的连续多道次塑性成形实现的,而再结晶重熔法的塑性预变形则仅仅是通过低于金属坯料的再结晶温度的温成形或者冷成形实现的。

4.2.1　再结晶重熔法的物理模拟试验

由于再结晶重熔法的过程可分为两个主要阶段,即塑性预变形和二次重熔。再结晶重熔法的物理模拟试验也按照上述两个不同的阶段以平面压缩试验和加热 – 冷却试验而分别开展。

本书中的再结晶重熔法的物理模拟试验全部是在日本东京大学生产技术研究所柳本润教授实验室完成的。所使用的设备是由富士电波所生产的高速高温多道次热模拟试验机(themac-master-Z-5t)。

根据第 3 章的内容,由于铸态 SKD61 热作模具钢具有较宽的半固态温度区间,因此在本章所开展的再结晶重熔法物理模拟试验中,铸态 SKD61 热作模具钢被选择为初始材料。为了制备铸态 SKD61 热作模具钢的原始坯料,通过使用电磁加热线圈将日本新日铁所贩卖的直径为 20mm 的轧制态 SKD61 热作模具钢棒材熔化于一个直径为 100mm 的氧化铝坩埚中,并且通过自然冷却获得了铸态 SKD61 热作模具钢,如图 4.1 所示。为了消除 SKD61 热作模具钢铸锭表面氧化皮膜对其组织性能的影响,使用线切割的手段将该铸锭表面的氧化皮膜去除。随后,使用线切割将该铸锭切割为若干长方体试样,如图 4.2 所示。这些长方体试样的长为 50mm、宽为 20mm、高为 10mm。基于在第 3 章通过使用差热分析方法所获得的 SKD61 热作模具钢的液相率随温度的变化曲线(图 4.3)可知,SKD61 热作模具钢的固相线温度为 1318℃,液相线温度为 1489℃,半固态温度区间为 171℃。

(a) 轧制态SKD61热作模具钢　　(b) 铸态SKD61热作模具钢

图 4.1　使用轧制态 SKD61 热作模具钢棒材所制作的 SKD61 热作模具钢铸锭

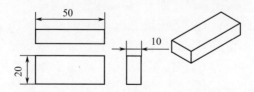

图 4.2　再结晶重熔法的物理模拟试验所使用的 SKD61
热作模具钢试样的几何形状及尺寸(单位:mm)

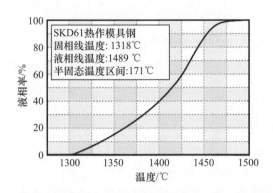

图 4.3   SKD61 热作模具钢在半固态温度范围内液相率随温度变化曲线

　　铸态 SKD61 热作模具钢的再结晶重熔法的物理模拟试验的第一部分是塑性预变形。塑性预变形的物理模拟是通过在高速高温多道次热模拟试验机上开展的平面压缩试验实现的。平面压缩试验装置示意图如图 4.4 所示。首先将预先切割好的长方体铸态 SKD61 热作模具钢试样在水平方向上通过两根水平的弹簧固定在一副安装在高速高温多道次热模拟试验机工作区域的支架上,这里使用弹簧的目的在于保证长方形坯料不会由于其在塑性变形过程中长度方向尺寸的增加而发生弯曲。进而使用一对用高温陶瓷材料制作的模具在垂直方向将上述长方形铸态 SKD61 热作模具钢试样固定在一个长方形感应加热线圈的中间。该长方形感应线圈的运动受到计算机系统的控制,以确保在成形过程中长方形感应加热线圈始终与长方形铸态 SKD61 热作模具钢试样保持其几何中心的重合。上述高温陶瓷模具的几何形状及尺寸如图 4.5 所示。为了在试验过程中测量和记录试样的温度变化,一组 K 型热电偶被钎焊于长方形铸态 SKD61 热作模具钢试样的长度方向的中央位置。这组 K 型热电偶的另一端与安装在计算机中的 PID 温度控制系统连接。PID 温度控制系统可以根据 K 型热电偶所测得的钢铁试样的温度来实时调整感应加热线圈的功率,进而保证钢铁试样的温度按照事先在计算机系统中设定的温度变化曲线变化,实现对钢铁材料试样的温成形阶段精确控温。高温陶瓷上模在高温多段热压缩试验机的冲头带动下以事先在计算机系统中设定的应变速率对长方形铸态 SKD61 热作模具钢试样沿其高度方向进行冷压缩或者温压缩,当高温陶瓷上模在冲头的带动下向下运动到事先在计算机系统中设定的下压量之后,钢铁材料的塑性预变形告终。为了避免钢铁试样在高温中被氧化,氮气作为保护气体充填在整个试验空间内。计算机系统会在塑性预变形结束时,立即启动位于感应加热线圈上的冷水喷嘴向铸态 SKD61 热作模具钢试样喷出冷水以实现快速水冷,当铸态 SKD61 热作模具钢试样冷却至室温之后取出。

　　塑性预变形阶段的主要加工参数包括塑性预变形温度、塑性预变形量、塑性预变形速度等。在本研究中,主要研究塑性预变形温度和塑性预变形量对再结晶重熔处理过程中铸态 SKD61 热作工具钢微观组织和力学性能的影响。本研究中所使用的塑性预变形温度为 300℃、500℃、700℃。塑性预变形量则包括 25% 和 50% 两类。而塑性预变形应变速率则仅仅使用恒定的 1/s。

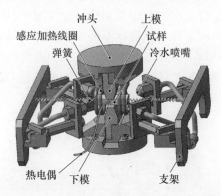

图 4.4　在多段热压缩试验机上进行的平面压缩试验装置示意图

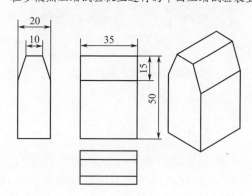

图 4.5　由陶瓷制成的平面压缩模具的几何形状及尺寸(单位:mm)

　　铸态 SKD61 热作模具钢的再结晶重熔法的物理模拟试验的第二部分是二次重熔。二次的物理模拟是通过在同样的高速高温多道次热模拟试验机上开展的加热试验实现的。二次重熔试验装置示意图如图 4.6 所示。上一阶段通过塑性预变形制备的铸态 SKD61 热作模具钢试样被放置在位于感应加热线圈的中心位置的高温陶瓷片上。一组 K 型热电偶被钎焊于长方形铸态 SKD61 热作模具钢试样的长度方向的中央位置。这组 K 型热电偶的另一端与安装在计算机中的比例 – 积分 – 微分(proportion integral differential, PID)温度控制系统连接。PID 温度控制系统可以根据 K 型热电偶所测得的钢铁试样的温度来实时调整感应加热线圈的功率,进而保证钢铁试样的温度按照事先在计算机系统中设定的温度变化曲线(包括加热速率、等温保温时间等)而发生变化,实现对钢铁材料试样的二次重熔阶段的精确控温。为了避免钢铁试样在高温下被氧化,氮气作为保护气体充填在整个试验空间内。在二次重熔试验结束时,计算机系统会立即启动位于感应加热线圈上的冷水喷嘴喷出冷水,将钢铁试样迅速冷却至室温,为后续开展钢铁材料的微观组织观察和图像分析做准备。

二次重熔阶段的主要加工参数包括加热目标温度、加热速率、等温保温时间等。在本研究中主要研究塑性加热目标温度、加热速率、等温保温时间对再结晶重熔处理过程中铸态 SKD61 热作工具钢微观组织和力学性能的影响。本研究所使用的加热目标温度为 900℃、1100℃、1250℃、1385℃,加热速率则包括 5℃/s、50℃/s、50℃/s,等温保温时间为 20s 和 300s。

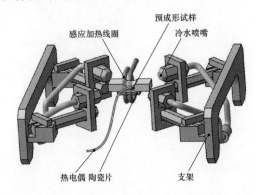

图 4.6   在多段热压缩试验机上进行的部分重熔试验的装置示意图

4.2.2   微观组织观察及图像分析

为了分析和探究再结晶重熔各个阶段的不同工艺参数对铸态 SKD61 热作工具钢微观组织的影响,进而研究再结晶重熔处理所得到的铸态 SKD61 热作模具钢的微观组织与该材料的韧性、强度和硬度等力学性能之间的关系,必须要通过一系列微观组织观察和分析试验来分析使用不同工艺条件对再结晶重熔处理的铸态 SKD61 热作模具钢的微观组织。

再结晶重熔处理的铸态 SKD61 热作工具钢的微观组织观察及图像分析的区域如图 4.7 所示。

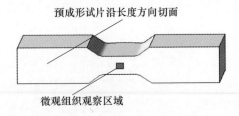

图 4.7   压缩试样上显微观察区域的示意图

二次重熔钢铁金相试样的制备包括以下几个步骤。

(1)将快速冷却至室温的二次重熔钢铁材料试样用砂轮切开。

(2)将切开的钢铁材料试样镶嵌在圆柱形热镶嵌树脂平台中,切开的平面暴露于树脂平台的表面。

(3)将镶嵌在树脂平台中的钢铁材料金相试样分别使用砂纸、金刚石悬浊液和氧化铝悬浊液打磨和抛光直至镜面状态。

(4)将抛光后的钢铁材料金相试样浸泡于 10% 硝酸 – 酒精腐蚀溶液中约 10s,完成金相腐蚀。

(5)将腐蚀后的钢铁材料金相试样用酒精洗净,并用棉签配合吹风机干燥。

(6)使用 Keyence 光学显微镜和 JOEL 场发射扫描电子显微镜对制备好的钢铁材料金相试样进行微观组织观察并拍摄金相组织照片。

基于使用 Keyence 光学显微镜和 JOEL 场发射扫描电子显微镜所拍摄的钢铁材料金相组织照片,利用专业图像分析软件对二次重熔钢铁材料的微观组织进行图像分析。图像分析的主要目的是获得钢铁材料在各半固态温度下的液相分数、固相晶粒尺寸、固相晶粒的形状。根据各国科研工作者的定义,金属材料的半固态坯料/浆料中的液相率(f_l)、固相晶粒尺寸(D)以及固相晶粒形状因子(F)由以下公式来定义和描述[3],即

$$f_l = \frac{\sum L_i}{T} \tag{4.1}$$

$$D = \frac{\sum 2\sqrt{\dfrac{A_i}{\pi}}}{N} \tag{4.2}$$

$$F = \frac{\sum \left(4\pi \dfrac{A_i}{P_i^{\,2}}\right)}{N} \tag{4.3}$$

式中:L_i 为液相区域的面积;T 为整个金相照片的总面积;A_i 为固相晶粒的面积;P_i 为固相晶粒的周长;N 为固相晶粒的数量。当固相晶粒为完全理想的球状时,其形状因子 F 的数值为 1。

此外,为了分析各种合金元素在钢铁材料试样中的分布情况,使用安装于 JOEL 场发射扫描电子显微镜上的能谱分析(energy dispersive spectrometer,EDS)系统对场发射扫描电子显微镜视野内的各种合金元素的分布进行分析。

4.2.3　力学性能测试

为了分析和探究再结晶重熔各个阶段的不同工艺参数对铸态 SKD61 热作工具钢力学性能的影响,进而研究再结晶重熔处理所得到的铸态 SKD61 热作模

具钢的微观组织与该材料的韧性、强度和硬度等力学性能之间的关系,必须要通过一系列力学性能测试试验来测定使用不同工艺条件对再结晶重熔处理的铸态 SKD61 热作模具钢的力学性能。

在本研究中,通过拉伸试验来测试在以不同工艺不同参数处理的铸态 SKD61 热作模具钢试样(铸态 SKD61 热作模具钢、再结晶后铸态 SKD61 热作模具钢、再结晶重熔铸态 SKD61 热作模具钢、轧制态 SKD61 热作模具钢)的拉伸强度和延展性。铸态 SKD61 热作模具钢试样经由再结晶重熔处理并利用线切割加工方法从再结晶重熔处理的铸态 SKD61 热作模具钢试样中切取拉伸试样过程中几何形状的变化如图 4.8 所示。平板拉伸试样的几何形状尺寸如图 4.9 所示。考虑到初始试样形状尺寸的限制,平板拉伸试样的几何形状尺寸并不能够完全按照力学性能测试标准对拉伸试样进行要求。本研究中的平板拉伸试验是在日本东京大学生产技术研究所柳本润教授实验室完成的。所使用的设备是由岛津株式会社生产的 AGS-50kNG 拉伸试验机,如图 4.10 所示。

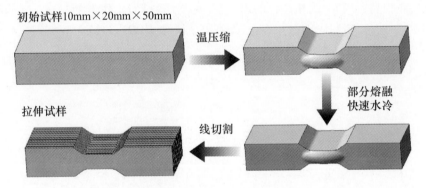

图 4.8　铸态 SKD61 热作模具钢试样经由再结晶重熔试验
并加工为拉伸试样过程中几何形状的变化示意图

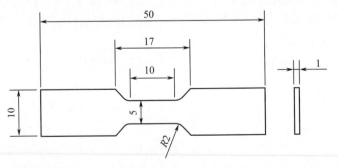

图 4.9　本研究中所使用的平板拉伸试样的几何形状和尺寸(单位:mm)

图 4.10　平板拉伸试验所使用的岛津 AGS-50kNG 拉伸试验机

本研究所使用的平板拉伸试验主要包括以下几个步骤。

(1)使用砂纸和金刚石悬浊液对用线切割加工的平板拉伸试样的表面进行打磨和抛光,以确保平板拉伸试样的表面不存在任何缺口和裂纹,以避免拉伸试验过程中因在缺口和裂纹处的应力集中而发生意外断裂,进而影响拉伸测试结果的准确性和可靠性。

(2)使用 AGS-50kNG 拉伸试验机上的平口夹头对抛光后的拉伸试样进行夹持,并确保拉伸试样垂直地处于拉伸试验机上下平口夹头的正中央。

(3)通过拉伸试验机的计算机控制系统将上下平口夹头载荷传感器上所施加的垂直方向的力归零,并且在计算机控制系统中调节拉伸试验的加载速度为 1mm/s。

(4)通过计算机控制系统启动室温平板拉伸试验,并时刻关注计算机控制系统实时测量并记录的时间 – 行程 – 载荷曲线,以便及时发现并解决拉伸试验过程中发生的故障或事故。

(5)拉伸试验结束后,使用计算机控制系统保存拉伸试验过程中的时间 – 行程 – 载荷数据,并基于上述的时间 – 行程 – 载荷数据利用计算机控制系统计算拉伸试验过程中的真实应力 – 真实应变曲线。

(6)使用 Keyence 光学显微镜和 JOEL 场发射扫描电子显微镜对拉伸试样的断口进行微观组织观察并拍摄金相组织照片。

为了确保拉伸试验测试结果的准确性、可靠性和重现性,在本研究中,至少对同一条件处理的铸态 SKD61 热作模具钢试样进行 3 次拉伸试验并且取其测试结果的平均值。

在本研究中,通过维氏硬度检测来测试在以不同手段不同参数处理的铸态 SKD61 热作模具钢试样(铸态 SKD61 热作模具钢、再结晶后铸态 SKD61 热作模具钢、再结晶重熔铸态 SKD61 热作模具钢、轧制态 SKD61 热作模具钢)的硬度。本研究中的维氏硬度测试是在日本东京大学生产技术研究所柳本润教授实验室完成的。所使用的设备是由岛津株式会社生产的维氏硬度测试仪,如图 4.11 所示。

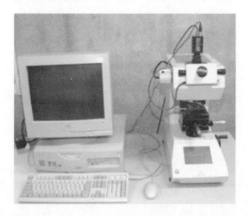

图 4.11　维氏硬度测试所使用的岛津维氏硬度测试仪

鉴于维氏硬度测试仪是基于在被测试金属表面进行压痕标记,进而测量压痕的几何尺寸以获得被测金属的维氏硬度数据。因此,用于维氏硬度测试的金属试样的制备手段与用于微观组织观察的金相试样制备手段相同。

本研究所使用的维氏硬度测试主要包括以下几个步骤。

(1)将快速冷却至室温的二次重熔钢铁材料试样用砂轮切开。

(2)将切开的钢铁材料试样镶嵌在圆柱形热镶嵌树脂平台中,切开的平面暴露于树脂平台的表面。

(3)将镶嵌在树脂平台中的钢铁材料硬度测试试样分别使用砂纸、金刚石悬浊液和氧化铝悬浊液打磨和抛光直至镜面状态。

(4)将抛光后的钢铁材料硬度测试试样浸泡于 10% 硝酸 – 酒精腐蚀溶液中约 10s,完成金相腐蚀。

(5)将腐蚀后的钢铁材料硬度测试试样用酒精洗净,并用棉签配合吹风机干燥。

(6)将钢铁材料硬度测试试样装夹并固定在维氏硬度测试仪上面,并通过维氏硬度测试仪上的光学显微镜寻找需要测试硬度的具体区域。

(7)利用维氏硬度测试仪的计算机控制系统设定维氏硬度测试参数,维氏硬度测试过程中的试验载荷为 2N,保压时间为 10s,并启动维氏硬度测试利用金刚石压头对钢铁材料硬度测试试样的表面施压。

(8)利用维氏硬度测试仪的计算机控制系统中的测量标尺光学显微镜所拍摄的四边形压痕的两个对角线长度,计算机控制系统将给予上述对角线长度以及施压的载荷和保压时间计算维氏硬度数值。

为了确保维氏硬度测试结果的准确性、可靠性和重现性,在本研究中,至少对同一试样进行 10 次维氏硬度测试并且取其平均值。

4.3　再结晶重熔过程中铸态 SKD61 热作模具钢的微观组织演变规律

为了研究再结晶重熔工艺参数对铸态 SKD61 热作模具钢试样的微观组织和力学性能的影响,首先需要对再结晶重熔过程中铸态 SKD61 热作模具钢内部发生的变化能够有明确而清晰的了解和认识。因此,本节的主要研究对象是再结晶重熔过程中铸态 SKD61 热作模具钢的微观组织演变规律。

4.3.1　塑性预成形中铸态 SKD61 热作模具钢的微观组织演变规律

用 Keyence 光学显微镜拍摄的铸态 SKD61 热作模具钢在室温下的微观组织如图 4.12 所示,粗大的黑色共晶化合物杂乱无章地分布于晶粒尺寸约为 200μm 的粗大铸态晶粒基体中。这些粗大的共晶化合物是由于合金元素在铸造过程中引起的合金成分偏析而产生的,因此这些共晶化合物主要分布在树枝晶之间的区域。

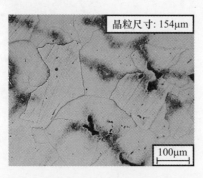

图 4.12　使用 Keyence 光学显微镜拍摄的铸态 SKD61 热作模具钢在室温下的微观组织

为了分析上述共晶化合物对铸态 SKD61 热作模具钢内部合金元素分布之间的关系,使用安装在 JOEL 场发射电子显微镜上的 EDS 系统对铸态 SKD61 热作模具钢进行 EDS 合金元素面扫描分析。铸态 SKD61 热作模具钢的 EDS 合金元素面扫描分析结果如图 4.13 所示。

    EDS 合金元素面扫描分析结果表明,碳(C)、硅(Si)、钒(V)和钼(Mo)等合金元素主要分布于铸态 SKD61 热作模具钢的枝晶间区域而并非枝晶区域。这种合金元素在铸态 SKD61 热作模具钢内部的不均匀分布是由于该材料在铸造和凝固过程中所发生的杂质和合金元素的微观偏析造成的。在铸造过程中,液态 SKD61 热作模具钢以树枝状模式凝固为固态。在这一过程中,铁素体(Fe)晶粒以树枝的形状凝固并向未凝固区域生长,并且推动尚未凝固的合金元素聚集在树枝状铁素体(Fe)晶粒之间的区域,进而造成铸态 SKD61 热作模具钢内部的微观偏析。

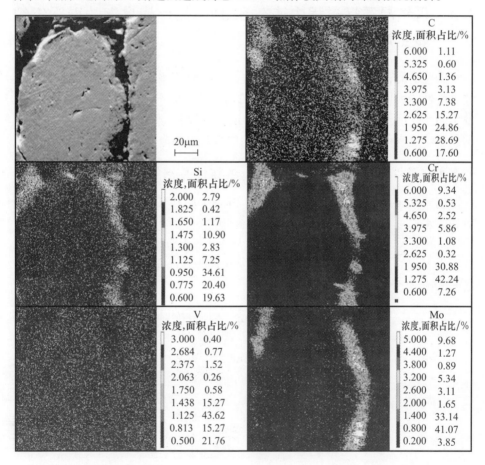

图 4.13   铸态 SKD61 热作模具钢的 EDS 合金元素面扫描分析结果

    使用高速高温多道次热模拟试验机以 1/s 的应变速率在 300℃下将铸态 SKD61 热作模具钢的中心区域压缩至原有高度的 50%(5mm),以实现铸态 SKD61 热作模具钢的塑性预变形,进而使用 Keyence 光学显微镜拍摄的该压缩试样中心区域的微观组织如图 4.14 所示。与铸态 SKD61 热作模具钢在

图4.12中的初始微观组织相比,预变形后铸态SKD61热作模具钢试样中的铁素体晶粒因塑性变形而发生了扭曲。尽管上述铁素体晶粒在垂直于压缩变形方向被拉长,塑性预变形前后铁素体晶粒的尺寸并没有发生明显的变化。黑色的共晶化合物依旧分布于枝晶间区域。由于这些共晶化合物并不具备较好的延展性,所以它们在塑性预变形过程中并没有发生塑性变形,而是由于直接承受了成形载荷而破碎。但是由于这些共晶化合物周围的铁素体因塑性变形拉长,因此,在知觉效果上,这些黑色的共晶化合物也发生了垂直于压缩变形方向的拉长。

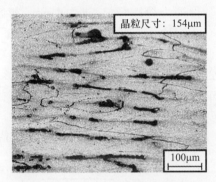

图4.14 预变形后的铸态SKD61热作模具钢试样的微观组织
(塑性预变形情况:该试样在300℃被压缩至其原始高度的50%)

由于300℃远低于铸态SKD61热作模具钢的再结晶温度,因此当在300℃对铸态SKD61热作模具钢施加塑性预变形的过程中并没有再结晶等微观组织演变行为发生。根据法国国立高等工程技术学校的贝克尔等的研究成果,温成形不仅会导致金属材料的宏观变形以及该金属材料内部晶粒的微观变形,而且会增加该金属材料晶粒中沿晶界方向的位错密度以及由于晶体内部所发生的晶格畸变引起的空位[4]。因此,塑性预变形的一部分变形能量以预变形金属材料晶粒位错密度增加的方式得以积累并保存。

4.3.2 二次重熔中铸态 SKD61 热作模具钢的微观组织演变规律

为了系统地研究预变形铸态SKD61热作模具钢在二次重熔过程中所发生的微观组织演变规律,在部分重熔阶段过程中,预变形铸态SKD61热作模具钢被加热到不同的温度并保温20s后,被冷水喷嘴所喷出的冷水迅速冷却至室温,进而使用Keyence光学显微镜对上述再结晶重熔铸态热作模具钢的微观组织进行观察。

使用感应加热线圈以50℃/s的加热速率将在300℃被压缩至原高度的50%的铸态SKD61热作模具钢加热至900℃并保温20s后水冷,使用Keyence

光学显微镜所拍摄的试样中心区域的微观组织如图4.15所示。大量的细小等轴晶粒出现在原来因塑性预变形而扭曲变形的大尺寸晶粒区域。使用图像分析软件测量的这些细小等轴晶粒的直径大约为20μm。根据日本东京大学的杉山澄雄和柳本润等的研究成果,这些新形成的细小等轴晶粒是由于预变形铸态SKD61热作模具钢在加热至900℃并保温过程中所发生的静态再结晶所引起的[5]。根据日本东京大学的柳本润等的研究成果,SKD61热作模具钢的再结晶温度大约是870℃[6]。当经历了塑性预变形的铸态SKD61热作模具钢被加热到高于其再结晶温度(870℃)后,原本储存在预变形铸态SKD61热作模具钢试样内部的变形能力得以释放,进而引起了初始错位的滑移或者攀移以及初始空位的融合。在原子有效扩散的不断驱动下,一些初始晶界开始逐渐迁移和合并。因此,无论新的晶粒形核还是原始晶粒的再结晶都发生在预变形SKD61热作模具钢试样的由于事先塑性预变形而剧烈扭曲的区域。在加热过程中,在枝晶间区域存在的破碎共晶化合物不仅为新的晶粒提供了晶核的形核点,同时也抑制了这些新生晶粒在高温环境中的加速生长。因此,与预变形铸态SKD61热作模具钢试样内部其他区域的晶粒相比,共晶化合物附近区域的晶粒尺寸较小。

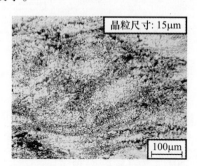

图4.15　预变形后并加热至900℃保温20s后冷却至室温的铸态SKD61热作模具钢试样的微观组织(塑性预变形情况:该试样在300℃被压缩至其原始高度的50%)

使用感应加热线圈以50℃/s的加热速率将在300℃被压缩至原高度的50%的铸态SKD61热作模具钢加热至1100℃并保温20s后水冷,使用Keyence光学显微镜所拍摄的试样中心区域的微观组织如图4.16所示。当预变形铸态SKD61热作模具钢试样被加热到1100℃并冷却后,获得了产生晶粒尺寸约为30μm的单纯奥氏体组织,不再有明显的共晶化合物存在于上述单纯的奥氏体组织。上述奥氏体单相组织是由于预变形铸态SKD61热作模具钢在升温至1100℃过程中所发生的奥氏体化、共晶化合物溶解、晶粒生长等一系列微观组织演变行为所引起的。由于900℃高于SKD61热作模具钢的奥氏体转变温度,因此,在加热的过程中发生从α相铁素体向γ相奥氏体的金属相变。晶体结构是面心立方(FCC)结构的 γ 相奥氏体能够提供比晶体结构是体心立方(BCC)结构 α 相铁素体更多的原子空间以容纳合金元素的原子。而合金元素的原子活跃度也随着温度的上升而大幅度提高,原本粗大的共晶化合物中发生溶解,其中的大量合金元素的原子被 γ 相奥氏体所吸收。因此,将预变形铸态 SKD61 热作模具钢试样加热至 1100℃后,该试样的微观组织转变为纯粹的奥氏体等轴晶粒组织。此外,由于原本位于晶界处通过钉扎效应限制晶粒生长的共晶化合物在加热过程中的溶解,解除了对晶粒生长的限制。一方面,原子的活跃度随着温度的上升而不断提高;另一方面,塑性预变形金属材料的变形能量往往储存于其晶粒的晶界部分。而宇宙中的物质往往倾向于从能量高的状态向能量低的状态转变。而轧制态金属材料降低自身能量的途径之一就是通过晶粒的互相融合进而减少晶界的表面积。因此,在高温和晶粒表面能量的驱动下奥氏体晶粒不断生长,并形成图 4.16 所示的奥氏体等轴晶。

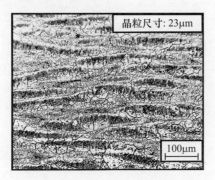

图 4.16　预变形后并加热至 1100℃保温 20s 后冷却至室温的铸态 SKD61 热作模具钢试样的微观组织(塑性预变形情况:该试样在 300℃被压缩至其原始高度的 50%)

　　使用感应加热线圈以 50℃/s 的加热速率将在 300℃被压缩至原高度的 50% 的铸态 SKD61 热作模具钢加热至 1250℃并保温 20s 后水冷,使用 Keyence 光学显微镜所拍摄的试样中心区域的微观组织如图 4.17 所示。当预变形铸态 SKD61 热作模具钢试样被加热到 1250℃并冷却后,获得了产生晶粒尺寸约为 45μm 的单纯奥氏体微观组织,相较于加热至 1100℃并冷却后的 SKD61 热作模具钢试样,奥氏体晶粒的尺寸因加热温度的上升而明显增大。这是由于随着温度的升高,原子的活跃度不断提高。而塑性预变形铸态 SKD61 热作模具钢的能量往往储存于其晶粒的晶界部分。而宇宙中的物质往往倾向于从能量高的状态向能量低的状态转变。而轧制态金属材料降低自身能量的途径之一就是通过晶粒的互相融合进而减少晶界的表面积。因此,在高温和晶粒表面能量的驱动下奥氏体晶粒不断生长,并形成图 4.17 所示的具有较粗大奥氏体等轴晶的单纯微观组织。

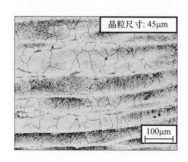

图 4.17　预变形后加热至 1250℃ 并保温 20s 后冷却至室温的铸态 SKD61 热作模具钢试
样的微观组织(塑性预变形情况:该试样在 300℃ 被压缩至其原始高度的 50%)

使用感应加热线圈以 50℃/s 的加热速率将在 300℃ 被压缩至原高度的
50% 的铸态 SKD61 热作模具钢加热至 1385℃ 并保温 20s 后水冷,使用 Keyence
光学显微镜所拍摄的试样中心区域的微观组织如图 4.18 所示。当预变形铸态
SKD61 热作模具钢试样被加热到 1385℃ 并冷却后,获得了被共晶化合物包围的
球状奥氏体组织。使用专业图像分析软件测定,球状奥氏体晶粒的评价尺寸为
45μm,几乎与冷却自 1250℃ 的 SKD61 热作模具钢中的奥氏体晶粒相同。上述
由球状奥氏体晶粒以及其周围的共晶化合物所组成的微观组织是由于预变形铸
态 SKD61 热作模具钢在加热至其半固态温度范围内之后所发生的部分重熔阶
段以及随后的快速水冷导致的。根据图 4.3 所示的铸态 SKD61 热作模具钢的
液相率随温度变化曲线可知,铸态 SKD61 热作模具钢的固相线温度为 1318℃。
当加热温度超过铸态 SKD61 热作模具钢的固相线温度后,部分重熔阶段首先发
生在其内部固相线温度较低的区域。根据波兰金属材料研究所的洛加尔
(Rogal)和 Dutkiewicz 等的理论,部分重熔阶段首先会发生在金属材料内部具有
较低熔点的区域[7]。而此类区域主要包括两类:一类是杂质和合金元素富集的
区域;另一类则是蕴含着较高能量的区域。而铸态 SKD61 热作模具钢的晶界上
本来就存在着少量的杂质及合金元素,这些杂质和难以固溶于奥氏体晶粒的微
量合金元素在奥氏体转变和生长阶段对奥氏体晶粒起到了钉扎效应。这些合金
元素富集的区间具有低于其他区域的固相线温度。因此,当预变形铸态 SKD61
热作模具钢被加热至其固相线温度以上时,部分重熔阶段发生于奥氏体等轴晶
的晶界区域,进而形成附着于奥氏体晶粒表面的连续液膜。奥氏体晶界处的液
相随着加热温度的升高而不断增多。直到所有的奥氏体晶界全部转化为液膜,
进而形成包裹在奥氏体晶粒四围的相互关联的液相网络。与此同时,在奥氏体
晶粒的生长过程中,由于一些合金元素和杂质被包裹在奥氏体晶粒中,这些富含
合金元素和杂质区域熔化导致了被奥氏体固相晶粒包裹的液滴。此外,被液相
所包裹的奥氏体固体颗粒往往通过其几何形状的球化以降低其表面能。从

图 4.18 中可以看出，当预变形铸态 SKD61 热作模具钢被加热至 1385℃并保温 20s 后获得了离散分布于液相基体中的球状奥氏体固态晶粒。

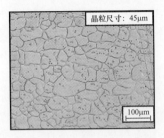

图 4.18　预变形后加热至 1385℃并保温 20s 后冷却至室温的铸态 SKD61 热作模具钢试样的微观组织（塑性预变形情况：该试样在 300℃被压缩至其原始高度的 50%）

　　为了分析合金元素在再结晶重熔处理后的铸态 SKD61 热作模具钢内部的分布情况，并与再结晶重熔处理前的铸态 SKD61 热作模具钢内部合金元素分布情况进行对比，使用安装在 JOEL 场发射电子显微镜上的 EDS 系统对再结晶重熔处理后的铸态 SKD61 热作模具钢进行了 EDS 合金元素面扫描分析。再结晶重熔处理后的铸态 SKD61 热作模具钢的 EDS 合金元素面扫描分析结果如图 4.19 所示。

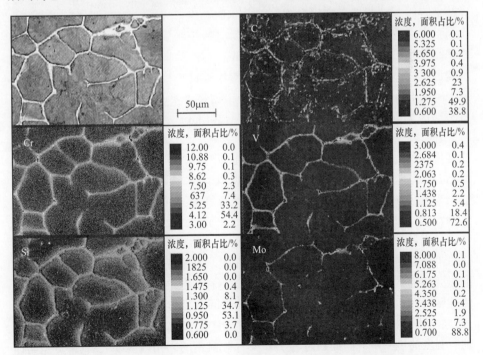

图 4.19　预变形后加热至 1385℃并保温 20s 后冷却至室温的铸态 SKD61 热作模具钢试样的 EDS 合金元素面扫描分析结果（塑性预变形情况：该试样在 300℃被压缩至其原始高度的 50%）

由图 4.19 可知当铸造 SKD61 热作模具钢在 300℃下被压缩至其原始高度的 50% 进而加热至 1385℃并保温 20s 快速水冷之后,C、Cr、V、Si、Mo 等合金元素主要以共晶化合物的形式均匀地围绕在球状奥氏体晶粒的周围。由此可以推断,在再结晶重熔处理铸造 SKD61 热作模具钢半固态坯料内部,合金元素主要位于固相晶粒周围原有的液态网络中。合金元素富集于再结晶重熔处理铸造 SKD61 热作模具钢半固态坯料的液相区域主要有以下两个方面的原因:一方面,由于富含合金元素区域的熔点较低,在部分重熔阶段过程中那些诸如晶界等富含合金元素的区域容易率先转变成液相;另一方面,德国亚琛工业大学的普特根等认为,在进一步熔化的过程中,离散固态颗粒中的合金元素倾向于扩散到相互关联的液态网络中。通过再结晶重熔处理获得的 SKD61 热作模具钢的均匀球状半固态组织比原始的铸态 SKD61 热作模具钢的树枝状铸态组织要细小得多,与原始铸态 SKD61 热作模具钢中富含合金元素的枝晶间区域相比,合金元素在再结晶重熔处理的 SKD61 热作模具钢中的分布更加均匀。

综上所述,铸态 SKD61 热作模具钢在再结晶重熔过程中所发生的微观组织演变规律如图 4.20 所示。再结晶重熔包括塑性预变形和部分重熔阶段两个阶段。在塑性预变形阶段,铸态 SKD61 热作模具钢中主要发生的微观组织演变行为包括铁素体晶粒的塑性变化和共晶化合物的破碎。塑性预变形通过塑性变形扭曲了铸态 SKD61 热作模具钢中粗大的晶粒并增加了晶粒内部的位错密度,将变形能力储存于塑性变形组织内部。与此同时,塑性预变形还打碎了分布于树枝晶间的脆性共晶化合物。在部分重熔阶段过程中,在预变形铸态 SKD61 热作模具钢中依此发生的微观组织演变行为包括静态再结晶、奥氏体化、共晶化合物的溶解、部分重熔阶段等。当预变形铸态 SKD61 热作模具钢的温度高于其再结晶温度后,所发生的

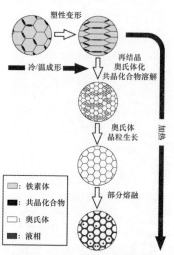

图 4.20　铸态 SKD61 热作模具钢在再结晶重熔过程中微观组织变化的示意图

静态再结晶实现了原本粗大晶粒的有效细化。当预变形铸态 SKD61 热作模具钢的温度高于其奥氏体化起始温度后,其金属基体开始了从 α 相铁素体向 γ 相奥氏体的转变,由于 γ 相奥氏体所提供的原子空间和温度升高带来的原子活跃度提升,共晶化合物逐渐溶解于奥氏体基体之中,进而获得纯粹的奥氏体等轴晶组织。随着温度的进一步升高而超过 SKD61 热作模具钢的固相线温度之后,部分重熔阶段开始在奥氏体晶粒的晶界部分和内部富含合金元素的部分发生,并形成附着于奥氏体晶粒表面的连续液膜。随着温度的持续上升,奥氏体晶粒内外液相的体积

比率也持续增加,并最终转变为随机分布于液相基体中的球状奥氏体晶粒。

4.4　塑性预变形阶段参数对铸态 SKD61 热作模具钢的影响

　　为了揭示再结晶重熔处理的塑性预变形阶段的工艺参数(预变形温度和预变形量)对再结晶重熔处理的铸态 SKD61 热作模具钢的微观组织及力学性能的影响,我们在日本东京大学生产技术研究所柳本润教授实验室的富士电波所生产的高速高温多道次热模拟试验机(Themac-Master-Z-5t)试验平台上通过一系列温压缩以及加热试验对设定了不同的塑性预变形工艺参数的再结晶重熔处理进行物理模拟,并通过微观组织观察和力学性能测试探究塑性预变形阶段工艺参数(预变形温度和预变形量)对再结晶重熔处理的铸态 SKD61 热作模具钢的微观组织及力学性能的影响。

4.4.1　塑性预变形量的影响

　　铸态 SKD61 热作模具钢塑性预变形的物理模拟是通过平面压缩试验来实现的。铸态 SKD61 热作模具钢的平面压缩试验装置示意图如图 4.4 所示。压缩试样和压缩用高温陶瓷模具的几何形状和尺寸如图 4.3 和图 4.5 所示。

　　为了研究塑性预变形的变形量对再结晶重熔处理的铸态 SKD61 热作模具钢的微观组织的影响,首先保持塑性预变形温度为 300℃不变的前提下,塑性预变形量从压缩试样的 50% 减少至压缩试样的 25%(将长方形试样在压缩至其原始高度的 75%)。并在随后的部分熔融阶段,将塑性预变形的铸态 SKD61 热作模具钢加热至不同的温度并保温 20s,随后通过冷水喷嘴喷出的冷水将铸态 SKD61 热作模具钢试样快速冷却至室温。进而通过微观组织观察和力学性能测试探究塑性预变形的变形量对再结晶重熔处理的铸态 SKD61 热作模具钢的微观组织及力学性能的影响。

　　使用高速高温多道次热模拟试验机以 1/s 的应变速率在 300℃下将铸态 SKD61 热作模具钢的中心区域压缩至原有高度的 75%(7.5 mm),以实现铸态 SKD61 热作模具钢的塑性预变形,进而使用 Keyence 光学显微镜拍摄的该压缩试样中心区域的微观组织如图 4.21 所示。与铸态 SKD61 热作模具钢在图 4.12 中的初始微观组织相比,预变形后铸态 SKD61 热作模具钢试样中的铁素体晶粒因塑性变形而在垂直于压缩变形方向被拉长。但是塑性预变形前后铸态 SKD61 热作模具钢的铁素体晶粒的尺寸并没有发生明显的变化。黑色的共晶化合物依旧分布于枝晶间区域。由于这些共晶化合物并不具备较好的延展性,所以它们在塑性预变形过程中并没有发生塑性变形,而是直接在成形载荷作用下破碎。但是由于这些共晶化合物周围的铁素体因塑性变形拉长。相较于图 4.14 所示的压缩至原始高度的50%的塑性预变形的铸态SKD61热作模具钢的微观组织,塑性预变形所引发的铁素体晶粒塑性变形并没有那么剧烈,因此储存在压缩试样中的变形能量也少于50%塑性预变形保存在压缩试样中的变形能量。

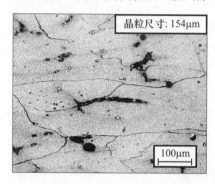

图4.21　预变形后的铸态SKD61热作模具钢试样的微观组织
(塑性预变形情况:该试样在300℃被压缩至其原始高度的75%)

使用感应加热线圈以50℃/s的加热速率将在300℃被压缩至原高度的75%的铸态SKD61热作模具钢加热至900℃并保温20s后水冷,使用Keyence光学显微镜所拍摄的试样中心区域的微观组织如图4.22所示。大量狭长晶粒的非细小再结晶组织出现在原来因塑性预变形而扭曲变形的大尺寸晶粒区域。使用图像分析软件测量的这些细小等轴晶粒的直径大约为151μm。相较于50%塑性预变形后加热至900℃的铸态SKD61热作模具钢中细小的等轴晶体组织,25%塑性预变形SKD61热作模具钢由于此前的塑性预变形并没有将足够多的变形能量储存在试样的晶粒里面,而当其温度因加热而超过SKD61热作模具钢的再结晶温度(约870℃时),并没有充分的静态再结晶在预变形铸态SKD热作模具钢内部发生。同时,塑性预变形在轻度扭曲试样中储存的变形能,不能为合金元素的扩散提供足够的活化能。因此,在不完全的再结晶组织中,共晶化合物和奥氏体晶粒的界面不能与完全再结晶组织的界面相比。枝晶间区域依旧存在着尚未溶解的黑色共晶化合物。

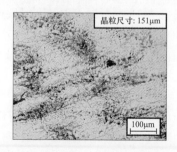

图4.22　预变形后加热至900℃并保温20s后冷却至室温的铸态SKD61热作模具钢试样的微观组织(塑性预变形情况:该试样在300℃被压缩至其原始高度的75%)

　　使用感应加热线圈以 50℃/s 的加热速率将在 300℃ 被压缩至原高度的 75% 的铸态 SKD61 热作模具钢加热至 1250℃ 并保温 20s 后水冷,使用 Keyence 光学显微镜所拍摄的试样中心区域的微观组织如图 4.23 所示。当预变形铸态 SKD61 热作模具钢试样被加热到 1250℃ 并冷却后,获得了产生晶粒尺寸约为 184μm 的单纯奥氏体微观组织,相较于此前压缩至原高度的 50% 并加热至 1250℃ 冷却后的 SKD61 热作模具钢试样,奥氏体晶粒的尺寸塑性预变形量的降低明显变大。这是由于随着塑性预变形量的降低,预变形铸态 SKD61 热作模具钢在加热过程中发生了不充分的静态再结晶。然而即便塑性预变形的变形量较小,但是塑性预变形依旧在铸态 SKD61 热作模具钢的晶界部分储存了少量变形能量。由于宇宙中的物质往往倾向于从能量高的状态向能量低的状态转变,而轧制态金属材料降低自身能量的途径之一就是通过晶粒的互相融合进而减少晶界的表面积。因此,在高温和晶粒表面能量的驱动下奥氏体晶粒不断生长,并形成图 4.23 所示的具有较粗大奥氏体等轴晶的单纯微观组织。

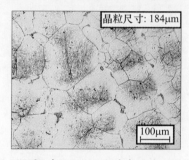

晶粒尺寸: 184μm

100μm

图 4.23　预变形后加热至 1250℃ 并保温 20s 后冷却至室温的铸态 SKD61 热作模具钢试样的微观组织(塑性预变形情况:该试样在 300℃ 被压缩至其原始高度的 75%)

　　使用感应加热线圈以 50℃/s 的加热速率将在 300℃ 被压缩至原高度的 75% 的铸态 SKD61 热作模具钢加热至 1385℃ 并保温 20s 后水冷,使用 Keyence 光学显微镜所拍摄的试样中心区域的微观组织如图 4.24 所示。当预变形铸态 SKD61 热作模具钢试样被加热到 1385℃ 并冷却后,获得了被共晶化合物包围的球状奥氏体组织。使用专业图像分析软件测定,球状奥氏体晶粒的平均尺寸为 184μm,几乎与图 4.23 所示的冷却自 1250℃ 的 SKD61 热作模具钢中的奥氏体晶粒大小相同。除了包围于固态奥氏体晶粒表面的共晶化合物,还有一部分颗粒状的共晶化合物包裹于固相晶粒内部。上述由球状奥氏体晶粒以及其内外的共晶化合物所组成的微观组织是由于预变形铸态 SKD61 热作模具钢在加热至其半固态温度范围内之后所发生的部分重熔阶段以及随后的快速水冷导致的。根据图 4.3 所示的铸态 SKD61 热作模具钢的液相率随温度变化曲线可知,铸态 SKD61 热作模具钢的固相线温度为 1318℃。当加热温度超过铸态 SKD61 热作模具钢的固相线温度后,部分重熔阶段首先发生在其内部固相线温度较低的区域。根据德国亚琛工业大学的普特根等的理论,部分重熔阶段首先会发生在金属材料内部具有较低熔点的区域[8]。而此类区域主要包括两类:一类是杂质和合金元素富集的区域;另一类则是蕴含着较高能量的区域。而铸态 SKD61 热作模具钢的晶界上本来就存在着少量的杂质及合金元素;这些杂质和难以固溶于奥氏体晶粒的微量合金元素在奥氏体转变和生长的阶段对奥氏体晶粒起到了钉扎效应[9]。这些合金元素富集的区间具有低于其他区域的固相线温度。因此,当预变形铸态 SKD61 热作模具钢被加热至其固相线温度以上时,部分重熔阶段发生于奥氏体等轴晶的晶界区域,进而形成了附着于奥氏体晶粒表面的连续液膜。奥氏体晶界处的液相随着加热温度的升高而不断增多,直到所有的奥氏体晶界全部转化为液膜,进而形成包裹在奥氏体晶粒周围的一个相互关联的液相网络。与此同时,在奥氏体晶粒的生长过程中,由于一些合金元素和杂质被包裹在奥氏体晶粒中,这些富含合金元素和杂质区域的熔化导致了被奥氏体固相晶粒包裹的液滴。此外,被液相所包裹的奥氏体固体颗粒往往通过其几何形状的球化以降低其表面能。另外,由于塑性预变形并没有将铸态组织中的共晶化合物完全打碎,而导致合金化合物并没有均匀地分布在 SKD61 热作模具钢内部,并导致液相并没有均匀地分布在 SKD61 热作模具钢半固态坯料中。从图 4.24 中可以看出,当预变形铸态 SKD61 热作模具钢被加热至1385℃并保温20s 后获得了离散分布于液相基体中的粗大的球状奥氏体固态晶粒,并且有着少量液滴包裹于球状奥氏体固态晶粒内部。

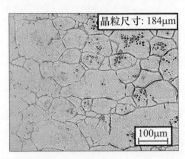

图 4.24　预变形后加热至1385℃并保温20s 后冷却至室温的铸态 SKD61 热作模具钢试样的微观组织(塑性预变形情况:该试样在300℃被压缩至其原始高度的75%)

　　综上所述,当再结晶重熔处理塑性预变形阶段的变形量较大时,只有较少的变形能量储存在经过不充分预变形处理的试样中,在加热过程中能量的释放也不够。因此,当预变形铸态 SKD61 热作模具钢的温度超过其再结晶温度后,该材料的微观组织主要由大量的狭长晶粒以及并未完全打碎或溶解的共晶化合物组成。在随后因温度持续升高而发生的奥氏体晶粒生长阶段,预变形铸态 SKD61 热作模具钢的微观组织转变为粗大的奥氏体组织(晶粒大小约184μm)。

与此同时,铸态 SKD61 热作模具钢中的合金元素分布受预变形的影响。由于塑性预变形较小的变形量不足以为合金元素的扩散提供足够的活化能,导致共晶化合物在不完全的再结晶组织中的不均匀分布[10]。由于上述共晶化合物的不完全溶解,导致合金元素在奥氏体基体内的不均匀分布,并最终导致 1385℃ 半固态组织中不均匀分布于粗大固相晶粒内外的不同形貌的液相。

　　为了研究塑性预变形的变形量对再结晶重熔处理的铸态 SKD61 热作模具钢力学性能的影响,我们采用维氏硬度测试以及拉伸试验对不同预变形量(50% 预变形、25% 预变形)的再结晶重熔处理的铸态 SKD61 热作模具钢试样的力学性能进行了测试。同时,原始铸态 SKD61 热作模具钢、仅进行塑性预变形的铸态 SKD61 热作模具钢以及商用轧制态 SKD61 热作模具钢这 3 种材料也被作为对照组加入了包括维氏硬度测试和拉伸试验的力学性能测试。

　　通过拉伸试验获得的上述 5 种状态各异的 SKD61 热作模具钢的拉伸载荷 - 位移曲线如图 4.25 所示。通过维氏硬度测试以及拉伸试验获得的上述 5 种不同的 SKD61 热作模具钢的维氏硬度、极限强度和延伸伸长率如表 4.1 所列。根据图 4.25 和表 4.1 所展示的材料力学性能测试结果,发现商用轧制态 SKD61 热作模具钢具有最好的延伸率和较好的极限拉伸强度,而原始铸态 SKD61 热作模具钢由于其铸态组织以及粗大而脆硬的共晶化合物显示出高于其他材料的维氏硬度。然而,原始铸态 SKD61 热作模具钢则在拉伸试验中表现出非常低的拉伸极限强度以及很差的延伸率,这都是由于原始铸态 SKD61 热作模具钢中粗大而脆硬的共晶化合物造成的。当通过 50% 变形量的压缩成形实现对原始铸态 SKD61 热作模具钢的塑性预变形后,可以发现该材料的维氏硬度几乎没有发生任何变化,而极限拉伸强度和延伸率则有明显的改善。这是由于塑性预变形不仅将之前粗大而脆硬的共晶化合物打碎,并且还通过固相晶粒的塑性变形焊合了原始铸态 SKD61 热作模具钢中存在缩孔和疏松等铸造缺陷,进而提高了该材料在拉伸试验中的表现,获得了更高的极限拉伸强度以及较大的延伸率。而由于共晶化合物依旧存在于铁素体基体内,并且塑性成形会在一定程度上提高材料内部的残余应力,因此塑性预变形前后 SKD61 热作模具钢的硬度变化并不明显。随后的部分重熔阶段处理不但降低了 50% 塑性预变形的 SKD61 热作模具钢的维氏硬度,同时还实现了该材料极限拉伸强度和延伸率的提升。维氏硬度的下降是由于共晶化合物的形貌和分布都在二次重熔和随后的快速冷却中发生了明显的变化。与此同时,在固相基体中均匀分布的共晶化合物以及大幅度细化的固相晶粒共同作用并促进了 SKD61 热作模具钢拉伸强度和延伸率的大幅度提高。当塑性预变形的变形量从长方形坯料初始高度的 50% 降低为长方形坯料初始高度的 25% 后,无论 SKD61 热作模具钢的维氏硬度、拉伸强度还是延伸率都有所下降。这是由于较低的塑性预变形量导致了再结晶重熔处理的 SKD61

热作模具钢内部共晶化合物的不均匀分布以及较为粗大的固相晶粒造成的。

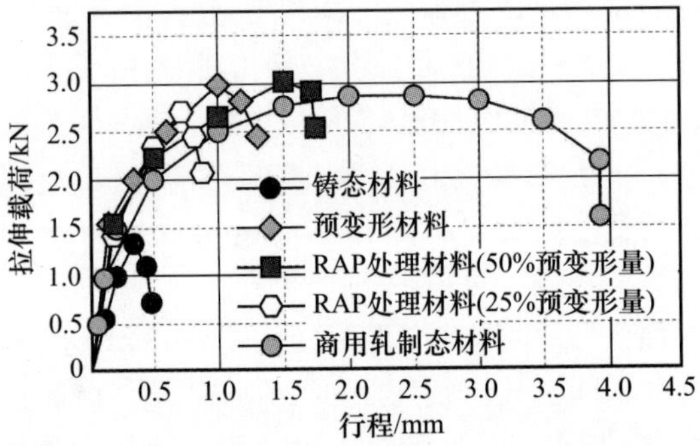

图 4.25   通过拉伸试验获得的不同材料的拉伸载荷－位移曲线

表 4.1   不同工艺及参数处理的 SKD61 热作模具钢的力学性能

材料条件	塑性预变形量/%	维氏硬度/HV	极限拉伸强度/MPa	延伸率/%
铸造	无	823	398	2.2
塑性预变形	50	821	556	9.6
再结晶重熔	50	818	585	12.8
再结晶重熔	25	807	506	7.8
轧制态	无	567	574	30.5

使用 JOEL 场发射电子显微镜拍摄的不同工艺及参数处理的 SKD61 热作模具钢的拉伸断面的微观组织如图 4.26 所示。

在铸态 SKD61 热作模具钢拉伸断裂后,其拉伸断面充斥着大尺寸的解理断面,如图 4.26(a)所示,这是一种非常典型的铸造材料的解理脆性断裂。这一拉伸断面特征证实了前文中所指出的"铸态 SKD61 热作模具钢由于分布于枝晶间区域的粗大共晶化合物导致的很差延展性和韧性"这一观点的正确性。

承受了 50% 塑性预变形之后的铸态 SKD61 热作模具钢在拉伸断裂后,其拉伸断面中有一部分解理断面还存在着细小的韧窝,如图 4.26(b)所示。这是一种混合状态的拉伸断面,说明 50% 塑性预变形之后的铸态 SKD61 热作模具钢在拉伸过程中发生的是一种混合断裂。造成这一现象的原因是塑性预变形所引发的晶粒细化以及共晶化合物的破碎,使得断裂不仅发生在共晶化合物富集的枝晶间区域,而且还发生在因塑性变形而细化的铁素体晶粒区域,由于铁素体晶粒具有比共晶化合物更好的强度、韧性和延展性。因此,50% 塑性预变形之后的铸态 SKD61 热作模具钢拥有比原始的铸态 SKD61 热作模具钢更好的极限拉伸强度和延伸率。同时,发生在脆性共晶化合物富集区域的断裂为解理断裂,其结果为一部分解理面;发生在铁素体晶粒区域的断裂为韧性断裂,其结果为一部分韧窝。这一混合类型的拉伸断面特征证实了前文中所指出的"50% 塑性预变形能够明显地改善铸态 SKD61 热作模具钢的拉伸强度和延伸率"这一观点的正确性。

　　承受了包含 50% 塑性预变形在内的再结晶重熔处理的铸态 SKD61 热作模具钢在拉伸断裂后,其拉伸断面呈现波浪状并且在其中存在着大量的细小韧窝,在每个波浪的底部依然能够观察到较小的解理面,如图 4.26(c)所示。这种韧窝和解理面混合的断面,说明再结晶重熔处理的铸态 SKD61 热作模具钢在拉伸过程中发生的同样是一种混合断裂。相较于塑性预变形后的铸态 SKD61 热作模具钢的拉伸断面,再结晶重熔处理的铸态 SKD61 热作模具钢的拉伸断面中有着更多的韧窝以及更少且更小的解理面,这是由于在塑性预变形后续的二次重熔过程中所发生的奥氏体化、共晶化合物溶解、二次重熔彻底改变了共晶化合物在 SKD61 热作模具钢中的分布及形貌。均匀分布于固相晶粒周围的共晶化合物对 SKD61 热作模具钢的力学性能的负面影响远远弱于再结晶重熔处理之前分布于枝晶间的粗大共晶化合物对 SKD61 热作模具钢的力学性能的负面影响。再结晶重熔处理的 SKD61 热作模具钢的波浪形拉伸断面反映出该材料内部被共晶化合物包围的固相晶粒的轮廓。而在波浪底部的解理面则是由于固相晶粒周围的共晶化合物在拉伸过程中所发生的脆性断裂造成的。这一混合类型的拉伸断面特征证实了前文中所指出的"再结晶重熔处理能够进一步改善塑性预变形铸态 SKD61 热作模具钢的拉伸强度和延伸率"这一观点的正确性。

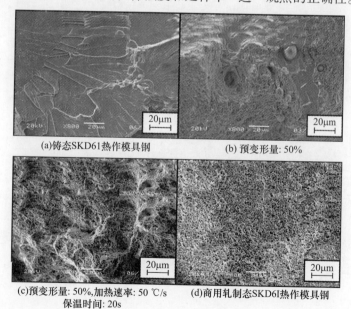

(a)铸态SKD61热作模具钢　　　(b) 预变形量: 50%

(c)预变形量: 50%,加热速率: 50 ℃/s　(d)商用轧制态SKD6I热作模具钢
　　保温时间: 20s

图 4.26　使用 JOEL 场发射电子显微镜拍摄的不同工艺及参数处理的 SKD61
热作模具钢的拉伸断面的微观组织

在轧制态 SKD61 热作模具钢拉伸断裂后,其拉伸断面呈现平直状并且在其中充斥着大量的细小韧窝。这一断面特征证明了轧制态 SKD61 热作模具钢在拉伸试验中发生的是一种非常典型的韧性断裂。这是由于轧制态 SKD61 热作模具钢中细小的共晶化合物离散且均匀地分布在精细的等轴晶基体中的微观组织造成的。由于再结晶重熔处理的铸态 SKD61 热作模具钢的固相晶粒的精细度和共晶化合物形貌的细碎度和分布的均匀度,都无法与轧制态 SKD61 热作模具钢的固相晶粒的精细度和共晶化合物的形貌的细碎度和分布的均匀度相比较。因此,在轧制态 SKD61 热作模具钢拉伸试验过程中发生了纯粹的韧性断裂。这一纯粹的韧性断裂特征证实了前文中所指出的"再结晶重熔处理的铸态 SKD61 热作模具钢的拉伸强度和延伸率弱于轧制态 SKD61 热作模具钢的拉伸强度和延伸率"这一观点的正确性。

为了研究再结晶重熔处理的塑性预变形阶段的预变形量对再结晶重熔处理的铸态 SKD61 热作模具钢的拉伸性能的影响,不同塑性预变形量(50% 和25%)下再结晶重熔处理的铸态 SKD61 热作模具钢的拉伸断面的微观组织如图 4.27 所示。无论是 50% 塑性预变形量还是 25% 塑性预变形量,都让再结晶重熔处理的铸态 SKD61 热作模具钢的拉伸断面呈波浪形状并且有大量细小的

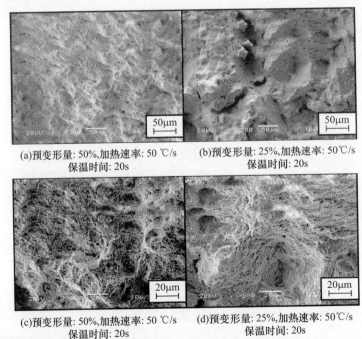

(a)预变形量: 50%,加热速率: 50 ℃/s
保温时间: 20s

(b)预变形量: 25%,加热速率: 50 ℃/s
保温时间: 20s

(c)预变形量: 50%,加热速率: 50 ℃/s
保温时间: 20s

(d)预变形量: 25%,加热速率: 50℃/s
保温时间: 20s

图 4.27   不同塑性预变形量下再结晶重熔处理的铸态
SKD61 热作模具钢的拉伸断面的微观组织

韧窝,在波浪的底部也都存在着小型解理面。但是,当塑性预变形量为长方体试样高度的 25% 时,其断裂面的波浪形状的面积大于塑性预变形量为 50% 的 SKD61 热作模具钢试样断裂面的波浪形状的面积。上述现象是由于具有不同塑性预变形量的再结晶重熔处理的铸态 SKD61 热作模具钢内部晶粒的细化程度造成的。当塑性预变形量为长方形试样高度的 25% 时,再结晶重熔处理的铸态 SKD61 热作模具钢内部的固相晶粒远大于塑性预变形量为长方形试样高度的 50% 时的再结晶重熔处理的铸态 SKD61 热作模具钢内部的固相晶粒,如图 4.18 和图 4.24 所示。此外,塑性预变形量为长方形试样高度的 25% 再结晶重熔处理的铸态 SKD61 热作模具钢内部的共晶化合物的分布远没有塑性预变形量为长方形试样高度的 50% 的再结晶重熔处理的铸态 SKD61 热作模具钢内部的共晶化合物的分布均匀。上述微观组织的缺陷导致塑性预变形量为长方形试样高度的 25% 再结晶重熔处理的铸态 SKD61 热作模具钢使得断裂面在韧窝底部和断裂层有大的解理面。这一混合类型的拉伸断面特征证实了前文中所指出的"塑性预变形量的减少会降低再结晶重熔处理对铸态 SKD61 热作模具钢的拉伸强度和延伸率的改善程度"这一观点的正确性。

4.4.2　塑性预变形温度的影响

铸态 SKD61 热作模具钢塑性预变形的物理模拟是通过平面压缩试验实现的。铸态 SKD61 热作模具钢的平面压缩试验装置示意图如图 4.4 所示。压缩试样和压缩用高温陶瓷模具的几何形状和尺寸如图 4.3 和图 4.5 所示。

为了研究塑性预变形的变形量对再结晶重熔处理的铸态 SKD61 热作模具钢微观组织的影响,首先保持塑性预变形量为铸态 SKD61 热作模具钢长方体试样高度的 50% 不变的前提下,在不同的塑性预变形温度(300℃、500℃、700℃)下对长方体试样的中心区域进行平面压缩,并在随后的部分熔融阶段,将塑性预变形的铸态 SKD61 热作模具钢加热至不同的温度并保温 20s,随后通过冷水喷嘴喷出的冷水将铸态 SKD61 热作模具钢试样快速冷却至室温。进而通过微观组织观察和力学性能测试探究塑性预变形的变形量对再结晶重熔处理的铸态 SKD61 热作模具钢的微观组织及力学性能的影响。

在再结晶重熔的塑性预变形阶段以不同的塑性预变形温度(300℃、500℃、700℃)将铸态 SKD61 热作模具钢长方体试样的中心位置压缩至其原始高度的 50% 后,进而二次重熔阶段将塑性预变形铸态 SKD61 热作模具钢以 50℃/s 的加热速率加热至 1385℃并保温 20s 后冷却至室温的微观组织,如图 4.28 所示。再结晶重熔处理的铸态 SKD61 热作模具钢内部固相晶粒的尺寸随着再结晶重熔的塑性预形变阶段的塑性预变形温度的不断增加而增加。再结晶重熔处理的铸态 SKD61 热作模具钢内部固相晶粒的形状因子随着再结晶重熔的塑性预变形

(a) 预变形温度: 300℃

(b) 预变形温度: 500℃

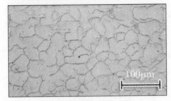

(c) 预变形温度: 700℃

图 4.28　不同的塑性预变形温度对铸态 SKD61 热作模具钢
长方体试样的中心位置压缩微观组织的影响

阶段的塑性预变形温度的不断增加而降低。也就是说,再结晶重熔的塑性预变形阶段的较低的塑性预变形温度能够使得通过再结晶重熔方法获得具有更加精细的球化微观组织的 SKD61 热作模具钢半固态坯料。这是由于当塑性预变形是在较高的预变形温度下进行时,由于较高的变形温度会在 SKD61 热作模具钢内部引发塑性变形过程中更多的动态回复,进而引起晶粒内部空位缺陷的移动甚至消失,从而导致因塑性预变形储存在 SKD61 热作模具钢内部变形能量的减少。由于较高温度下塑性预变形在 SKD61 热作模具钢内部储存变形能量的减少,导致该材料在其温度超过再结晶温度后所发生的静态再结晶的减少。因此,在静态再结晶阶段,塑性预变形温度较高的 SKD61 热作模具钢试样的晶粒细化程度也比塑性预变形温度较低的 SKD61 热作模具钢试样的晶粒细化程度低。在随后的二次重熔阶段,由于部分熔融主要发生在晶界区域,因此固态金属坯料的晶粒细化程度大大影响了半固态金属坯料微观组织的精细程度、固相晶粒的球化程度以及液相分布的均匀程度。二次重熔阶段后,不仅塑性预变形温度较高的 SKD61 热作模具钢半固态坯料的微观组织精细程度比塑性预变形温度较低的 SKD61 热作模具钢半固态坯料的微观组织精细程度低;而且塑性预变形温度较高的 SKD61 热作模具钢半固态坯料中固相晶粒的球化程度(形状因子)比塑性预变形温度较低的 SKD61 热作模具钢半固态坯料中固相晶粒的球化程度(形状因子)略低;同时塑性预变形温度较高的 SKD61 热作模具钢半固态坯料液相分布的均匀程度也比塑性预变形温度较低的 SKD61 热作模具钢半固态坯料中液相分布的略低。

　　为了研究塑性预变形的温度对再结晶重熔处理的铸态 SKD61 热作模具钢的力学性能的影响,我们采用维氏硬度测试以及拉伸试验对不同预变形温度(300℃、500℃、700℃)的再结晶重熔处理的铸态 SKD61 热作模具钢试样的力学性能进行测试。通过维氏硬度测试以及拉伸试验获得的上述 3 种不同的再结晶重熔处理的铸态 SKD61 热作模具钢的维氏硬度、极限强度和延伸伸长率如表4.2 所列。

表4.2　不同塑性预变形温度下再结晶重熔处理的铸态 SKD61
热作模具钢的力学性能测试结果

塑性预变形温度/℃	维氏硬度/HV	极限拉伸强度/MPa	延伸率/%
300	823	585	17.5
500	820	559	9.8
700	817	413	2.5

　　从表4.2 可以看出,相对于再结晶重熔处理的铸态 SKD61 热作模具钢的极限拉伸强度和延伸率等拉伸性能,再结晶重熔处理的铸态 SKD61 热作模具钢的维氏硬度受到塑性预变形的影响较小。尽管采用较高的塑性预变形温度的再结晶重熔处理的铸态 SKD61 热作模具钢的维氏硬度低于采用较低的塑性预变形温度的再结晶重熔处理的铸态 SKD61 热作模具钢的维氏硬度,但维氏硬度数值始终徘徊于 820HV 左右,差异相对来说比较小。这是由于塑性预变形温度的升高仅在一定程度上改变了再结晶重熔处理的铸态 SKD61 热作模具钢的固相晶粒的大小和形状因子以及共晶化合物的分布情况。然而维氏硬度测试仅仅会受到局部被测试区域在金刚石压头的作用下产生的变形情况的影响。而上述微观组织的改变无法对维氏硬度测试过程中压痕的大小起到决定性的作用。因此,再结晶重熔处理的铸态 SKD61 热作模具钢的维氏硬度并没有随着塑性预变形温度的升高而发生明显的变化。

　　然而,塑性预变形温度则严重影响了再结晶重熔处理的铸态 SKD61 热作模具钢的极限拉伸强度和延伸率等拉伸性能。采用较高的塑性预变形温度的再结晶重熔处理的铸态 SKD61 热作模具钢的极限拉伸强度和延伸率都远远低于采用较低的塑性预变形温度的再结晶重熔处理的铸态 SKD61 热作模具钢的极限拉伸强度和延伸率。当塑性预变形温度从 300℃ 上升到 700℃后,再结晶重熔处理的铸态 SKD61 热作模具钢的极限拉伸强度和延伸率分别下降了大约29% 和86% ,这是由于再结晶重熔处理的铸态 SKD61 热作模具钢的拉伸性能非常依赖于其材料内部固相晶粒的大小和尺寸以及共晶化合物的分布情况。因此,当塑性预变形温度较高时,再结晶重熔处理的铸态SKD61热作模具钢较为粗大的固相粒子严重地影响了该材料的极限拉伸强度。而以较高温度进行塑性预变形获得的再结晶重熔处理的铸态SKD61热作模具钢中不均匀分布的共晶化合物则极大程度地降低了再结晶重熔处理的铸态SKD61热作模具钢的延伸率。从另一个角度来讲,较低的塑性预变形温度更加有利于铸态SKD61热作模具钢的组织细化进而呈现出更加良好的材料力学性能。

4.5 二次重熔阶段参数对铸态SKD61热作模具钢的影响

为了揭示再结晶重熔处理的二次重熔阶段的工艺参数(加热速率和保温时间)对再结晶重熔处理的铸态SKD61热作模具钢的微观组织及力学性能的影响,我们在日本东京大学生产技术研究所柳本润教授实验室的富士电波所生产的高速高温多道次热模拟试验机(Themac-Master-Z-5Ton)试验平台上通过一系列温压缩以及加热试验对设定了不同的二次重熔工艺参数的再结晶重熔处理进行物理模拟,并通过微观组织观察和力学性能测试探究二次重熔阶段工艺参数(加热速率和保温时间)对再结晶重熔处理的铸态SKD61热作模具钢的微观组织及力学性能的影响。

4.5.1 加热速率的影响

为了探究加热速率对再结晶重熔处理的铸态SKD61热作模具钢的微观组织及力学性能的影响,本研究中铸态SKD61热作模具钢塑性预变形的物理模拟是通过平面压缩试验来实现的。铸态SKD61热作模具钢的平面压缩试验装置示意图如图4.4所示。压缩试样和压缩用高温陶瓷模具的几何形状和尺寸如图4.3和图4.5所示。

为了研究二次重熔阶段的加热速率对再结晶重熔处理的铸态SKD61热作模具钢的微观组织的影响,首先在塑性预变形阶段保持塑性预变形温度为300℃,并且保持塑性预变形量为铸态SKD61热作模具钢长方体试样高度的50%。并在随后的部分熔融阶段,将塑性预变形的铸态SKD61热作模具钢以不同的加热速率(5℃/s、20℃/s、50℃/s)加热至不同的温度(1250℃和1385℃)并保温20s,随后通过冷水喷嘴喷出的冷水将铸态SKD61热作模具钢试样快速冷却至室温。进而通过微观组织观察和力学性能测试探究部分重熔阶段的加热速率对再结晶重熔处理的铸态SKD61热作模具钢的微观组织及力学性能的影响。

使用感应加热线圈以不同的加热速率(5℃/s、20℃/s、50℃/s)将被压缩至原高度50%的铸态SKD61热作模具钢加热至不同的温度(1250℃和1385℃)并保温20s后水冷,使用Keyence光学显微镜所拍摄的试样中心区域的微观组织如图 4.29 所示。使用专业图像分析软件对图 4.29 中的金相照片中的固相晶粒的尺寸进行分析,分析结果如表 4.3 所列。

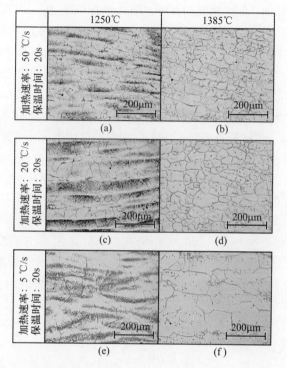

图 4.29　预变形后加热至不同温度(120℃和 1385℃)并保温 20s 后
冷却至室温的铸态 SKD61 热作模具钢试样的微观组织
(塑性预变形情况:该试样在 300℃被压缩至其原始高度的 50%)

表 4.3　以不同加热速率加热至不同温度并保温 20s 后水冷的再结晶重熔
处理的铸态 SKD61 热作模具钢的固相晶粒尺寸(μm)。
(塑性预变形情况:该试样在 300℃被压缩至其原始高度的 50%)

加热速率 /(℃/s)	1250℃	1385℃
5	152	156
20	50	52
50	29	33

当加热速率为 50℃/s 时,再结晶重熔处理的铸态 SKD61 热作模具钢试样在加热至 1250℃和 1385℃并冷却后的固相晶粒尺寸大约为 30μm。当加热速率为 5℃/s 时,再结晶重熔处理的铸态 SKD61 热作模具钢试样在加热至 1250℃和 1385℃并冷却后的固相晶粒尺寸大约为 150μm。可见,较低的加热速率导致再结晶重熔处理的铸态 SKD61 热作模具钢其二次重熔过程中较为粗大的奥氏体组合

以及半固态组织。这主要是由于再结晶重熔处理的铸态 SKD61 热作模具钢在二次重熔过程中被加热至 1250℃时,该材料内部所发生的奥氏体晶粒的形核和生长深受升温速率的影响。根据澳大利亚卧龙岗大学的邓恩(Dunne)等的研究成果,金属材料在其再结晶初期的形核率会随着加热速率的增加而增加,进而在奥氏体化阶段获得更多的细小奥氏体晶粒[11]。德国多特蒙德大学的涅赫斯本德(Niehuesbernd)等的研究成果表明,奥氏体晶粒生长的时间会随着加热速率的增加而缩短,不但确保了细小奥氏体晶粒的数量没有减少,并且还抑制了奥氏体晶粒因为较长的加热时间而发生充分生长并变得粗大[12]。因此,二次重熔阶段的加热速率越高,再结晶重熔处理 SKD61 热作模具钢在 1250℃时内部的单相奥氏体晶粒尺寸越小。

当再结晶重熔处理的铸态 SKD61 热作模具钢在其二次重熔阶段被加热至 1385℃并保温时,再结晶重熔处理的铸态 SKD61 热作模具钢的部分重熔阶段主要发生在奥氏体晶粒的晶界处,因此在部分熔融阶段,再结晶重熔处理的铸态 SKD61 热作模具钢的固相晶粒的尺寸并没有发生较大的变化,如表 4.3 所列。在此阶段,较高加热速率所引起的单相精细奥氏体组织会由于部分熔融而转变为精细的半固态组织。在二次重熔阶段,加热速率越低,再结晶重熔处理的铸态 SKD61 热作模具钢半固态坯料的微观组织中的固相晶粒尺寸越大。这是由于较慢的加热速率会导致二次重熔的时间过长,在这个阶段较长的二次重熔时间不仅包括了奥氏体化和奥氏体晶粒长大的时间,还包含了在半固态温度范围内的时间,一方面固相晶粒的生长时间会被延长,另一方面,半固态组织中的固相晶粒也会在表面能的驱动下互相吞并,并进而形成更加粗大的固相晶粒。因此,二次重熔阶段较低的加热速率会导致再结晶重熔处理的铸态 SKD61 热作模具钢半固态坯料较为粗大的半固态微观组织。

为了研究二次重熔的加热速率对再结晶重熔处理的铸态 SKD61 热作模具钢的力学性能的影响,我们采用维氏硬度测试以及拉伸试验对不同加热速率(5℃/s、20℃/s、50℃/s)的再结晶重熔处理的铸态 SKD61 热作模具钢试样的力学性能进行测试。通过维氏硬度测试以及拉伸试验获得的上述 3 种不同的再结晶重熔处理的铸态 SKD61 热作模具钢的维氏硬度、极限强度和延伸伸长率如表 4.4 所列。

表 4.4   以不同加热速率加热至 1385℃并保温 20s 后水冷的再结晶重熔
处理的铸态 SKD61 热作模具钢的力学性能(塑性预变形
情况:该试样在 300℃被压缩至其原始高度的 50%)

加热速率 /(℃/s)	维氏硬度 /HV	极限强度/MPa	延伸率/%
5	675	532	10.4
20	782	564	12.8
50	823	585	17.5

　　从表 4.4 中可以看出,较高的加热速率不仅会导致再结晶重熔处理的铸态 SKD61 热作模具钢具有较高的维氏硬度,还会提高再结晶重熔处理的铸态 SKD61 热作模具钢的极限强度和延伸率。以较高加热速率加热至不同温度并保温 20s 后水冷的再结晶重熔处理的铸态 SKD61 热作模具钢的力学性能明显强于以较低加热速率加热至不同温度并保温 20s 后水冷的再结晶重熔处理的铸态 SKD61 热作模具钢的力学性能,这是由于以加热速率加热至不同温度并保温 20s 后水冷的再结晶重熔处理的铸态 SKD61 热作模具钢的不同微观组织所造成的,如图 4.29 所示,以较高加热速率进行再结晶重熔处理的铸态 SKD61 热作模具钢含有更细小的固相晶粒尺寸和更均匀的共晶化合物分布。一方面,由于以较高的加热速率再结晶重熔处理的铸态 SKD61 热作模具钢的试样具有比较细小的固相晶粒以及比较均匀的共晶化合物分布,而拥有了更高的维氏硬度;另一方面,由于共晶化合物在以较高的加热速率再结晶重熔处理的铸态 SKD61 热作模具钢的试样内部的分布更加均匀,该材料在拉伸试验过程中展现出了更高的极限拉伸强度和更高的延伸率。

　　使用 JOEL 场发射电子显微镜拍摄的以不同加热速率加热至 1385℃ 并保温 20s 后水冷的再结晶重熔处理的铸态 SKD61 热作模具钢的拉伸断面的微观组织如图 4.30 所示。如图 4.30(a) 所示,以较低的加热速率下加热至 1385℃ 并保温 20s 后水冷的再结晶重熔处理的铸态 SKD61 热作模具钢的拉伸断面呈现出尺寸更大的波浪形貌,并且在波浪的底部具有更大的解理面。这些较大波浪形貌和较大解理面源于以低加热速率进行再结晶重熔处理的铸态 SKD61 热作模具钢含有粗大的固相晶粒和不均匀分布的共晶化合物,如图 4.29(f) 所示。因此,与低加热速率处理过再结晶重熔处理的铸态 SKD61 热作模具钢相比,高加热速率处理过再结晶重熔处理的铸态 SKD61 热作模具钢具有更好的力学性能,这是由于这些以较高的加热速率进行再结晶重熔处理的铸态 SKD61 热作模具钢内部具有更加精细的固相晶粒以及更加均匀分布的共晶化合物造成的。

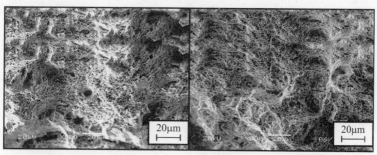

(a) 预变形量: 50%,加热速率: 5℃/s　　　(b) 预变形量: 50%,加热速率: 50℃/s
　　　　保温时间: 20s　　　　　　　　　　　　保温时间: 20s

图 4.30　二次重熔阶段使用不同加热速率加热至 1385℃ 并保温 20s 后水冷的再结晶
重熔处理的铸态 SKD61 热作模具钢的拉伸断口的微观组织

4.5.2　保温时间的影响

　　为了探究保温时间对再结晶重熔处理的铸态 SKD61 热作模具钢的微观组织及力学性能的影响,本研究中铸态 SKD61 热作模具钢塑性预变形的物理模拟是通过平面压缩试验来实现的。铸态 SKD61 热作模具钢的平面压缩试验装置示意图如图 4.4 所示。压缩试样和压缩用高温陶瓷模具的几何形状和尺寸如图4.3 和图 4.5 所示。

　　为了研究二次重熔阶段的加热速率对再结晶重熔处理的铸态 SKD61 热作模具钢的微观组织的影响,首先在塑性预变形阶段,保持塑性预变形温度为300℃并且保持塑性预变形量为铸态 SKD61 热作模具钢长方体试样高度的50%。在随后的部分熔融阶段,将塑性预变形的铸态 SKD61 热作模具钢以50℃/s 的加热速率加热至不同的温度并保温不同的时间(部分试样在 1385℃保温 20s、100s 或 300s;部分试样在 1250℃ 先保温 100s 或 300s,然后再加热到1385℃继续保温 20s),随后通过冷水喷嘴喷出的冷水将铸态 SKD61 热作模具钢试样快速冷却至室温,进而通过微观组织观察和力学性能测试探究部分重熔阶段的保温时间对再结晶重熔处理的铸态 SKD61 热作模具钢的微观组织及力学性能的影响。

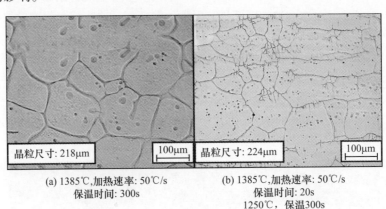

(a) 1385℃,加热速率: 50℃/s　　　　　(b) 1385℃,加热速率: 50℃/s
　　保温时间: 300s　　　　　　　　　　　　保温时间: 20s
　　　　　　　　　　　　　　　　　　　　　1250℃, 保温300s

图 4.31　预变形后以 20℃/s 的加热速率加热至不同温度并保温不同时间后
冷却至室温的铸态 SKD61 热作模具钢试样的微观组织
(塑性预变形情况:该试样在 300℃被压缩至其原始高度的 50%)

　　使用感应加热线圈以 20℃/s 的加热速率将被压缩至原高度 50% 的铸态SKD61 热作模具钢加热至 1385℃并保温 300s 后水冷,使用 Keyence 光学显微镜所拍摄的试样中心区域的微观组织如图 4.31(a)所示。使用感应加热线圈以20℃/s 的加热速率将被压缩至原高度 50% 的铸态 SKD61 热作模具钢加热至

1250℃并保温 300s 后,再以相同的加热速率加热至 1385℃并保温 20s 后水冷,使用 Keyence 光学显微镜所拍摄的试样中心区域的微观组织如图 4.31(b)所示。使用专业图像分析软件对在二次重熔阶段以不同温度下的不同保温时间处理后的再结晶重熔处理的铸态 SKD61 热作模具钢的固相晶粒的尺寸进行分析,分析结果如表 4.5 所列。

表 4.5　在不同温度下保温不同时间后从 1385℃水冷至室温的再结晶
重熔处理的铸态 SKD61 热作模具钢的固相晶粒尺寸
(塑性预变形情况:该试样在 300℃被压缩至其原始高度的 50%)

1250℃保温时间/s	1385℃保温时间/s	1385℃晶粒尺寸/μm
0	20	17.4 ± 2.5
0	100	82.8 ± 2.5
0	300	187.5 ± 3.5
100	20	154.3 ± 3.5
300	20	182.5 ± 4.5

如图 4.31(a)所示,当经历了 300℃下变形量为初始状态高度 50% 的塑性预变形的铸态 SKD61 热作模具钢试样被以 20℃/s 的加热速率加热至 1385℃保温 300s 后,该再结晶重熔处理的铸态 SKD61 热作模具钢的半固态坯料的微观组织发生了明显的变化。一方面,该再结晶重熔处理的铸态 SKD61 热作模具钢的固相晶粒尺寸随着该材料在 1385℃的保温时间的增加而明显变大;另一方面,该再结晶重熔处理的铸态 SKD61 热作模具钢中附着于固相晶粒表面液膜的厚度也随着该材料在 1385℃的保温时间的增加而增加。此外,该再结晶重熔处理的铸态 SKD61 热作模具钢中包裹于固相晶粒内部的液滴数量和尺寸也分别随着该材料在 1385℃的保温时间的增加而减少和变大。根据德国亚琛工业大学的普特根等的研究成果,将金属材料加热至其半固态温度区间并长时间保温,会使半固态坯料在界面能的驱动下发生固相粒子的熟化。半固态坯料中固相粒子的熟化会引发半固态坯料内部固相晶粒的互相结合以及液相的积聚。固相晶粒的相互结合不仅导致了固相晶粒的粗大化,还加剧了处于固相晶粒内外液相的积聚。液相的不断积聚不仅增加了附着于固相晶粒表面液膜的厚度,并且在减少了固相晶粒内部液滴数量同时增加了这些液滴的尺寸。

如图 4.31(b)所示,当经历了 300℃下变形量为初始状态高度 50% 的塑性预变形的铸态 SKD61 热作模具钢试样被以 20℃/s 的加热速率加热至 1250℃并保温 300s 又以同样的加热速率加热至 1385℃并保温 20s 后,该再结晶重熔处理的铸态 SKD61 热作模具钢半固态坯料同样拥有较为粗大的半固态微观组织。尽管该半固态坯料拥有和直接加热至 1385℃并保温 300s 而得到的再结晶重熔处理的铸态 SKD61 热作模具钢的半固态坯料的同样粗大的固相晶粒,然而其液相的形貌和分布则大相径庭。曾经在 1250℃ 并保温 300s 的再结晶重熔处理的铸态 SKD61 热作模具钢的半固态坯料中的附着在固相晶粒表面液膜厚度较低而包裹于固相晶粒内部的液滴数量较大且尺寸较小。上述微观组织的差异是由于塑性预变形的铸态 SKD61 热作模具钢在不同的温度条件下的长期保温过程中所发生的不同微观组织演变所造成的。当塑性预变形的铸态 SKD61 热作模具钢在其奥氏体化起始温度以上固相线温度以下长期保温的过程中,主要发生的微观组织演变是奥氏体晶粒的生长。当塑性预变形的铸态 SKD61 热作模具钢在其固相线温度以上长期保温的过程中,主要发生的微观组织演变是固相晶粒的熟化。尽管无论是奥氏体晶粒的生长还是固相晶粒的熟化最终都会使再结晶重熔处理的铸态 SKD61 热作模具钢半固态坯料拥有较为粗大的固相晶粒,然而,上述两种微观组织演变行为对再结晶重熔处理的铸态 SKD61 热作模具钢半固态坯料液相的形貌及分布的作用则大相径庭。当塑性预变形的铸态 SKD61 热作模具钢所处的温度在其奥氏体化起始温度以上固相线温度以下时,其内部并没有液相存在,因此在这一温度范围内的长时间保温仅仅能够通过改变奥氏体晶粒的大小对未来出现在奥氏体晶界位置的液相分布进行影响,但并不能影响奥氏体晶粒内部合金元素的分布。所以,当上述材料加热至固相线温度以上并保温 20s 后,无论是附着于固相晶粒表面液膜厚度还是包裹于固相晶粒内部液滴尺寸和数量都不会因其在固相线温度以下的保温时间延长而发生任何变化。与之相对的是,当塑性预变形的铸态 SKD61 热作模具钢所处的温度在其固相线温度以上时,固相和液相同时存在于该半固态坯料内部。固相晶粒的分布以及几何形貌随着保温时间的延长发生的任何变化都会影响到位于固相晶粒表面和内部液相的分布和几何形貌。因此,当塑性预变形的铸态 SKD61 热作模具钢在 1385℃ 的保温时间从 20s 增加为 300s 后,固相晶粒在界面能的驱动下发生熟化而获得了具有更大尺寸的固相晶粒。而原本附着于固相晶粒表面的液膜也由于固相晶粒的互相合并而被聚集在一起形成附着于更大的固相晶粒表面具有更大厚度的液膜。原本被包裹在固相晶粒内部的液滴也会随着保温时间的增加而在固相晶粒内部积聚进而形成包裹在更大的固相晶粒内部的具有更大尺寸的液滴。但是由于包裹在固相晶粒内部的液滴所占的体积比是固定的,那么这些液滴尺寸的增加必然会导致其数量的减少。

　　为了研究二次重熔的保温时间对再结晶重熔处理的铸态 SKD61 热作模具钢的力学性能的影响,我们采用维氏硬度测试以及拉伸试验对在二次重熔阶段以不同温度下的不同保温时间(部分试样在 1385℃ 保温 20s、100s 或 300s;部分试样在 1250℃ 首先保温 100s 或 300s,然后再加热到 1385℃ 继续保温 20s)处理后的再结晶重熔处理的铸态 SKD61 热作模具钢的力学性能进行测试。通过维氏硬度测试以及拉伸试验获得的上述不同的再结晶重熔处理的铸态 SKD61 热作模具钢的维氏硬度、极限强度和延伸伸长率如表4.6所列。

　　根据表4.6所列的力学性能可以发现,似乎无论是延长塑性预变形铸态 SKD61 热作模具钢在 1250℃ 的保温时间还是延长其在 1385℃ 的保温时间,都会导致再结晶重熔处理的铸态 SKD61 热作模具钢力学性能的下降。无论是这些再结晶重熔处理的铸态 SKD61 热作模具钢较低的维氏硬度还是较低的拉伸极限强度抑或是较差的延伸率,都是由于不同温度范围内长时间保温处理所引起的固相晶粒粗大化以及共晶化合物分布的不均匀化所造成的。

表 4.6　在不同温度下保温不同时间后从 1385℃ 水冷至室温的再结晶
重熔处理的铸态 SKD61 热作模具钢的力学性能
(塑性预变形情况:该试样在 300℃ 被压缩至其原始高度的 50%)

1250/℃保温时间/s	1385/℃保温时间/s	维氏硬度/HV	极限强度/MPa	延伸率/%
20	0	823	585	17.5
100	0	726	526	7.6
300	0	675	518	56
20	100	738	534	6.2
20	300	704	516	5.7

(a) 预变形量: 50%,加热速率: 50℃/s　(b) 预变形量: 25%,加热速率: 50℃/s
　保温时间: 20s　　　　　　　　　　　保温时间: 100s

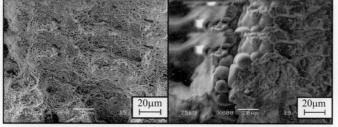

(c) 预变形量: 50%,加热速率: 50℃/s　　　(d) 缩孔区域
　保温时间: 300s

图 4.32　二次重熔阶段在 1385℃ 保温不同时间后水冷的再结晶
重熔处理的铸态 SKD61 热作模具钢的拉伸断口的微观组织

使用 JOEL 场发射扫描电子显微镜拍摄的以二次重熔阶段在 1385℃保温不同时间后水冷的再结晶重熔处理的铸态 SKD61 热作模具钢的拉伸断口的微观组织如图 4.32 所示。可以发现,随着在 1385℃保温时间的增加,再结晶重熔处理的铸态 SKD61 热作模具钢的拉伸断口呈现出更大的波浪形状,而且在保温时间较长(300s)的再结晶重熔处理的铸态 SKD61 热作模具钢的拉伸断口中存在着一些缩孔区域。使用较大的放大倍率对上述缩孔区域进行观察,会发现具有平滑表面的固相晶粒。这些缩孔缺陷的增加会极大降低再结晶重熔处理的铸态 SKD61 热作模具钢试样在拉伸试验中的极限拉伸强度和延伸性。根据英国莱彻斯特大学的奥马尔和海松·阿特金森等的研究成果,缩孔和疏松等缺陷是由于大量聚集在一起的液相在快速冷却过程中产生的[13]。韩国国立釜山大学的姜忠吉(C. G. Kang)等认为,如果想通过半固态成形技术生产出具有比较理想力学性能的制件,必须要减少液相聚集区域在冷却过程中所发生的缩孔和疏松的微观组织缺陷[14]。

4.6　本章小结

本章的研究主要是通过平面压缩试验和二次重熔试验实现再结晶重熔工艺的物理模拟,进而通过微观组织分析和力学性能测试,研究再结晶重熔法对铸态 SKD61 热作模具钢的微观组织和力学性能的影响。主要研究结果如下。

(1)再结晶重熔过程中主要发生的微观组织演变行为包括再结晶、奥氏体化、共晶化合物的溶解、奥氏体晶粒的生长及部分重熔。上述微观组织演变不仅实现了铸态 SKD61 热作模具钢粗大的枝晶状微观组织的精细化,还引起了其中共晶化合物更加均匀的分布。

(2)塑性预变形阶段较大的塑性预变形量在铸态 SKD61 热作模具钢试样中储存更多的能量,极大地促进了在后续的二次重熔阶段中所发生的静态再结晶和共晶化合物溶解。

(3)塑性预变形阶段较低的预变形温度能够确保更多的变形能量被储存于铸态 SKD61 热作模具钢试样的晶界中,进而确保更多的晶粒产生于静态再结晶过程。

(4)二次重熔阶段较高的加热速率和较短的保温时间不仅会显著增加铸态 SKD61 热作模具钢试样中奥氏体晶粒的形核率,还能有效地抑制奥氏体晶粒的长大和固态颗粒的粗化。

(5)在再结晶重熔过程中,大的预变形量(70%)、较低的预变形温度(300℃)、较高的加热速率(50℃/s)和较短的保温时间(20s)可以有效地实现铸态 SKD61 热作模具钢的晶粒细化,并且显著地提高再结晶重熔处理后铸态 SKD61 热作模具钢的力学性能。

参 考 文 献

［1］ KIRKWOOD D H,SELLARS C M,ELIASBOYED L G. Fine grained metal composition:US 5037498［P］,1991.

［2］ YOUNG K P,KYONKA C P,COURTOIS J A. Fine grained metal composition:US 4415374［P］,1983.

［3］ MENG Y,SUGIYAMA S,Yanagimoto J. Microstructural evolution during RAP process and deformation behavior of semi – solid SKD61 tool steel［J］. Journal of Materials Processing Technology,2012,212:1731 – 1741.

［4］ BALAN T,BECKER E,LANGLOIS L,et al. A new route for semi – solid steel forging［J］. CIRP Annals – manufacturing technology,2017,66(1):297 – 300.

［5］ MENG Y,SUGIYAMA S,YANAGIMOTO J. Microstructural evolution during RAP process and deformation behavior of semi – solid SKD61 tool steel［J］. Journal of Materials Processing Technology,2012,212:1731 – 1741.

［6］ SOLTANPOUR M,YANAGIMOTO J. Material data for the kinetics of microstructure evolution of Cr – Mo – V steel in hot forming［J］. Journal of Materials Processing Technology,2012,212:417 – 426.

［7］ ŁUKASZ R,DUTKIEWICZ J. Deformation behavior of high strength X210CrW12 steel after semi – solid processing［J］. Materials Science and Engineering:A,2014,603:93 – 97.

［8］ PÜTTGEN W,HALLSTEDT B,BLECK W,et al. On the microstructure formation in chromium steels rapidly cooled from the semi – solid state［J］. Acta Materialia,2007,55(3):1033 – 1042.

［9］ SPRINGER P,PRAHL U. Pinning effect of strain induced Nb (C,N) on case hardening steel under warm forging conditions［J］. Journal of Materials Processing Technology,2018,253:121 – 133.

［10］ NAGIRA T,GOURLAY C M,Sugiyama A,et al. Direct observation of deformation in semi – solid carbon steel［J］. Scripta Materialia,2011,64:1129 – 1132.

［11］ MULJONO D,FERRY M,DUNNE D P. Influence of heating rate on anisothermal recrystallization in low and ultra – low carbon steels［J］. Materials Science and Engineering:A,2001,303:90 – 99.

［12］ NIEHUESBERND J,BRUDER E,MÜLLER C. Impact of the heating rate on the annealing behavior and resulting mechanical properties of UFG HSLA steel［J］. Materials Science and Engineering:A,2018,711:325 – 333.

［13］ OMAR M Z,PALMIERE E J,HOWE A A,et al. Thixoforming of a high performance HP9/4/30 steel［J］. Materials Science and Engineering:A,2005,395:53 – 61.

［14］ KANG C G,LEE S M,KIM B M. A study of die design of semi – solid die casting according to gate shape and solid fraction［J］. Journal of Materials Processing Technology,2008,204 (1003):8 – 21.

第 5 章 热处理对再结晶重熔后
合金工具钢的影响

在第 4 章中,通过一系列试验验证了再结晶重熔法(RAP)制备具有均匀细小球状组织的钢铁材料半固态坯料的可行性,并且通过微观组织分析和机械性能测试分析了再结晶重熔处理对铸态 SKD61 热作模具钢的微观组织和力学性能的影响。尽管再结晶重熔处理的铸态 SKD61 热作模具钢具有明显的高于铸态 SKD61 热作模具钢的力学性能。然而,再结晶重熔处理的铸态 SKD61 热作模具钢的力学性能尚且无法与轧制态 SKD61 热作模具钢的力学性能相比。根据第 3 章中所提出的基于半固态成形技术的工具钢及其产品的生产制造工艺路线,需要通过后续的一系列合理且可行的热处理工艺及机械加工工艺完善对半固态成形工具钢及其产品的形性控制。因此,非常有必要对再结晶重熔处理后续的热处理工艺展开系统而深入的研究工作。在第 3 章提出的两条创新工艺路线中热处理工艺具有以下两个主要的目的:首先,有效地改善再结晶重熔后合金工具钢的微观组织;进而,提高再结晶重熔后合金工具钢的力学性能。

传统的钢铁材料热处理工艺包括退火热处理、淬火热处理及回火热处理以及上述 3 种热处理工艺的排列组合。为了研究退火热处理、淬火热处理、回火热处理等各个热处理工艺的参数对使用再结晶重熔法制备的钢铁材料坯料的微观组织和力学性能的影响[1],本章将再结晶重熔法处理的铸态 SKD61 热作模具钢坯料作为研究对象,以物理模拟的方法模拟再结晶重熔法处理后续的退火热处理、淬火热处理、回火热处理等各个热处理工艺,并通过微观组织分析以及力学性能测试的手段去研究退火热处理、淬火热处理、回火热处理等各个热处理工艺及其各个热处理的工艺参数对再结晶重熔法处理的铸态 SKD61 热作模具钢的微观组织和力学性能的影响,并分析其中所蕴含的科学原理。

5.1 合金工具钢的再结晶重熔处理和热处理试验设计

5.1.1 合金工具钢的再结晶重熔处理试验

本章所采用的再结晶重熔处理工艺与第 4 章相同,都是基于日本东京大学生产技术研究所柳本润教授实验室的由富士电波所生产的高速高温多道次热模拟试验机(Themac-Master-Z-5t)所建立的物理模拟试验平台上完成的。试验装置示意图如图 5.1(a)所示。

　　本章中所采用的研究对象合金工具钢材料与第 4 章相同,都是购买于日本新日铁的直径为 20mm 的轧制态 SKD61 热作模具钢棒材,采用电磁加热线圈将其熔化并浇铸于直径为 100mm 的氧化铝坩埚中进而冷却获得的铸态 SKD61 热作模具钢。随后使用线切割手段将上述铸态 SKD61 热作模具钢铸锭去除氧化皮,并且切割为长方体试样,该长方体试样的形状及尺寸如图 5.1(b)所示。

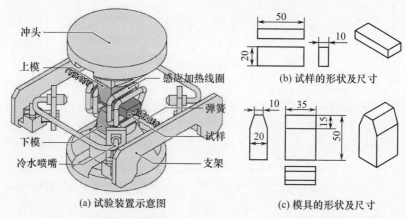

（a）试验装置示意图　　　　（b）试样的形状及尺寸　　（c）模具的形状及尺寸

图 5.1　再结晶重熔处理试验装置示意图以及试样和模具的形状及尺寸(单位:mm)

　　铸态 SKD61 热作模具钢的再结晶重熔法的物理模拟试验的第一部分是塑性预变形。塑性预变形的物理模拟是通过在高速高温多道次热模拟试验机(Themac-Master-Z-5t)上开展的平面压缩试验实现的。首先将长方体铸态 SKD61 热作模具钢试样在水平方向上通过两根水平的弹簧固定在一副安装在高速高温多道次热模拟试验机工作区域的支架上,由于在塑性变形阶段长方形铸态 SKD61 热作模具钢试样受到垂直方向的压缩而增加自身水平方向的长度。如果采用硬性连接,则长方形铸态 SKD61 热作模具钢试样会由于其在水平方向尺寸的增加而发生弯曲。由于弹簧能够在水平方向上给长方形铸态 SKD61 热作模具钢试样提供一定范围的变形空间,进而确保了长方形铸态 SKD61 热作模具钢试样不会在塑性预变性阶段发生弯曲,为后续的部分熔融乃至热处理以及力学性能测试提供了良好的先决条件。进而使用一对用高温陶瓷材料制作的模具,在垂直方向将上述长方形铸态 SKD61 热作模具钢试样固定在一个长方形感应加热线圈的中间,高温陶瓷模具的形状及尺寸如图 5.1(c)所示。该长方形感应线圈的运动受到计算机系统的控制,以确保在成形过程中长方形感应加热线圈始终与长方形铸态 SKD61 热作模具钢试样保持其几何中心的重合。上述高温陶瓷模具的几何形状及尺寸如图 4.5所示。为了在试验过程中测量和记录试样的温度变化,在长方形铸态 SKD61 热作模具钢试样的长度方向的中央位置钎焊一组 K 型热电偶,这组 K 型热电偶的另一端与安装在计算机中的 PID 温度控制系统连接。PID 温度控制系统可以根据 K 型热电偶所测得的钢铁试样的温度来实时调整感应加热线圈的功率,进而保证钢铁试样的温度按照事先在计算机系统中设定的温度变化曲线变化,实现对钢铁材料试样的温成形阶段精确控温。高温陶瓷上模在高温多段热压缩试验机的冲头带动下,以事先在计算机系统中设定的应变速率对长方形铸态 SKD61 热作模具钢试样,沿其高度方向进行冷压缩或者温压缩,当高温陶瓷上模在冲头的带动下向下运动到事先在计算机系统中设定的下压量后,钢铁材料的塑性预变形告终。为了避免钢铁试样在高温中被氧化,氮气作为保护气体充填在整个试验空间内。计算机系统会在塑性预变形结束时,立即启动位于感应加热线圈上的冷水喷嘴向铸态 SKD61 热作模具钢试样喷出冷水以实现快速水冷,在铸态 SKD61 热作模具钢试样冷却至室温之后取出。铸态 SKD61 热作模具钢的再结晶重熔法的物理模拟试验的第二部分是二次重熔。在上一阶段通过塑性预变形制备的铸态 SKD61 热作模具钢试样的长度方向的中央位置钎焊一组 K 型热电偶,这组 K 型热电偶的另一端与安装在计算机中的 PID 温度控制系统连接。PID 温度控制系统可以根据 K 型热电偶所测得的钢铁试样的温度来实时调整感应加热线圈的功率,进而保证钢铁试样的温度按照事先在计算机系统中设定的温度变化曲线(包括加热速率、等温保温时间等)变化,实现对钢铁材料试样的二次重熔阶段精确控温。为了避免钢铁试样在高温下被氧化,氮气作为保护气体充填在整个试验空间内。在二次重熔试验结束时,计算机系统会立即启动位于感应加热线圈上的冷水喷嘴喷出冷水,将钢铁试样迅速冷却至室温,为后续开展钢铁材料的微观组织观察和力学性能测试做准备。本章中所使用的再结晶重熔处理的主要工艺参数如表 5.1 所列。

表 5.1   本章中所使用的再结晶重熔处理的主要工艺参数

塑性预变形阶段	
应变速率/ s^{-1}	1
塑性预变形量/%	50
塑性预变形温度/℃	300
部分熔融阶段	
升温速率/(℃/s)	20
加热温度/℃	1385
保温时间/s	20

5.1.2   再结晶重熔后合金工具钢的热处理试验

本章中所采用的热工艺是基于日本东京大学生产技术研究所柳本润教授实

验室的由富士电波所生产的真空电阻加热炉所建立的试验平台上完成的。再结晶重熔处理的铸态 SKD61 热作模具钢试样被放置于真空电阻加热炉中,为避免钢铁试样在热处理过程中与其接触的材质发生化学反应或合金元素扩散,耐高温石棉被用于包裹结晶重熔处理的铸态 SKD61 热作模具钢试样。在再结晶重熔处理的铸态 SKD61 热作模具钢试样的长度方向的中央位置钎焊一组 K 型热电偶。这组 K 型热电偶的另一端与真空电阻加热炉的 PID 温度控制系统连接。PID 温度控制系统可以根据 K 型热电偶所测得的再结晶重熔处理的铸态 SKD61 热作模具钢试样的温度来实时调整电阻加热线圈的电流,进而保证再结晶重熔处理的铸态 SKD61 热作模具钢试样的温度按照事先在计算机系统中设定的温度变化曲线变化,实现对再结晶重熔处理的铸态 SKD61 热作模具钢试样的精确控温。同时,K 型热电偶所测量的铸态 SKD61 热作模具钢试样的温度会通过液晶显示屏进行实时显示,以确保试验人员对试验过程的主动把控。

　　整个热处理试验包括退火热处理、淬火热处理、回火热处理 3 个阶段,其中回火热处理采用的是较为普遍的二次重复回火热处理工艺。上述 3 个阶段的热处理工艺流程示意图如图 5.2 所示。

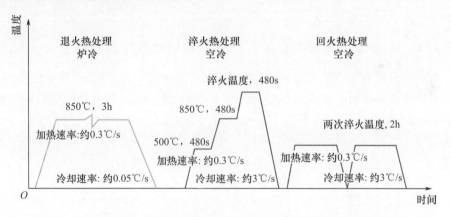

图 5.2　再结晶重熔处理的试验装置示意图以及试样和模具的形状及尺寸

　　第一阶段是退火热处理阶段,首先使用真空电阻加热炉将若干再结晶重熔处理的铸态 SKD61 热作模具钢试样缓慢升温至退火温度并进行长达 3h 的保温,随后停止真空电阻加热炉的加热功能,并不将再结晶重熔处理的铸态 SKD61 热作模具钢试样取出,待到该试样在真空电子加热炉内部缓慢冷却至室温后,将退火热处理后再结晶重熔处理铸态 SKD61 热作模具钢试样从真空电阻加热炉中取出,退火热处理工序完成。退火热处理后再结晶重熔处理铸态 SKD61 热作模具钢试样将被分为 3 组。其中,第一组用于开展微观组织观察及分析;第二组用于开展力学性能测试;第三组用于开展后续的淬火热处理和回火热处理。

第二阶段是淬火热处理阶段,首先使用真空电阻加热炉将若干退火热处理后的再结晶重熔处理铸态 SKD61 热作模具钢试样缓慢升温至 500℃并保温 480s,再缓慢升温至 800℃并保温 480s,随后在缓慢升温至既定的淬火温度并保温 480s。然后,打开真空电阻加热炉门,使用夹具将 SKD61 热作模具钢试样取出并放置于空旷而通风的环境中,使得上述试样以大约 3℃/s 的冷却速度冷却至室温,淬火热处理完成。淬火热处理后再结晶重熔处理铸态 SKD61 热作模具钢试样将被分为 3 组。其中,第一组用于开展微观组织观察及分析;第二组用于开展力学性能测试;第三组用于开展后续的回火热处理。

第三阶段是回火热处理阶段,首先使用真空电阻加热炉将若干淬火热处理后的再结晶重熔处理铸态 SKD61 热作模具钢试样缓慢升温至既定的回火温度并保温 2h。然后,打开真空电阻加热炉门,使用夹具将 SKD61 热作模具钢试样取出并放置于空旷而通风的环境中,使得上述试样以大约 3℃/s 的冷却速度冷却至室温。随后,再次将上述回火热处理的再结晶重熔处理铸态 SKD61 热作模具钢试样放回真空电阻加热炉中并以相同的工艺参数准确地重复上述加热及冷却步骤一遍,回火热处理完成。回火热处理后再结晶重熔处理铸态 SKD61 热作模具钢试样将被分为两组。其中,第一组用于开展微观组织观察及分析;第二组用于开展力学性能测试。

5.1.3 热处理后再结晶重熔后合金工具钢的微观组织观察及分析

为了分析和探究热处理各个阶段(退火热处理、淬火热处理、回火热处理)的不同工艺参数对再结晶重熔处理铸态 SKD61 热作工具钢试样的微观组织的影响,进而研究各个阶段热处理后的再结晶重熔处理铸态 SKD61 热作工具钢试样的微观组织与该试样的韧性、强度和硬度等力学性能之间的关系。必须要通过一系列微观组织观察和分析试验来分析使用不同工艺条件开展热处理之后再结晶重熔处理铸态 SKD61 热作模具钢的微观组织。

热处理后再结晶重熔处理合金工具钢的微观组织观察试验步骤如下。

(1)将快速冷却至室温的二次重熔钢铁材料试样用砂轮切开。

(2)将切开的钢铁材料试样镶嵌在圆柱形热镶嵌树脂平台中,切开的平面暴露于树脂平台的表面。

(3)将镶嵌在树脂平台中的钢铁材料硬度测试试样分别使用砂纸、金刚石悬浊液和氧化铝悬浊液打磨和抛光直至镜面状态。

(4)将抛光后的钢铁材料金相观察试样浸泡于 10% 硝酸－酒精腐蚀溶液中约 10s,完成金相腐蚀。

(5)将腐蚀后的钢铁材料金相观察试样用酒精洗净并用棉签配合吹风机干燥。

(6)使用 Keyence 光学显微镜和 JOEL 场发射扫描电子显微镜对制备好的

钢铁材料金相试样进行微观组织观察并拍摄金相组织照片。为了分析各种合金元素在钢铁材料试样中的分布情况,使用安装于 JOEL 场发射扫描电子显微镜上的 EDS 分析系统对场发射扫描电子显微镜视野内的各种合金元素的分布进行分析。微观组织观察和分析的区域位于所有试样的中心位置。

5.1.4　热处理后再结晶重熔后合金工具钢的力学性能测试

为了分析和探究热处理各个阶段(退火热处理、淬火热处理、回火热处理)的不同工艺参数对再结晶重熔处理铸态 SKD61 热作工具钢试样的力学性能的影响,进而研究各个阶段热处理后的再结晶重熔处理铸态 SKD61 热作工具钢试样的微观组织与该试样的韧性、强度和硬度等力学性能之间的关系。我们必须要通过一系列微观组织观察和分析试验来分析使用不同工艺条件开展热处理之后再结晶重熔处理铸态 SKD61 热作模具钢的力学性能。

在本研究中,通过维氏硬度检测来测试在以不同热处理工艺(退火热处理、淬火热处理、回火热处理)和不同参数处理的再结晶重熔处理铸态 SKD61 热作模具钢试样的硬度。本研究中的维氏硬度测试是在日本东京大学生产技术研究所柳本润教授实验室完成的,所使用的设备是由岛津株式会社生产的维氏硬度测试仪。

鉴于维氏硬度测试仪是基于在被测试金属表面进行压痕标记,并进而测量压痕的几何尺寸以获得被测金属的维氏硬度数据。因此,用于维氏硬度测试的金属试样的制备手段与用于微观组织观察的金相试样制备手段相同。

本研究所使用的维氏硬度测试主要包括以下几个步骤。

(1)将快速冷却至室温的二次重熔钢铁材料试样用砂轮切开。

(2)将切开的钢铁材料试样镶嵌在圆柱形热镶嵌树脂平台中,切开的平面暴露于树脂平台的表面。

(3)将镶嵌在树脂平台中的钢铁材料硬度测试试样分别使用砂纸、金刚石悬浊液和氧化铝悬浊液打磨和抛光直至镜面状态。

(4)将抛光后的钢铁材料硬度测试试样浸泡于 10% 硝酸 – 酒精腐蚀溶液中约 10s,完成金相腐蚀。

(5)将腐蚀后的钢铁材料硬度测试试样用酒精洗净,并用棉签配合吹风机干燥。

(6)将钢铁材料硬度测试试样装夹并固定在维氏硬度测试仪上面,并通过维氏硬度测试仪上的光学显微镜寻找需要测试硬度的具体区域。

(7)利用维氏硬度测试仪的计算机控制系统设定维氏硬度测试参数,维氏硬度测试过程中的试验载荷为 2N,保压时间为 10s,并启动维氏硬度测试利用金刚石压头对钢铁材料硬度测试试样的表面施压。

(8)利用维氏硬度测试仪的计算机控制系统中的测量标尺光学显微镜所拍

摄的四边形压痕的两个对角线长度,计算机控制系统将给予上述对角线长度以
及施压的载荷和保压时间计算维氏硬度数值。

为了确保维氏硬度测试结果的准确性、可靠性和重现性,在本研究中至少对
同一试样进行 10 次维氏硬度测试并且取其平均值。

在本研究中,通过拉伸试验来测试在以不同热处理工艺(退火热处理、淬火
热处理、回火热处理)和不同参数处理的再结晶重熔处理铸态 SKD61 热作模具
钢试样的拉伸强度和延展性。利用线切割加工方法从热处理后再结晶重熔处理
铸态 SKD61 热作模具钢试样中切取拉伸试验试样的位置和几何形状尺寸,如
图 5.3(a)所示。考虑到初始试样形状尺寸的限制,平板拉伸试验试样的几何形
状尺寸并不能够完全按照材料力学性能测试标准对拉伸试验试样的要求。本研
究中的平板拉伸试验是在日本东京大学生产技术研究所柳本润教授实验室完成
的,所使用的设备是由岛津株式会社生产的 AGS-50kNG 拉伸试验机。

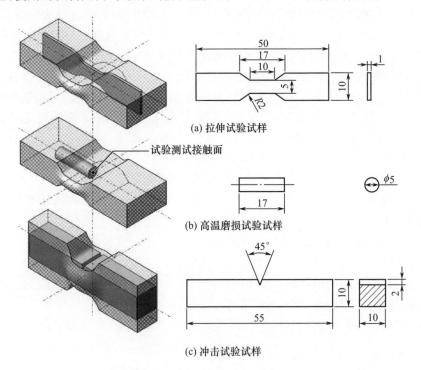

图 5.3   力学性能测试用试样的几何形状尺寸及其在热处理后再结晶
重熔处理铸态 SKD61 热作模具钢试样中的位置(单位:mm)

本研究所使用的平板拉伸试验主要包括以下几个步骤。

(1)使用砂纸和金刚石悬浊液对用线切割加工的平板拉伸试验试样的表面
进行打磨和抛光,以确保平板拉伸试验试样的表面不存在任何缺口和裂纹,以避

免拉伸试验过程中因在缺口和裂纹处的应力集中而发生意外断裂,进而影响拉伸测试结果的准确性和可靠性。

（2）使用 AGS-50kNG 拉伸试验机上的平口夹头对抛光后的拉伸试验试样进行夹持,并确保拉伸试验试样垂直地处于拉伸试验机上下平口夹头的正中央。

（3）通过拉伸试验机的计算机控制系统将上下平口夹头载荷传感器上所施加的垂直方向的力归零,并且在计算机控制系统中调节拉伸试验的加载速度为 1mm/s。

（4）通过计算机控制系统启动室温平板拉伸试验,并时刻关注计算机控制系统所实时测量并记录的时间-行程-载荷曲线,以便及时发现并解决拉伸试验过程中发生的故障或事故。

（5）拉伸试验结束后,使用计算机控制系统保存拉伸试验过程中的时间-行程-载荷数据,并基于上述的时间-行程-载荷数据,利用计算机控制系统计算拉伸试验过程中的真实应力-真实应变曲线,并使用场发射扫描电子显微镜观察拉伸试验试样的端口表面微观组织。

由于 SKD61 热作工具钢的产品主要服役于高温环境,并且在高温环境下承受较强的摩擦,因此 SKD61 热作工具钢的抗高温磨损性能显得尤为重要。在本研究中,通过高温磨损试验来测试在以不同热处理工艺(退火热处理、淬火热处理、回火热处理)和不同参数处理的再结晶重熔处理铸态 SKD61 热作模具钢试样的抗高温磨损性能。利用线切割加工方法从热处理后再结晶重熔处理铸态 SKD61 热作模具钢试样中切取针状磨损试样的位置和几何形状尺寸,如图 5.3(b)所示。本研究中的平板拉伸试验是在日本东京大学生产技术研究所柳本润教授实验室完成的,所使用的设备是由岛津株式会社生产的针-盘型高温摩擦磨损试验机。该高温摩擦磨损试验的示意图如图 5.4 所示。

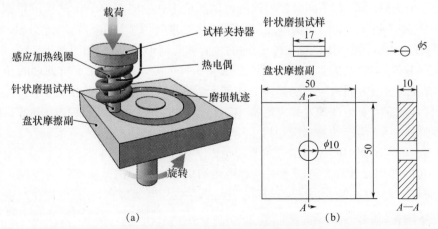

图 5.4　高温磨损试验示意图以及针状磨损试样和盘状摩擦副的几何形状尺寸(单位:mm)

本研究所使用的高温摩擦磨损试验主要包括以下几个步骤。

(1)使用砂纸和金刚石悬浊液对用线切割加工的针状磨损试样和盘状摩擦副的工作表面进行打磨和抛光,以确保针状磨损试样和盘状摩擦副的表面不存在任何缺口和裂纹,以避免拉伸试验过程中因在缺口和裂纹处的应力集中而发生意外断裂,进而影响拉伸测试结果的准确性和可靠性。

(2)将针状磨损试样和盘状摩擦副分别安装在高温摩擦磨损试验机上的固定位置,并使用夹头将针状磨损试样和盘状摩擦副进行夹持,并确保针状磨损试样垂直于盘状摩擦副的工作表面。

(3)通过高温摩擦磨损试验机的计算机控制系统,将针状磨损试样上载荷传感器上所施加的垂直方向的力归零。

(4)通过高温摩擦磨损试验机的计算机控制系统控制针状磨损试样周围的感应加热线圈对针状磨损试样进行加热,直到通过 K 型热电偶所测得的针状磨损试样的表面温度稳定在 600℃ 为止。

(5)通过高温摩擦磨损试验机的计算机控制系统中施加于针状磨损试样的载荷为 500N,调节盘状摩擦副的旋转速度为 1280 mm/min。

(6)通过计算机控制系统启动高温摩擦磨损试验,并时刻关注计算机控制系统所实时测量并记录的时间 – 温度 – 转速等数据,以便及时发现并解决高温摩擦磨损试验过程中发生的故障或事故。

(7)高温摩擦磨损试验结束后,使用计算机控制系统保存高温摩擦磨损试验过程中的时间 – 行程 – 转速等数据,并等待针状试样及盘状摩擦副的温度下降至室温后将其取出,分析磨损量并使用场发射扫描电子显微镜观察磨损表面的微观组织。

在本研究中,通过冲击试验来测试在以不同热处理工艺(退火热处理、淬火热处理、回火热处理)和不同参数处理的再结晶重熔处理铸态 SKD61 热作模具钢试样的抗冲击强度。利用线切割加工方法从热处理后再结晶重熔处理铸态 SKD61 热作模具钢试样中切取冲击试验试样的位置和几何形状尺寸,如图 5.3(c)所示。考虑到材料力学性能测试标准对冲击试验试样的要求,再结晶重熔处理的预变形阶段的变形方向由原有的高度方向转变为宽度方向。本研究中的冲击试验是在日本东京大学生产技术研究所柳本润教授实验室完成的,所使用的设备是由岛津株式会社生产的冲击试验机。

本研究所使用的冲击试验主要包括以下几个步骤。

(1)使用砂纸和金刚石悬浊液对用线切割加工的冲击试验试样的表面进行打磨和抛光,以确保冲击试验试样的表面不存在任何缺口和裂纹,以避免冲击试验过程中因在缺口和裂纹处的应力集中而发生意外断裂,进而影响冲击测试结果的准确性和可靠性。

(2)使用冲击试验机上的夹头对抛光后的冲击试验试样进行夹持,并确保冲击试验试样的 V 形缺口垂直地正对着冲击试验机冲锤。

(3)通过冲击试验机的计算机控制系统将冲锤上载荷传感器上所施加的冲击能量归零,并且在计算机控制系统中调节冲击试验的起始冲击能量为 0.1J,并不断增加冲击能量直至冲击试验试样因冲击而发生断裂为止。

(4)通过计算机控制系统启动室温冲击试验,并时刻关注计算机控制系统所实时测量并记录的冲击能量等数据,以便及时发现并解决冲击试验过程中发生的故障或事故。

(5)冲击试验结束后,使用计算机控制系统保存冲击试验过程中的时间 – 行程 – 载荷数据,并使用场发射扫描电子显微镜观察冲击试验试样的端口表面微观组织。

在本研究中,为了保证材料力学性能测试结果的可靠性和可重现性,对于同一条件处理的再结晶重熔处理铸态 SKD61 热作模具钢试样都至少进行 3 次以上的重复性平板拉伸试验,3 次以上的高温摩擦磨损试验,3 次以上的冲击试验以及 10 次以上的维氏硬度测试。进而,在后续力学性能测试结果分析阶段,对重复性试验的结果进行加权取其平均值以及上下方差。

5.2　退火热处理对再结晶重熔后合金工具钢的影响

5.2.1　退火热处理简介

退火热处理工艺(annealing)主要是指将材料以比较低的加热速率加热至高温后并保温较长一段时间后,以比较低的冷却速率冷却至室温的热处理工艺[2]。退火热处理工艺的主要目的包括释放并消除材料内应力、提高材料的塑性、调整材料的韧性、细化材料晶粒、获得特殊的微观组织、改善材料冷加工性能等[3]。退火热处理工艺又因为其不同的工艺细节及工艺参数分为完全退火热处理工艺、球化退火热处理工艺、等温退火热处理工艺、石墨退火热处理工艺、扩散退火热处理工艺、去应力退火热处理工艺、不完全退火热处理工艺、焊后退火热处理工艺等[4]。

在本书的研究中,再结晶重熔处理合金工具钢的退火热处理工艺如下。

(1)热处理设备:真空电阻加热炉。

(2)热处理对象:再结晶重熔处理的铸态 SKD61 热作模具钢试样。

(3)升温速率:0.3℃/s。

(4)退火温度:850℃。

(5)保温时间:3h。

(6)冷却方式:随炉冷却至室温。

(7)冷却速度:0.05℃/s。

5.2.2　退火热处理对再结晶重熔处理合金工具钢的微观组织的影响

通过使用 Kenyence 光学显微镜拍摄的 850℃ 退火热处理后的再结晶重熔处理的铸态 SKD61 热作模具钢试样的金相组织,如图 5.5 所示。试样内部分别由原有的液相和固相转化成的区域可以很容易地在金相组织中得以辨认。颜色比较深的区域是由原有的液相在自半固态温度至室温的冷却过程中转化而成的。颜色比较浅的区域则是由原有的固相在自半固态温度至室温的冷却过程中转化而成的。

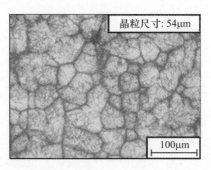

图 5.5　退火热处理后的再结晶重熔处理的铸态 SKD61 热作模具钢试样
的光学显微镜照片(退火温度是 850℃、退火时间是 3h)

通过使用扫描电子显微镜拍摄的 850℃ 退火热处理前后的再结晶重熔处理的铸态 SKD61 热作模具钢试样的金相组织如图 5.6 所示。由于 10% 硝酸 – 酒精腐蚀溶液对不同金属相以及共晶化合相的腐蚀能力不同,因此腐蚀后的钢铁材料表面会出现凹凸不平的形貌。如图 5.6(a) 所示,再结晶重熔处理的铸态 SKD61 热作模具钢试样内部分别由原有的液相和固相转化成的区域可以很容易地在金相组织中得以辨认。凹陷的多边形区域是由原有的固相在自半固态温度至室温的冷却过程中转化而成的。而凸出的网状区域则是由原有的液相在自半固态温度至室温的冷却过程中转化而成的。如图 5.6(b) 所示,退火热处理后的再结晶重熔处理的铸态 SKD61 热作模具钢试样的微观组织形貌与退火处理之前的再结晶重熔处理的铸态 SKD61 热作模具钢试样的微观组织形貌相差无几,由原有的液相和固相分别转化而成的区域由截然不同的金属相或共晶化合相组成。

为了证实上述假说(合金元素在退火热处理后的再结晶重熔处理的铸态 SKD61 热作模具钢试样中由原有固相和液相转化而成的不同区域中呈不均匀分布),使用了安装于扫描电子显微镜的 EDS 分析装置对退火热处理后的再结

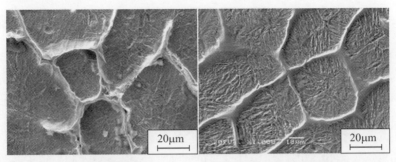

|(a) 退火处理前|(b) 退火处理后|

图 5.6　退火热处理前后的再结晶重熔处理的铸态 SKD61 热作模具钢试样的
扫描电子显微镜照片(退火温度是 850℃、退火时间是 3 h)

晶重熔处理的铸态 SKD61 热作模具钢试样进行了化学元素线扫描分析,分析结果如图 5.7 所示。EDS 线扫描所分析的那条直线经过不同的由原有液相和固相转化而成的区域,碳(C)元素、铬(Cr)元素、钒(V)元素、Mn(锰)元素、钼(Mo)元素和硅(Si)元素合金元素大都富集于由原有液相转化而成的区域,而 Fe 元素则富集于由原有固相转化而成的区域。结合第 4 章内容可以推断,一方面,再结晶重熔处理的铸态 SKD61 热作模具钢试样中的液相部分在从半固态温度冷却至室温的过程中转化为了富含合金元素的共晶化合相;另一方面,再结晶重熔处理的铸态 SKD61 热作模具钢试样中的固相部分在从半固态温度冷却至室温的过程中转化为了富合金元素较少的金属相。由此可见,退火热处理并不能有效地消除半固态加工后金属材料特别是钢铁合金材料内部的金属相偏析。

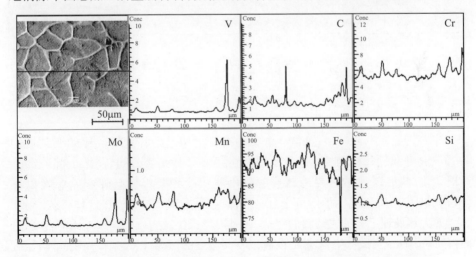

图 5.7　退火热处理后的再结晶重熔处理的铸态 SKD61 热作模具钢试样的
EDS 线分析结果(退火温度是 850℃、退火时间是 3h)

5.2.3　退火热处理对再结晶重熔后合金工具钢的力学性能的影响

　　维氏硬度试验和拉伸试验考察了再结晶重熔铸态 SKD61 热作模具钢试样在退火热处理前后的力学性能。力学性能测试结果以及 XRD 残余应力测试结果如表 5.2 所列。基于维氏硬度测试的结果,可以确认退火热处理后再结晶重熔铸态 SKD61 热作模具钢的硬度远远低于退火热处理前再结晶重熔铸态 SKD61 热作模具钢的硬度。基于拉伸试验的结果,可以发现退火热处理降低了再结晶重熔铸态 SKD61 热作模具钢的拉伸强度,然而,与此同时,退火热处理还提升了再结晶重熔铸态 SKD61 热作模具钢的延展性。基于 XRD 残余应力测试分析结果,退火热处理大大降低了再结晶重熔铸态 SKD61 热作模具钢的残余应力。退火热处理前再结晶重熔铸态 SKD61 热作模具钢较高的残余应力是由于部分熔融后的快速水冷过程中试样内部固 – 液两相截然不同的热力学性能所导致的[5]。较高的残余应力也是退火热处理前再结晶重熔铸态 SKD61 热作模具钢具有较高的维氏硬度以及拉伸强度的主要原因。而由于快速冷却所引起的残余应力在 850℃ 退火热处理过程中得到了充分地释放,进而大大降低了再结晶重熔铸态 SKD61 热作模具钢试样的硬度和拉伸强度,同时提高了再结晶重熔铸态 SKD61 热作模具钢试样的延展性。因此,退火热处理有助于提高再结晶重熔铸态 SKD61 热作模具钢的冷加工性能[6]。

表 5.2　退火热处理前后再结晶重熔铸态 SKD61 热作模具钢试样的力学性能

条件	维氏硬度/HV	极限拉伸强度/MPa	延伸率/%	残余应力/MPa
退火前	725 ± 25	515 ± 20	5.6 ± 1.5	453 ± 40
退火后	465 ± 15	183 ± 15	8.8 ± 1.3	106 ± 20

5.3　淬火热处理对再结晶重熔后合金工具钢的影响

5.3.1　淬火热处理简介

　　淬火热处理工艺(Quenching)主要是指将钢加热到临界温度比如亚共析钢的 Ac3 温度和过共析钢的 Ac1 温度以上温度,保温一段时间,使之全部或部分奥氏体化,然后以大于临界冷却速度的冷速快冷到马氏体转变起始温度以下(或马氏体转变起始温度附近)进行马氏体(或贝氏体)转变的热处理工艺[7]。

　　淬火热处理工艺的主要目的包括:让过冷奥氏体发生马氏体或贝氏体转变,进而得到马氏体或贝氏体组织,然后配合以不同温度的回火,以大幅提高钢的刚性、硬度、耐磨性、疲劳强度及韧性等,从而满足各种机械零件和工具的不同使用要求;也可以通过淬火满足某些特种钢材的铁磁性、耐蚀性等特殊的物理、化学性能等[8]。

　　淬火热处理工艺又因为其不同的工艺细节及工艺参数可分为单介质淬火热处理工艺、双介质淬火热处理工艺、马氏体分级淬火热处理工艺、贝氏体等温淬火热处理工艺、表面淬火热处理工艺、感应热处理工艺、寒淬热处理工艺、局部淬火热处理工艺、加压淬火热处理工艺、自冷淬火热处理工艺、双液淬火热处理工艺、水冷淬火热处理工艺、喷液淬火热处理工艺、喷雾淬火热处理工艺、盐水淬火热处理工艺、油冷淬火热处理工艺、热浴淬火热处理工艺、气冷淬火热处理工艺、风冷淬火热处理工艺和空冷淬火热处理工艺等[9]。

　　在本书的研究中,再结晶重熔处理合金工具钢的淬火热处理工艺如下。

　　(1)热处理设备:真空电阻加热炉。

　　(2)热处理对象:再结晶重熔处理的铸态 SKD61 热作模具钢试样。

　　(3)升温速率:0.3℃/s。

　　(4)中途温度:500℃和800℃。

　　(5)中途温度保温时间:480s。

　　(6)退火温度:950℃、1000℃、1050℃、1100℃。

　　(7)保温时间:480s。

　　(8)冷却方式:快速水冷至室温。

　　(9)冷却速率:100℃/s。

5.3.2　淬火热处理对再结晶重熔后合金工具钢的微观组织的影响

　　使用 JOEL 场发射扫描电子显微镜拍摄在 1050℃ 淬火热处理后的再结晶重熔铸态 SKD61 热作工具钢的金相组织如图 5.8 所示。

图 5.8　使用 JOEL 扫描电子显微镜拍摄的淬火热处理之后的再结晶重熔铸态 SKD61 热作模具钢的微观组织(淬火温度为 1050℃、淬火时间为 480s)

　　通过观察图 5.8 所示的微观组织可以发现,在淬火热处理之后的再结晶重熔处理铸态 SKD61 热作模具钢的不同区域,存在着截然不同的微观组织。原来固相颗粒区域充斥着大量的针状金相组织,而在原来液相区域则存在着较为平滑的金相组织以及贯穿其内部的锁链状共晶化合相。根据上述金相组织的形貌可以做出以下判断:原来固相颗粒区域的针状组织为马氏体组织,而原来液相区域的平滑金相组织为奥氏体组织,呈锁链状的连续共晶化合物则是碳化物。基于上述情况,认为在退火热处理和淬火热处理工艺中,再结晶重熔处理铸态SKD61热作模具钢的原有的固相粒子区域发生了马氏体转变而生成了针状马氏体组织,而在再结晶重熔处理铸态SKD61热作模具钢的原有液相区域则并没有发生马氏体转变,无论是奥氏体组织还是贯穿其中的锁链状碳化物都是富含大量合金元素的液相在凝固过程中的产物。为了解释上述推论,有必要引入马氏体转变起始温度这一概念以及马氏体转变温度与合金元素之间的关系。

首先,马氏体转变起始温度是指当钢铁材料从高温冷却至室温的过程中,从某个特定温度开始部分原有的奥氏体组织向马氏体组织转变,而这一特殊的温度称为马氏体转变起始温度。马氏体转变仅仅发生于从马氏体转变起始温度冷却到室温这一阶段。也就是说,马氏体转变起始温度越高,在冷却过程中转变为马氏体的奥氏体也就越多。马氏体转变起始温度有别于 $\gamma-Fe$ 相到 $\alpha-Fe$ 相的转变温度。由于 $\gamma-Fe$ 相的晶体结构为体心立方结构(BCC)而 $\alpha-Fe$ 相的晶体结构为面心立方结构(FCC)。体心立方结构和面心立方结构所能够容纳的原子数量不同, $\gamma-Fe$ 相的体心立方晶体结构(BCC)能够给合金元素提供较多的原子空间, $\alpha-Fe$ 相的面心立方结构(FCC)则只能给合金元素提供较少的原子空间。当 $\gamma-Fe$ 相转变为 $\alpha-Fe$ 相之后将释放出大量合金元素的原子,由于未能够得到释放而继续存在于 $\alpha-Fe$ 晶体内部的原子则是马氏体有别于纯粹 $\alpha-Fe$ 相(铁素体)的根本原因[10]。存在于马氏体中的合金元素造成了马氏体组织较高的硬度和强度。然而,并非所有的奥氏体都会在冷却过程中转变为马氏体,未能转化为马氏体的奥氏体称为残余奥氏体。由于马氏体转变与合金元素在 $\alpha-Fe$ 相和 $\gamma-Fe$ 相晶体间的扩散和逃逸密切相关,因为钢铁材料的马氏体转变温度深受其合金元素含量的影响。鉴于再结晶重熔处理的铸态SKD61热作模具钢的原有固相区域和液相区域迥异的合金元素含量,退火热处理和淬火热处理后再结晶重熔处理铸态SKD61热作模具钢不同区域的微观组织也是由于不同的马氏体转变起始温度造成的。

芬克尔(Finkler)和斯奇拉(Schirra)等提出了基于钢铁材料的合金元素含量计算马氏体转变开始温度的公式[11],即

$$M_s = 635 - 475w_C - 17w_{Cr} - 33w_{Mn} \tag{5.1}$$

式中: M_s 为研究对象钢铁材料的马氏体转变开始温度; w_C 为碳元素含量; w_{Cr} 为铬元素含量; w_{Mn} 为锰元素含量。

借助安装在场发射扫描电子显微镜的EDS分析设备对淬火热处理后的再结晶重熔处理铸态SKD61热作模具钢的原有固相区域以及原有液相区域的合金元素含量进行测量。使用EDS测定的淬火热处理后的再结晶重熔处理铸态SKD61热作模具钢不同区域的合金元素含量结果,以及基于上述合金元素含量使

用式(5.1)计算的原来液相和固相区域的马氏体转变起始温度如表5.3所列。

从表5.3可见,合金元素含量较低的原固相区域的马氏体转变起始温度较高,能够确保从409.5℃到室温这一较为广阔的温度区域内发生充分的马氏体转变,进而使得再结晶重熔处理铸态SKD61热作模具钢的原有固相区域转变为马氏体组织。同时,合金元素含量较高的原液相区域的马氏体转变起始温度相对而言较低,并不能够确保奥氏体从约290℃到室温这一较为狭窄的温度区间充分转化为马氏体组织,进而导致这一区域内存在着大量的残余奥氏体组织。

表 5.3　淬火热处理后的再结晶重熔处理铸态 SKD61 热作模具钢
不同区域的合金元素含量及马氏体转变起始温度

不同区域	合金元素含量/% (质量分数)			氏体转变起始温度/℃
	C	Cr	Mn	
原固相区域	0.16	0.82	0.13	540.77
原液相区域	0.48	5.59	0.65	290.52

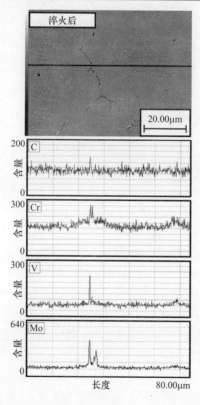

图 5.9　淬火热处理后的再结晶重熔处理铸态 SKD61 热作
模具钢的 EDS 分析结果(退火温度是 850℃、退火时间是 3h)

另外,还借助 JOEL 场发射扫描电子显微镜中的 EDS 分析装置的线分析功能分析了淬火热处理后的再结晶重熔处理铸态 SKD61 热作模具钢中合金元素的分布情况,EDS 合金元素线分析结果如图 5.9 所示,碳元素、铬元素、钒元素、钼元素等合金元素都富集于贯穿残余奥氏体内部的锁链状碳化物中。基于此前论述,残余奥氏体和锁链状碳化物所在的区域正是原有液相所在的区域。由于再结晶重熔处理所引起的液相偏析导致了合金元素在再结晶重熔处理铸态 SKD61 热作模具钢中的不均匀分布,大量的合金元素集中分布于原有液相区域,并在随后的退火热处理及淬火热处理过程中生成了连续的锁链状碳化物贯穿于奥氏体组织之中[12]。

5.3.3   淬火热处理对再结晶重熔后合金工具钢的力学性能的影响

金属合金材料的力学性能测试取决于该金属合金材料的微观组织。鉴于半固态处理金属合金材料内部固相区域和液相区域截然不同的微观组织,在上述不同区域开展的维氏硬度测试很有可能获得偏差较大的测试结果。为了更加准确地描述在同一半固态处理金属合金材料的不同测量点测得的维氏硬度的较大差异,除了依据维氏硬度测试结果计算的平均值外,还通过以下公式计算数据标准差数值用于衡量测试结果的偏差程度[13],即

$$S = \left[\frac{\sum (x_i - x_a)^2}{n - 1} \right]^{1/2} \tag{5.2}$$

式中:S 为数据标准差;x_i 为数据样本值;x_a 为数据平均值;n 为数据样本值的数量。

在不同温度下淬火热处理后的再结晶重熔处理铸态 SKD61 热作模具钢的维氏硬度如图 5.10 所示。在图 5.10 中,所测维氏硬度的数据标准差以误差棒的形式表示。随着淬火热处理温度从 950℃ 升高到 1050℃ ,淬火热处理后的再结晶重熔处理铸态 SKD61 热作模具钢的维氏硬度的平均值从大约 675HV 上升至 740HV;而随着淬火热处理温度从 1050℃ 升高到 1100℃ ,淬火热处理后的再结晶重熔处理铸态 SKD61 热作模具钢的维氏硬度的平均值反而下降到约 680HV。同时,以不同的淬火热处理温度(950℃、1000℃、1050℃、1100℃)开展淬火热处理后的再结晶重熔处理铸态 SKD61 热作模具钢的维氏硬度的数据标准差始终维持在约 120HV。

淬火热处理可以划分为阶梯式升温、高温保温和迅速冷却 3 个不同的阶段。在阶梯式升温和高温保温这两个阶段中,再结晶重熔处理铸态 SKD61 热作模具钢内部主要发生的微观组织演变行为包括碳化物等共晶化合物的溶解和合金元素的扩散。而且上述微观组织演变行为会随着淬火热处理温度的升高而越演越烈。因此当淬火热处理温度从 950℃ 升高到 1050℃ 后,由于较高的温度会增加原子活跃度,因此较高的淬火热处理温度会让奥氏体晶粒为以碳元素为代表的

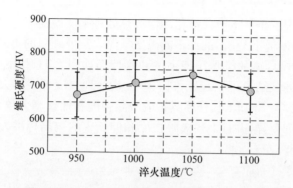

图 5.10　以不同的淬火热处理温度开展淬火热处理后的再结晶重熔处理铸态
SKD61 热作模具钢的维氏硬度(淬火时间是 480s)

合金元素提供更多位置,加速了共晶化合物的溶解,并导致更多的合金元素扩散到了奥氏体基体之中[14]。而在此之后的迅速冷却过程中,再结晶重熔处理铸态 SKD61 热作模具钢内部主要发生的微观组织演变行为是马氏体转变。马氏体转变的发生导致了再结晶重熔处理铸态 SKD61 热作模具钢内部出现更多的马氏体组织。由于较高的淬火热处理温度(1050℃)使更多合金元素溶于奥氏体基体之中,导致了淬火后具有较多的马氏体的再结晶重熔处理铸态 SKD61 热作模具钢具有更高的维氏硬度[15]。然而,并非淬火热处理温度越高越好。伊朗科学技术大学的伊斯法哈尼(Isfahany)等指出,当钢铁材料被加热至奥氏体转变温度以上过高的温度后,随着大量共晶化合物在奥氏体晶粒中的溶解,极大地增加了奥氏体晶粒内部的合金含量,从而大大降低了该奥氏体晶粒的马氏体转化起始温度。由于较低的马氏体转变起始温度造成了不充分的马氏体转变并导致更多的残余奥氏体[16]。同时,较高的淬火热处理温度会在高温保温阶段促使奥氏体晶粒的生长,导致淬火后的再结晶重熔处理铸态 SKD61 热作模具钢内部粗大的马氏体晶粒和粗大的残余奥氏体晶粒。因此,无论是较多的残余奥氏体还是较粗大的晶粒都会导致以 1100℃淬火热处理后的再结晶重熔处理铸态 SKD61 热作模具钢较低的维氏硬度。图 5.10 所示以不同的淬火热处理温度开展淬火热处理后的再结晶重熔处理铸态 SKD61 热作模具钢的维氏硬度的数据标准差的数值都很大,这说明淬火热处理后再结晶重熔处理铸态 SKD61 热作模具钢试样的维氏硬度分布并不均匀。维氏硬度分布的不均匀是由于淬火热处理后再结晶重熔处理铸态 SKD61 热作模具钢试样内部并不均匀的微观组织所引起的。由原来固相区域所转化而成的马氏体组织具有比由原来液相区域所转化而成的奥氏体组织更高的维氏硬度。这种微观组织和材料力学性能分布的不均匀性存在于所有的淬火热处理后再结晶重熔处理铸态 SKD61 热作模具钢试样中,这说明在半固态处理钢铁材料内部的合金元素及微观组织的均匀化是无法或者很难通过包含较高温度条件下奥氏体化的淬火热处理来实现的[17]。

通过平板拉伸测试获得的在不同温度下淬火热处理后的再结晶重熔处理铸态 SKD61 热作模具钢的极限拉伸强度和延伸率如图 5.11 和图 5.12 所示。从上述平板拉伸测试结果可见,以不同的淬火热处理温度开展淬火热处理后的再结晶重熔处理铸态 SKD61 热作模具钢的极限强度和伸长率大致相同,仅仅显示出了较为轻微的差异,并且上述极限强度和伸长率的数据标准差也都分别维持在 350MPa 和 5% 左右。

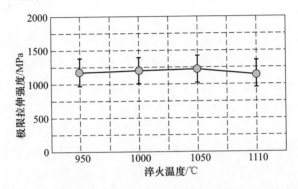

图 5.11　以不同的淬火热处理温度开展淬火热处理后的再结晶
重熔处理铸态 SKD61 热作模具钢的极限拉伸强度(淬火时间是 480s)

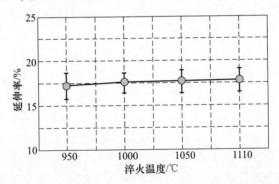

图 5.12　以不同的淬火热处理温度开展淬火热处理后的再结晶
重熔处理铸态 SKD61 热作模具钢的伸长率(淬火时间是 480s)

当淬火热处理温度为 1050℃ 时,使用光学显微镜和场发射扫描电子显微镜拍摄的淬火热处理后的再结晶重熔处理铸态 SKD61 热作模具钢的拉伸断口金相组织如图 5.13 所示。在图 5.13(a)中,在平板拉伸试验过程中断裂发生在淬火热处理后的再结晶重熔处理铸态 SKD61 热作模具钢的原液相区域。在图 5.13(b)中,在淬火热处理后的再结晶重熔处理铸态 SKD61 热作模具钢的拉伸断面上同时观察到了脆性断裂的解理面和韧性断裂的刃窝这两种微观组织特征,这说明淬火热处理后的再结晶重熔处理铸态 SKD61 热作模具钢在平板拉伸试验中所发生的断裂并不是单纯的脆性断裂(常见于铸造加工金属合金材料)或者韧性断裂(常见于塑性加工金属合金材料),而是一种混合模式的拉伸断裂[18]。

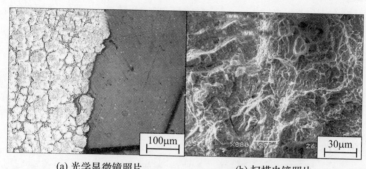

(a) 光学显微镜照片　　　　(b) 扫描电镜照片

图 5.13　当淬火热处理温度为 1050℃ 时,使用光学显微镜和场发射扫描电子
显微镜拍摄的淬火热处理后的再结晶重熔处理铸态 SKD61 热作
模具钢的拉伸断口金相组织(淬火时间是 480s)

　　首先需要解释为什么在平板拉伸试验过程中断裂发生在淬火热处理后的再结晶重熔处理铸态 SKD61 热作模具钢的原液相区域而不是原固相区域。这是由于淬火热处理后的再结晶重熔处理铸态 SKD61 热作模具钢的原液相区域和原固相区域截然不同的微观组织决定的。在经历了迅速冷却以及退火和淬火热处理后,再结晶重熔处理铸态 SKD61 热作模具钢的原液相区域转化为具有较好塑性和较低高强度的奥氏体组织,并且这些奥氏体组织呈网络状相互连接。而再结晶重熔处理铸态 SKD61 热作模具钢的原固相区域转化为了具有较差塑性和较高强度的马氏体组织,并且这些马氏体组织被残余奥氏体组织所包围且阻隔。而由于奥氏体组织具有较低的拉伸强度,因此在平板拉伸过程中塑性变形主要发生于再结晶重熔处理铸态 SKD61 热作模具钢的原液相区域。同时,在由再结晶重熔处理铸态 SKD61 热作模具钢的原液相区域转化而成的奥氏体组织内部还存在着锁链状的碳化物。德国亚琛工业大学的普特根等的研究表明,这些沿原来液相薄膜析出的呈锁链状形貌脆性碳化物会大大降低试样的塑性。由于在发生断裂的原液相区域内残余奥氏体和锁链状碳化物共存,因此韧性断裂的特征(刃窝)和脆性断裂的特征(解理面)同时出现在淬火热处理后再结晶重熔处理铸态 SKD61 热作模具钢的断裂表面[18]。此外,由于残余奥氏体和锁链状碳化物在淬火热处理后再结晶重熔处理铸态 SKD61 热作模具钢内部的分布比较随机,因此,通过平板拉伸试验所测得的极限拉伸强度和延伸率都具有一定的数据标准差。同时,因为不同的淬火热处理温度并没有能够大幅度改变淬火

热处理后再结晶重熔处理铸态 SKD61 热作模具钢的微观组织形貌及其分布情况,所以,淬火热处理后的再结晶重熔处理铸态 SKD61 热作模具钢的极限拉伸强度和延伸率并没有随着淬火热处理温度的改变而发生较为明显的变化。当淬火热处理温度为 1100℃时,淬火热处理后的再结晶重熔处理铸态 SKD61 热作模具钢的极限拉伸强度出现了一个小幅度下降,这是由于再结晶重熔处理铸态 SKD61 热作模具钢在较高温度条件(1100℃)保温的过程中发生了微观组织的粗大化,而较粗大的奥氏体组织往往具有较低的拉伸强度[19]。

5.4 回火热处理对再结晶重熔后合金工具钢的影响

5.4.1 回火热处理简介

回火热处理工艺(tempering)主要是指将经过淬火的钢铁材料重新加热到低于该钢铁材料的下临界温度 Ac1(即珠光体向奥氏体转变的开始温度)的适当温度,保温一段时间后在空气或水、油等介质中冷却至室温的热处理工艺[20]。

回火热处理工艺的主要目的包括:减小或消除淬火热处理钢铁材料制品中的内应力,防止变形和开裂;调整淬火热处理钢铁材料制品的硬度、强度、塑性和韧性,达到使用性能要求;稳定淬火热处理钢铁材料制品的微观组织与几何尺寸,保证精度;通过淬火热处理和回火热处理的协调配合,改善和提高钢铁材料制品的加工性能。因此,回火是工件获得所需性能的最后一道重要工序。通过淬火和回火的配合,才可以获得所需的力学性能[21]。

回火热处理可以根据温度分为以下 3 种[22]。

(1)低温回火热处理。回火热处理温度范围在 150 ~ 250℃之间,低温回火热处理的目的是在保持淬火热处理后钢铁材料制件较高的硬度和耐磨性的前提下有效地降低淬火热处理后钢铁材料制件的残留应力和脆性。

(2)中温回火热处理。回火热处理温度范围在 350 ~ 500℃之间,中温回火热处理的目的是使淬火热处理后钢铁材料制件获得较高的弹性以及适当的韧性。

(3)高温回火热处理。回火热处理温度范围在 500 ~ 650℃之间,高温回火热处理的目的是全方位提高淬火热处理后钢铁材料的综合力学性能(包括强度、塑性和韧性等)。

在本书的研究中,再结晶重熔处理合金工具钢的回火热处理工艺如下。

(1)热处理设备:真空电阻加热炉。

(2)热处理对象:再结晶重熔处理的铸态 SKD61 热作模具钢试样。

(3)升温速率:0.3℃/s。

（4）回火温度：200℃、300℃、400℃、500℃、560℃、600℃、700℃、800℃。

（5）保温时间：1.5h。

（6）冷却方式：空冷至室温。

（7）冷却速率：3℃/s。

（8）回火处理次数：两次。

5.4.2　回火热处理对再结晶重熔后合金工具钢微观组织的影响

使用场发射扫描电子显微镜拍摄的以不同的回火热处理温度开展回火热处理后的再结晶重熔处理铸态 SKD61 热作模具钢的金相组织照片如图 5.14所示。

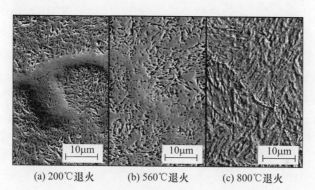

(a) 200℃退火　　　(b) 560℃退火　　　(c) 800℃退火

图 5.14　使用场发射扫描电子显微镜拍摄的以不同的回火热处理温度
开展回火热处理后的再结晶重熔处理铸态 SKD61 热作模具钢的
金相组织照片（回火时间是 1.5h）

当回火热处理温度为 200℃ 时，回火热处理后的再结晶重熔处理铸态 SKD61 热作模具钢的金相组织（图 5.14(a)）与淬火热处理后的再结晶重熔处理铸态 SKD61 热作模具钢的金相组织（图 5.8）大致相同。当回火温度为 200℃ 时，具有针状形貌特征的马氏体组织存在于回火热处理后的再结晶重熔处理铸态 SKD61 热作模具钢的原固相区域，而平滑的残余奥氏体组织则与锁链状碳化物共存于回火热处理后的再结晶重熔处理铸态 SKD61 热作模具钢的原液相区域。这说明，当回火温度为 200℃ 时，淬火热处理后的再结晶重熔处理铸态 SKD61 热作模具钢并未在回火热处理过程中发生较为明显的微观组织演变。低温回火热处理并不能够实现对淬火热处理后的再结晶重熔处理铸态 SKD61 热作模具钢的微观组织有效调控。

当回火热处理温度上升至 560℃ 时，回火热处理后的再结晶重熔处理铸态 SKD61 热作模具钢的金相组织如图 5.14(b)所示。在回火热处理后的再结晶重熔处理铸态 SKD61 热作模具钢的原固相区域依然充斥着马氏体组织。然而相较于回火温度为200℃时回火热处理后的再结晶重熔处理铸态SKD61热作模具钢原固相区域的马氏体组织,回火温度为560℃时回火热处理后的再结晶重熔处理铸态SKD61热作模具钢原固相区域的马氏体组织更为粗大。加拿大滑铁卢大学的萨哈(Saha)等的研究成果表明,这类因回火热处理产生的粗大马氏体组织是由于在中高温保温过程中原来的马氏体组织粗大化的产物,被称为回火马氏体[23]。而在回火热处理后的再结晶重熔处理铸态SKD61热作模具钢的原液相区域除了平滑的残余奥氏体组织外,还出现了一些新生成的具有针状形貌的马氏体组织,并且原本呈锁链状的连续碳化物不复存在,取而代之的是离散的碳化物等共晶化合物。这说明在回火温度为560℃的回火热处理过程中,再结晶重熔处理铸态SKD61热作模具钢的原液相区域的部分残余奥氏体发生了马氏体转变,进而生成了二次马氏体[24]。与此同时,在中高温保温过程中,原本呈锁链状的碳化物发生了向周围残余奥氏体基体的溶解,合金元素向其周围的区域逐渐扩散,尽管随着冷却过程中一部分合金元素以共晶化合物的形式析出,然而在回火热处理中析出的二次碳化物等共晶化合物不但几何形貌发生了变化,并且分布情况也变得更加均匀。560℃的回火热处理所引发的微观组织演变不仅仅发生于淬火热处理后的再结晶重熔处理铸态SKD61热作模具钢的原固相区域,还发生于淬火热处理后的再结晶重熔处理铸态SKD61热作模具钢的原液相区域。借助JOEL场发射扫描电子显微镜所带的EDS分析模块对以回火热处理温度为560℃开展的回火热处理后的再结晶重熔处理铸态SKD61热作模具钢的合金元素分布情况进行了线分析,其分析结果如图5.15(a)所示。相较于淬火热处理后再结晶重熔处理铸态SKD61热作模具钢的合金元素由于液相偏析而展现的不均匀分布,560℃回火热处理后的再结晶重熔处理铸态SKD61热作模具钢的合金元素分布得非常均匀。由于在中高温保温过程中所发生的共晶化合物溶解和合金元素扩散和在冷却过程中发生的共晶化合物析出等微观组织演变行为,无论是碳元素、铬元素、钒元素还是钼元素都均匀地分布于回火热处理后的再结晶重熔处理铸态SKD61热作模具钢的原固相区域和原液相区域。由此可见,温度为560℃的回火热处理可以对淬火热处理后的再结晶重熔处理铸态SKD61热作模具钢的微观组织以及合金元素的分布情况进行比较有效的调控。

当回火热处理温度为800℃时,其再结晶重熔处理铸态SKD61热作模具钢的金相组织如图5.14(c)所示。回火热处理后的再结晶重熔处理铸态SKD61热作模具钢由粗大的回火马氏体晶粒以及位于其晶界上的粗大共晶化合物所组成。而此前分布由再结晶重熔处理铸态SKD61热作模具钢的原固相区域和原液相区域所转化而成的具有迥异微观组织形貌的区域则变得无法分辨。单一而粗大的回火马氏体晶粒说明;一方面,存在于淬火热处理后再结晶重熔处理铸态SKD61热作模具钢的原固相区域的马氏体组织在高温回火热处理中转变为了

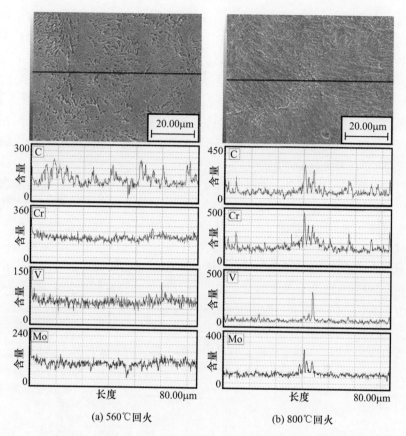

(a) 560℃回火　　　　　　　　(b) 800℃回火

图 5.15　不同回火热处理温度下回火热处理后的再结晶重熔
处理铸态 SKD61 热作模具钢的 EDS 分析结果(回火时间是 1.5h)

回火马氏体;另一方面,存在淬火热处理后再结晶重熔处理铸态 SKD61 热作模具钢的原液相区域的残余奥氏体组织也在高温回火热处理的过程中转变成了回火马氏体组织。上述两种不同来源的回火马氏体组织在高温保温过程中发生晶粒的生长以及互相融合进而形成了更加粗大的回火马氏体晶粒[25]。由于马氏体组织的晶体结构是面心立方(FCC)结构,可以容纳合金元素原子的空间有限,在冷却至室温的过程中大部分合金元素在回火马氏体晶粒的晶界上析出并生成了粗大的共晶化合物[26]。由于回火马氏体晶粒呈多边形,在其晶界上析出的共晶化合物沿多边形的边呈网状分布。借助 JOEL 场发射扫描电子显微镜所带的 EDS 分析模块对以回火热处理温度为 800℃开展的回火热处理后的再结晶重熔处理铸态 SKD61 热作模具钢的合金元素分布情况进行了线分析,其分析结果如图 5.15(b)所示。相较于 560℃回火热处理后再结晶重熔处理铸态 SKD61 热作模具钢的合金元素的均匀分布(图 5.15(a)),800℃回火热处理后的再结晶重熔处理铸态 SKD61 热作模具钢的合金元素分布得并不均匀。由此可见,温度为 800℃的回火热处理可以对淬火热处理后的再结晶重熔处理铸态 SKD61 热作模具钢的微观组织以及合金元素的分布情况进行卓有成效的调控。

综上所述,不同回火热处理温度下开展的回火热处理所引起的淬火处理后的再结晶重熔处理铸造 SKD61 热作模具钢微观组织变化示意图如图 5.16 所示。淬火热处理后的再结晶重熔处理铸造 SKD61 热作模具钢是由其原固相区域的马氏体组织和原液相区域的残余奥氏体组织以及锁链状碳化物所构成的。低温回火热处理(回火热处理温度在 200~400℃之间)过程中原固相区域的马氏体组织转变为回火马氏体组织,原液相区域的部分残余奥氏体组织转变为二次马氏体组织,然而锁链状碳化物以及不均匀的合金元素分布并没有因低温回火热处理而发生改变。中温回火热处理(回火热处理温度在 400~600℃之间)过程中原固相区域的马氏体组织转变为回火马氏体组织,原液相区域的全部残余奥氏体组织转变为二次马氏体组织,并且原本呈锁链状形貌的碳化物被离散的二次碳化物等共晶化合物所取代,合金元素的分布变得越发均匀。高温回火热处理(回火热处理温度在 600~800℃之间)过程中原固相区域的马氏体组织和原液相区域的全部残余奥氏体组织都转变为粗大的回火马氏体组织,并且原本呈锁链状形貌的碳化物因溶解而消失,以合金元素粗大共晶化合物的形式分布于回火马氏体晶界上。

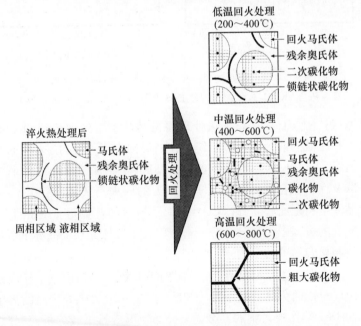

图 5.16   不同回火热处理温度下开展的回火热处理所引起的淬火热处理后的再结晶重熔处理铸造 SKD61 热作模具钢微观组织变化示意图

5.4.3　回火热处理对再结晶重熔后合金工具钢的力学性能的影响

使用 SHIMAZU 维氏硬度测试仪所测量的以不同回火热处理温度开展的回火热处理后再结晶重熔处理铸态 SKD61 热作模具钢的维氏硬度平均值及数据标准差如图 5.17 所示。回火热处理之前,淬火热处理后的再结晶重熔处理铸态 SKD61 热作模具钢具有较高的维氏硬度(约 720HV)。在 200℃ 回火热处理之后,再结晶重熔处理铸态 SKD61 热作模具钢的维氏硬度发生了轻微的下降,但是仍然远高于 SKD61 热作模具钢通常硬度值(约 560HV),约等于在 560℃ 回火热处理后的商用 SKD61 热作模具钢的硬度(约 688HV)。当回火热处理温度上升至 300℃ 后,回火热处理后的再结晶重熔处理铸态 SKD61 热作模具钢的维氏硬度迅速下降,甚至低于 SKD61 热作模具钢通常硬度值(约 560HV)。当回火热处理温度从 300℃ 上升至 400℃ 后,回火热处理后的再结晶重熔处理铸态 SKD61 热作模具钢的维氏硬度稍微上升,但仅仅与 SKD61 热作模具钢通常硬度值(大约 560HV)持平。当回火热处理温度超过 400℃ 后,回火热处理后的再结晶重熔处理铸态 SKD61 热作模具钢的维氏硬度随着回火热处理温度的升高而大幅度提升。当回火热处理温度达到 560℃ 时,其再结晶重熔处理铸态 SKD61 热作模具钢的维氏硬度达到了 632HV。当回火热处理温度超过 600℃ 后,其再结晶重熔处理铸态 SKD61 热作模具钢的维氏硬度随着回火热处理温度的升高而大幅度降低。当回火热处理温度达到 800℃ 时,其再结晶重熔处理铸态 SKD61 热作模具钢的维氏硬度不足 300HV。值得注意的是,回火热处理后的再结晶重熔处理铸态 SKD61 热作模具钢的维氏硬度的数据标准差在低温回火热处理阶段并不随回火热处理温度的改变发生明显的变化,然而却在中温回火热处理阶段和高温回火热处理阶段随回火温度的升高而减少。

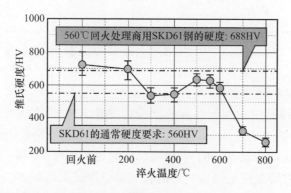

图 5.17　以不同回火热处理温度开展的回火热处理后再结晶
重熔处理铸态 SKD61 热作模具钢的维氏硬度(回火时间是 1.5h)

综上所述,在低温回火阶段(回火热处理温度在 200～400℃之间),回火热处理后的再结晶重熔处理铸态 SKD61 热作模具钢的维氏硬度的平均值随回火热处理温度的升高而降低,维氏硬度的数据标准差维持不变;在中温回火热处理阶段(回火热处理温度在 400～600℃之间),回火热处理后的再结晶重熔处理铸态 SKD61 热作模具钢的维氏硬度的平均值随回火热处理温度的升高而升高,维氏硬度的数据标准差随回火热处理温度的升高而降低;在高温回火热处理阶段(回火热处理温度在 600～800℃之间),回火热处理后的再结晶重熔处理铸态 SKD61 热作模具钢的维氏硬度的平均值随回火热处理温度的升高而降低,维氏硬度的数据标准差随回火热处理温度的升高而降低。

上述回火热处理后的再结晶重熔处理铸态 SKD61 热作模具钢的维氏硬度的平均值及数据标准差,随回火热处理温度的变化规律,可以通过不同回火热处理温度所导致的回火热处理后的再结晶重熔处理铸态 SKD61 热作模具钢不同微观组织演变规律和再结晶重熔处理铸态 SKD61 热作模具钢的残余应力变化情况进行解释。通过 XRD 分析测试获得的不同条件下热处理后的再结晶重熔处理铸态 SKD61 热作模具钢的残余应力如表 5.3 所列。

表 5.3   XRD 分析测试获得的不同条件下热处理后的再结晶
重熔处理铸态 SKD61 热作模具钢的残余应力

热处理工艺	残余应力/MPa	
	垂直方向	水平方向
再结晶重熔处理后 1050℃淬火热处理	483.96 ± 55.08	484.16 ± 44.64
再结晶重熔处理后 1050℃淬火热处理后 300℃回火热处理	213.21 ± 31.36	221.13 ± 57.75
再结晶重熔处理后 1050℃淬火热处理后 560℃回火热处理	261.62 ± 38.11	289.06 ± 77.91
再结晶重熔处理后 1050℃淬火热处理后 800℃回火热处理	−54.73 ± 11.60	−61.34 ± 7.64

在低温回火热处理过程中,再结晶重熔处理铸态 SKD61 热作模具钢的原固相区域的马氏体转变为回火马氏体。由于其较粗大的微观组织,回火马氏体往往具有较低的硬度[27]。此外,在回火热处理过程中,再结晶重熔处理铸态 SKD61 热作模具钢在淬火热处理快速冷却阶段获得的较高的残余应力将得以释放。因此,无论是回火马氏体组织的转变还是残余应力的释放都会引起再结晶重熔处理铸态 SKD61 热作模具钢的维氏硬度的下降,并且无论是回火马氏体组织的转变还是残余应力的释放都会因回火热处理温度的增加而得到促进[28]。因此,在低温回火热处理阶段,回火热处理后的再结晶重熔处理铸态 SKD61 热作模具钢的维氏硬度的平均值随回火热处理温度的升高而降

低。另外,由于低温回火热处理所引发的微观组织演变仅仅发生于再结晶重熔处理铸态 SKD61 热作模具钢的原固相区域,再结晶重熔处理铸态 SKD61 热作模具钢的原液相区域依然呈现着与原固相区域截然不同的微观组织形貌。因此,在低温回火热处理阶段,回火热处理后的再结晶重熔处理铸态 SKD61 热作模具钢的维氏硬度的数据标准差并不随回火热处理的升高而发生明显的变化。

在中温回火热处理过程中,不仅仅再结晶重熔处理铸态 SKD61 热作模具钢的原固相区域的马氏体转变为回火马氏体,再结晶重熔处理铸态 SKD61 热作模具钢的原液相区域的残余奥氏体部分转化为二次马氏体和以二次相碳化物为代表的离散共晶化合物。尽管再结晶重熔处理铸态 SKD61 热作模具钢的原固相区域回火马氏体组织的生成和残余应力的降低会一定程度上引起再结晶重熔处理铸态 SKD61 热作模具钢维氏硬度的下降,然而在再结晶重熔处理铸态 SKD61 热作模具钢的原液相区域出现的二次马氏体组织和新析出的离散共晶化合物都会引起再结晶重熔处理铸态 SKD61 热作模具钢维氏硬度的上升[29]。并且无论是二次马氏体组织的转变还是离散共晶化合物的析出都会因回火热处理温度的增加而得到促进。因此,在中温回火热处理阶段,回火热处理后的再结晶重熔处理铸态 SKD61 热作模具钢的维氏硬度的平均值随回火热处理温度的升高而升高,这一现象称为合金工具钢的二次硬化[30]。此外,由于中温回火热处理所引发的微观组织演变不仅发生于再结晶重熔处理铸态 SKD61 热作模具钢的原固相区域,还发生于再结晶重熔处理铸态 SKD61 热作模具钢的原液相区域,中温回火热处理后的再结晶重熔处理铸态 SKD61 热作模具钢的微观组织形貌随回火热处理温度的升高而逐渐趋于均匀化。因此,在中温回火热处理阶段,回火热处理后的再结晶重熔处理铸态 SKD61 热作模具钢的维氏硬度的数据标准差随回火热处理的升高而降低。

在高温回火热处理过程中,再结晶重熔处理铸态 SKD61 热作模具钢的原固相区域的马氏体和液相区域的残余奥氏体都转变为了粗大的回火马氏体晶粒,而合金元素则以粗大的共晶化合物的形式分布于回火马氏体晶粒的晶界上。再结晶重熔处理铸态 SKD61 热作模具钢的原固相区域和原液相区域的回火马氏体组织的生成和残余应力的降低,都会引起再结晶重熔处理铸态 SKD61 热作模具钢维氏硬度的下降[30]。并且无论是回火马氏体组织的转变还是回火马氏体晶粒的长大,抑或是残余应力的降低,都会因回火热处理温度的增加而得到促进。因此,在高温回火热处理阶段,回火热处理后的再结晶重熔处理铸态 SKD61 热作模具钢的维氏硬度的平均值随回火热处理温度的升高而大幅度降低。此外,由于高温回火热处理所引发的微观组织演变不仅发生于再结晶重熔处理铸态 SKD61 热作模具钢的原固相区域,还发生于再结晶重熔处理铸态 SKD61 热作模具钢的原液相区域,高温回火热处理后的再结晶重熔处理铸态 SKD61 热作模具钢的微观组织形貌随回火热处理温度的升高而变得更加均匀。因此,在高温回火热处理阶段,回火热处理后的再结晶重熔处理铸态 SKD61 热作模具钢的维氏硬度的数据标准差随回火热处理的升高而降低。

　　通过平板拉伸试验所测量的以不同回火热处理温度开展的回火热处理后再结晶重熔处理铸态 SKD61 热作模具钢的极限拉伸强度和延伸率分别如图 5.18 和图 5.19 所示。当回火热处理温度为 200℃时,再结晶重熔处理铸态 SKD61 热作模具钢的极限拉伸强度和延伸率与淬火热处理后再结晶重熔处理铸态 SKD61 热作模具钢的极限拉伸强度(图 5.11)和延伸率(图 5.12)大致相同。当回火热处理温度在高于 200℃且低于 560℃阶段内时,回火热处理后再结晶重熔处理铸态 SKD61 热作模具钢的极限拉伸强度随回火热处理温度的升高而增大。当回火热处理温度为 560℃时,回火热处理后再结晶重熔处理铸态 SKD61 热作模具钢的极限拉伸强度达到峰值(1480MPa)。在此回火热处理温度范围内(200~560℃),回火热处理后再结晶重熔处理铸态 SKD61 热作模具钢的延伸率并未随回火热处理温度的升高而发生明显的变化。当回火热处理温度超过 600℃后,回火热处理后再结晶重熔处理铸态 SKD61 热作模具钢的极限拉伸强度随着回火热处理温度的升高而迅速下降。当回火热处理温度升高至 800℃时,回火热处理后再结晶重熔处理铸态 SKD61 热作模具钢的极限拉伸强度仅约为 500MPa。另外,当回火热处理温度超过 560℃后,其再结晶重熔处理铸态 SKD61 热作模具钢的延伸率则随着回火热处理温度的升高而迅速增加。当回火热处理温度升高至 800℃时,回火热处理后再结晶重熔处理铸态 SKD61 热作模具钢的延伸率达到约 27.3%。

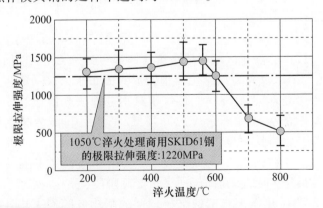

图 5.18　以不同回火热处理温度开展的回火热处理后再结晶重熔处理铸态
SKD61 热作模具钢的极限拉伸强度(回火时间是 1.5h)

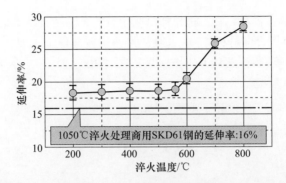

图 5.19　以不同回火热处理温度开展的回火热处理后再结晶
重熔处理铸态 SKD61 热作模具钢的延伸率(回火时间是 1.5h)

　　上述回火热处理后的再结晶重熔处理铸态 SKD61 热作模具钢的极限拉伸强
度和延伸率随回火热处理温度的变化规律,可以通过不同回火热处理温度所导致
的回火热处理后的再结晶重熔处理铸态 SKD61 热作模具钢不同微观组织演变规
律和再结晶重熔处理铸态 SKD61 热作模具钢的残余应力变化情况进行解释。由
于 200℃的回火热处理并未能消除位于再结晶重熔处理铸态 SKD61 热作模具钢原
液相区域的锁链状碳化物,因此当回火热处理温度为 200℃时,其再结晶重熔处理
铸态 SKD61 热作模具钢的极限拉伸强度和延伸率都有较大的进步空间。随着回
火热处理温度的升高,一方面,在再结晶重熔处理铸态 SKD61 热作模具钢的原固
相区中马氏体组织逐渐通过释放残余应力有效地提高塑性;另一方面,在再结晶重
熔处理铸态 SKD61 热作模具钢的原液相区的共晶化合物的形貌和分布都发生很
大的变化,连续的锁链状碳化物被离散的共晶化合物所取代。当回火热处理温度
升高至 560℃时,上述微观组织演变引起回火热处理后的再结晶重熔处理铸态
SKD61 热作模具钢的极限拉伸强度和延伸率提高。当回火热处理温度超过 600℃
后,大量的回火马氏体晶粒开始变得粗大,粗大的马氏体晶粒具有较高的塑性和较
低的强度,此外,此前发挥着强化效应的离散共晶化合物开始在高温回火热处理过
程中凝聚并聚集在回火马氏体的晶界上。上述微观组织演变导致回火热处理后
的再结晶重熔处理铸态 SKD61 热作模具钢的极限拉伸强度的显著降低和延伸率
的显著升高。当回火热处理温度升高至 800℃时,使用光学显微镜和场发射扫描
电子显微镜拍摄的回火热处理后的再结晶重熔处理铸态 SKD61 热作模具钢的拉
伸断口金相组织如图 5.20 所示。如图 5.20(a)所示,在平板拉伸试验过程中,断
裂并不仅仅发生在 800℃回火热处理后的再结晶重熔处理铸态 SKD61 热作模具钢
的原液相区域或者原固相区域,而是发生在整个区域。如图 5.20(b)所示,在回火
热处理后的再结晶重熔处理铸态 SKD61 热作模具钢的拉伸断面上仅仅观察到了
韧性断裂的刃窝这种微观组织特征,这说明 800℃回火热处理后的再结晶重熔处

理铸态 SKD61 热作模具钢在平板拉伸试验中所发生的断裂是单纯的韧性断裂（常见于塑性加工金属合金材料）。这也就从另一个侧面印证了 800℃ 回火热处理后的再结晶重熔处理铸态 SKD61 热作模具钢在平板拉伸试验中所表现出的较好的塑性和较低的极限拉伸强度。

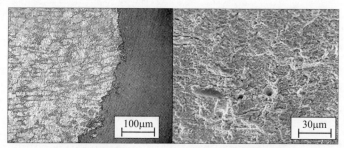

(a) 光学显微镜照片   (b) 扫描电镜照片

图 5.20   当回火热处理温度为 800℃ 时使用光学显微镜和场发射扫描
电子显微镜拍摄的回火热处理后的再结晶重熔处理铸态 SKD61
热作模具钢的拉伸断口金相组织(回火时间是 1.5h)

冲击试验往往用于测试金属合金材料的韧性，而作为冲击试验的主要结果也就是判断金属合金材料的韧性的评价标准，就包括了冲击能量和冲击破坏后金属合金试样断口的微观组织形貌[32]。

通过不同热处理条件处理后的再结晶重熔处理铸态 SKD61 热作模具钢的冲击能量如表 5.4 所列。从表 5.4 所列数据可以看出，以 560℃ 的回火热处理温度开展回火热处理前后，经过淬火热处理温度为 1050℃ 的淬火热处理的再结晶重熔处理铸态 SKD61 热作模具钢的冲击能量分别为 13.5J 和 27.4J。可见 560℃ 的回火热处理将淬火热处理后的再结晶重熔处理铸态 SKD61 热作模具钢的抗冲击能力提升了大约整整一倍。为了更好地解释 560℃ 回火热处理对淬火热处理后再结晶重熔处理的铸态 SKD61 热作模具钢的抗冲击性能的提升，使用场发射扫描电子显微镜对冲击破坏的不同热处理条件处理的再结晶重熔处理铸态 SKD61 热作模具钢的微观组织形貌进行了观察，所拍摄的微观组织照片如图 5.21 所示。

表 5.4   通过不同热处理条件处理后的再结晶重熔处理铸态 SKD61
热作模具钢和轧制态 SKD61 热作模具钢的冲击能量

热处理工艺	冲击能量/J
铸态	3.2 ± 0.5
再结晶重熔处理后 1050℃ 淬火热处理	13.5 ± 2.0
再结晶重熔处理后 1050℃ 淬火热处理后 560℃ 回火热处理	27.4 ± 5.0
商用轧制态	75.0 ± 3.0

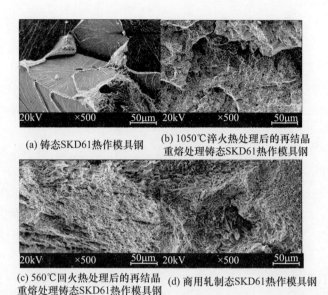

(a) 铸态SKD61热作模具钢
(b) 1050℃淬火热处理后的再结晶
重熔处理铸态SKD61热作模具钢
(c) 560℃回火热处理后的再结晶
重熔处理铸态SKD61热作模具钢
(d) 商用轧制态SKD61热作模具钢

图 5.21　不同热处理工艺处理后的再结晶重熔处理铸态 SKD61
热作模具钢和商用轧制态 SKD61 热作模具钢的冲击断口显微组织照片

　　铸态 SKD61 热作模具钢因冲击试验而断裂的断面上除了尺寸巨大的解理面外,没有其他金相组织,如图 5.21(a)所示。铸态 SKD61 热作模具钢的冲击断面上充斥的巨大解理面说明铸态 SKD61 热作模具钢在冲击试验中发生了单纯的脆性断裂,而且解理面的大小与铸态 SKD61 热作模具钢中枝晶组织的粗大程度成正比。结合铸态 SKD61 热作模具钢非常低的耐冲击能量(3.2J),说明粗大的铸态枝晶组织和贯穿于枝晶之间的脆性共晶化合物导致了铸态 SKD61 热作模具钢在较低的冲击能量下就会发生非常严重的脆性解理断裂[33]。

　　商用轧制态 SKD61 热作模具钢因冲击试验而断裂的断面上除了细小而均匀的韧窝外并不存在其他金相组织,如图 5.21(d)所示。商用轧制态 SKD61 热作模具钢的冲击断面上均匀分布的细小韧窝证明,商用轧制态 SKD61 热作模具钢在冲击试验中发生了纯粹的韧性断裂,而且韧窝的尺寸与商用轧制态 SKD61 热作模具钢中的等轴形貌的晶粒的精细程度成正比。结合商用轧制态 SKD61 热作模具钢非常高的耐冲击能量(75.0J),说明精细的等轴晶粒组织和离散且均匀分布的共晶化合物导致了商用轧制态 SKD61 热作模具钢在较高的冲击能量下才会发生韧性断裂[34]。

　　以 1050℃开展淬火热处理后的再结晶重熔处理铸态 SKD61 热作模具钢因冲击试验而断裂的断面上存在着较为细小的解理面,如图 5.21(b)所示。相较于铸态 SKD61 热作模具钢的冲击断面上巨大而平滑的解理面,1050℃淬火热处理后的再结晶重熔处理铸态 SKD61 热作模具钢的冲击断面上的解理面不仅面积较小,而且其表面也较为粗糙,但是依然能够依据冲击断面的微观组织形貌判断 1050℃淬火热处理后的再结晶重熔处理铸态 SKD61 热作模具钢在冲击能量的作用下发生了脆性解理断裂。由于再结晶重熔处理使得铸态 SKD61 热作模具钢的组织形貌从粗大的枝晶组织变成了较为细小的等轴晶组织,因此,冲击断面上的解理面的面积也随着组织的细化而变小。此外,再结晶重熔处理还让共晶化合物在铸态 SKD61 热作模具钢中的分布更加均匀了,但是这些脆性的共晶化合物在 1050℃开展淬火热处理后的再结晶重熔处理铸态 SKD61 热作模具钢中依旧呈连续的锁链状分布而不是离散分布,因此在冲击能量的作用下,首先会在这些连续的脆性共晶化合物处发生应力集中进而引发整个 1050℃开展淬火热处理后的再结晶重熔处理铸态 SKD61 热作模具钢的断裂。由于共晶化合物在 1050℃开展淬火热处理后的再结晶重熔处理铸态 SKD61 热作模具钢中分布更多的是遵循了随机围绕在马氏体晶粒周围的原则,因此在冲击断口上观察到的解理面不仅比较细小,而且表面并不光滑。同时,由于快速冷却而储存在 1050℃淬火热处理后的再结晶重熔处理铸态 SKD61 热作模具钢内部较高的残余应力也导致其较低的耐冲击能量(13.5J)。

以 560℃开展回火热处理后的再结晶重熔处理铸态 SKD61 热作模具钢因冲击试验而断裂的断面上不仅存在着较小尺寸的韧窝,同时存在一些同样细小的解理面,如图 5.21(c)所示。560℃回火热处理后的再结晶重熔处理铸态 SKD61 热作模具钢的冲击断面上共存的细小韧窝和细小解理面说明 560℃回火热处理后的再结晶重熔处理铸态 SKD61 热作模具钢在冲击试验中同时发生了韧性断裂和脆性断裂。结合 560℃回火热处理后的再结晶重熔处理铸态 SKD61 热作模具钢介于 1050℃淬火热处理后的再结晶重熔处理铸态 SKD61 热作模具钢和轧制态 SKD61 热作模具钢之间的耐冲击能量(27.4J),说明 560℃回火热处理所引发的再结晶重熔处理铸态 SKD61 热作模具钢的微观组织演变(主要包括微观组织的均匀化和共晶化合物的离散化)以及残余应力的消除,可以非常有效地提高再结晶重熔处理铸态 SKD61 热作模具钢的韧性。但是由于 560℃回火热处理并不能将淬火热处理后的再结晶重熔处理铸态 SKD61 热作模具钢中原液相区域的连续锁链状共晶化合物完全地转化为均匀且离散分布于材料内部的共晶化合物,同时 560℃回火热处理并不能将淬火热处理后的再结晶重熔处理铸态 SKD61 热作模具钢内部的残余应力彻底消除,因此在冲击能量的作用下,560℃回火热处理后的再结晶重熔处理铸态 SKD61 热作模具钢内部的一些含有非离散共晶化合物的区域依然会发生脆性断裂而形成解理面。由于上述客观事实的存在,导致 560℃回火热处理后的再结晶重熔处理铸态 SKD61 热作模具钢的耐冲击能量仅能够达到商用轧制态 SKD61 热作模具钢的 36.5%。

高温摩擦磨损试验往往用于测试金属合金材料在工况温度较高的环境下抗

摩擦磨损的能力[35]。对于广泛应用于热锻模具制造的 SKD61 热作模具钢来说,高温摩擦磨损试验的结果直接关系到该材料制品的使用性能和寿命。而作为高温摩擦磨损试验的主要结果也就是判断金属合金材料在高温工况下抗摩擦磨损能力的评价标准,就包括了磨损量和高温摩擦磨损试验后金属合金试样磨损表面的微观组织形貌。

不同热处理工艺处理后的再结晶重熔处理铸态 SKD61 热作模具钢和市面上的轧制态 SKD61 热作模具钢在 600℃ 的高温摩擦磨损试验中的磨损量详细数据见表 5.5。

表 5.5　通过不同热处理条件处理后的再结晶重熔处理铸态 SKD61
热作模具钢和商用轧制态 SKD61 热作模具钢的磨损量

热处理工艺	磨损量/cm³
铸态	8.55 ± 0.31
再结晶重熔处理 + 1050℃ 淬火热处理	5.72 ± 0.53
再结晶重熔处理 + 1050℃ 淬火热处理 + 560℃ 回火热处理	3.61 ± 0.33
商用轧制态	2.99 ± 0.29

使用场发射扫描电子显微镜拍摄的不同热处理工艺处理后的再结晶重熔处理铸态 SKD61 热作模具钢和市面上的轧制态 SKD61 热作模具钢的高温摩擦磨损表面的显微组织照片如图 5.22 所示。在这些加工处理或者热处理条件各异

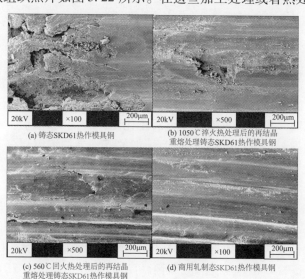

(a) 铸态SKD61热作模具钢

(b) 1050℃淬火热处理后的再结晶
重熔处理铸态SKD61热作模具钢

(c) 560℃回火热处理后的再结晶
重熔处理铸态SKD61热作模具钢

(d) 商用轧制态SKD61热作模具钢

图 5.22　使用场发射扫描电子显微镜拍摄的不同热处理工艺处理
后的再结晶重熔处理铸态 SKD61 热作模具钢和商用轧制态 SKD61
热作模具钢的 600℃ 高温摩擦磨损表面的显微组织照片

的 SKD61 热作模具钢的高温摩擦磨损表面,都能够或多或少地观察到磨损轨迹和黏连层等微观形貌。摩擦磨损表面上黏连层的存在是由于针状磨损试样和盘状摩擦副之间的无润滑条件的高温摩擦所引起较高热量进而导致的两者接触表面的瞬间焊合造成的[36]。由于加工硬化的原因,针状磨损试样和盘状摩擦副材料因瞬间焊合而生成的黏连层具有较差的韧性,会由于针状磨损试样和盘状摩擦副的相互运动而发生的瞬间剥离而形成局部开裂和脱落,因为针状磨损试样和盘状摩擦副材料之间是沿固定半径的圆形轨迹的相互运动,因此各种摩擦磨损表面上的裂痕或者脱落都是沿着固定半径的圆形轨迹发生的,也就形成了所观察到的磨损轨迹[37]。

　　铸态 SKD61 热作模具钢的高温摩擦磨损表面除了部分平滑的黏连层外都是尺寸巨大的裂痕和剥落破坏表面,如图 5.22(a)所示。依据英国谢菲尔德大学的哈伦(Hanlon)和瑞思弗兹(Rainforth)等的科研成果,铸态金属合金材料在高温摩擦磨损试验中的撕裂和剥离往往源于粗大而连续的共晶化合物和树枝状的合金基体的界面处[38]。由于粗大的共晶化合物较差的力学性能以及它们与树枝状的合金基体之间脆弱的接合能力,使得铸态 SKD61 热作模具钢在高温摩擦磨损试验过程中发生了非常严重的裂纹和剥离破坏,如图 5.22(a)所示。同时从表 5.5 所列出的铸态 SKD61 热作模具钢较大的磨损量数据(约 8.55cm³)也能够从另一个角度印证铸态 SKD61 热作模具钢在高温条件下较差的抗摩擦磨损能力。

　　商用轧制态 SKD61 热作模具钢的高温摩擦磨损表面上只有一些细小的磨损轨迹和裂纹均匀地分布在平滑的黏连层上面,如图 5.22(d)所示。商用轧制态 SKD61 热作模具钢的高温摩擦磨损表面上细小的裂纹和均匀分布的磨损轨迹证明商用轧制态 SKD61 热作模具钢在高温摩擦磨损试验中并没有发生非常严重的撕裂和剥离,而且磨损轨迹和裂纹的细微程度与商用轧制态 SKD61 热作模具钢中的等轴形貌晶粒的精细程度成正比。结合商用轧制态 SKD61 热作模具钢较少的磨损量(约 2.99cm³),说明精细的等轴晶粒组织和离散且均匀分布的共晶化合物导致了商用轧制态 SKD61 热作模具钢在较高温度条件下依然具有较好的抗摩擦磨损性能。

　　以 1050℃ 开展淬火热处理后的再结晶重熔处理铸态 SKD61 热作模具钢的高温摩擦磨损表面上同时存在着平滑的黏连层和一定程度的剥离破坏特征,如图 5.22(c)所示。相较于铸态 SKD61 热作模具钢的高温摩擦磨损表面上巨大的剥离破坏特征,1050℃ 淬火热处理后的再结晶重熔处理铸态 SKD61 热作模具钢的高温摩擦磨损表面上的剥离破坏特征相对较少,但是依然能够结合表 5.5 所列的磨损量数据(约 5.72cm³)判断 1050℃ 淬火热处理后的再结晶重熔处理铸态 SKD61 热作模具钢在高温摩擦磨损试验中发生了较为严重的剥落和破坏。

尽管 1050℃淬火热处理后的再结晶重熔处理铸态 SKD61 热作模具钢中大量的马氏体组织具有较高的硬度和较好的耐磨性,但是处于原液相区域的残余奥氏体的硬度和耐磨性都较为低下,而贯穿于上述残余奥氏体中间连续的锁链状共晶化合物更是 1050℃淬火热处理后的再结晶重熔处理铸态 SKD61 热作模具钢在高温摩擦磨损试验过程中裂纹产生的源头。而储存于 1050℃淬火热处理后的再结晶重熔处理铸态 SKD61 热作模具钢内部较高的残余应力也加剧了该材料在高温摩擦磨损试验中发生失效的风险。因此,尽管再结晶重熔处理在一定程度上实现了铸态 SKD61 热作模具钢的晶粒组织细化和共晶化合物均匀化,但是因液相偏析造成的微观组织非均匀性和锁链状共晶化合物并没有因后续的淬火热处理而得到充分改善,上述微观组织缺陷以及淬火热处理所引起的残余应力严重影响了该材料抗高温摩擦磨损性能的进一步提高。

以 560℃开展回火热处理后的再结晶重熔处理铸态 SKD61 热作模具钢的高温摩擦磨损表面上主要是平滑的黏连层,在黏连层上可以观察到较细小的磨损轨迹和一些裂纹,但是并没有观察到剥离破坏的特征,如图 5.22(c)所示。560℃回火热处理后的再结晶重熔处理铸态 SKD61 热作模具钢的高温摩擦磨损表面上并没有发生剥离破坏,说明在该材料内部的共晶化合物的分布和形貌在560℃的回火热处理过程中发生了明显的变化。细小而离散的共晶化合物能够更好地跟合金材料基体结合,并且它们的接合界面不再会因为共晶化合物处的应力集中而发生连续的剥离破坏。同时 560℃的回火热处理有效地降低了淬火热处理后的再结晶重熔处理铸态 SKD61 热作模具钢内部的残余应力,进而有效地提高了该材料在高温条件下抗摩擦磨损的能力。表 5.5 所列出的磨损量数据(约 3.61cm^3)也证实了上述推论。然而,由于 560℃回火热处理并不能彻底地将所有的锁链状碳化物转化为完全离散且均匀分布于合金材料基体内部的细微共晶化合物。其中部分共晶化合物会因其具有特殊的几何形貌或因其与其他共晶化合物距离较近而在高温摩擦磨损试验过程中成为裂纹萌发并加剧的根源,具体表现为图 5.22(c)所示的裂纹。除了上述共晶化合物尺寸和分布的情况外,回火马氏体较大的晶粒尺寸和较低的硬度也是导致 560℃回火热处理后再结晶重熔处理铸态 SKD61 热作模具钢的抗高温摩擦磨损性能明显低于商用轧制态 SKD61 热作模具钢的主要原因,560℃回火热处理后的再结晶重熔处理铸态 SKD61 热作模具钢在 600℃的高温条件下的磨损量仍为商用轧制态 SKD61 热作模具钢的约 1.21 倍。

综上所述,铸态 SKD61 热作模具钢因其粗大的树枝状微观组织形貌以及不均匀的共晶化合物分布情况而具有极差的力学性能。通过试验手段证明了再结晶重熔处理以及后续的一系列热处理能够细化铸态 SKD61 热作模具钢的微观组织,并实现铸态 SKD61 热作模具钢内部共晶化合物的均匀离散分布,进而有效地提高铸态 SKD61 热作模具钢的力学性能。然而,多种热处理后的再结晶重熔处理铸态 SKD61 热作模具钢的力学性能依然无法达到商用轧制态 SKD61 热作模具钢的水平,因此基于半固态成形技术的工具钢产品生产加工工艺需要通过引进热塑性变形等环节而实现进一步优化,并最终达到能够以较短的工艺流程以及较少的能耗和成本生产制造出具有同样甚至更高表面质量和使用性能的工具钢制品的目标。

5.5   本章小结

本章研究了退火热处理、淬火热处理、回火热处理等热处理工艺及相应的热处理条件对再结晶重熔处理铸态 SKD61 热作模具钢的微观组织和力学性能的影响。基于试验和分析的结果得出以下结论。

淬火热处理后的再结晶重熔处理铸态 SKD61 热作模具钢具有较高的硬度,但硬度在试样中的分布并不均匀。在其原液相区域析出的锁链状碳化物导致了淬火热处理后的再结晶重熔处理铸态 SKD61 热作模具钢具有较差的力学性能。

回火热处理可以有效地改善淬火热处理后的再结晶重熔处理铸态 SKD61 热作模具钢的微观组织的精细度和均匀性。随着回火热处理温度的增加,回火热处理后的再结晶重熔处理铸态 SKD61 热作模具钢试样的维氏硬度数值呈非线性改变,同时维氏硬度的均匀性得到明显改善。

随着回火热处理温度的增加,回火热处理后的再结晶重熔处理铸态 SKD61 热作模具钢试样的塑性得到明显的改善。当回火热处理温度为 560℃时,回火热处理后的再结晶重熔处理铸态 SKD61 热作模具钢试样呈现出良好的综合力学性能。

参 考 文 献

[1] 崔忠圻,覃耀春. 金属学与热处理[M]. 北京:机械工业出版社,2010:18 – 19.

[2] 叶宏. 金属热处理原理与工艺[M]. 北京:化学工业出版社,2011:10 – 12.

[3] 潘健生,胡明娟. 热处理工艺学[M]. 北京:高等教育出版社,2009:22 – 24.

[4] 马伯龙,杨满. 热处理技术图解手册[M]. 北京:机械工业出版社,2015:28 – 34.

[5] PÜTTGEN W,HALLSTEDT B,BLECK W,et al. On the microstructure formation in chromium steels rapidly cooled from the semisolid state[J]. Acta Materialia,2007,55(3):1033 – 1042.

[6] MENG Y,SUGIYAMA S,YANAGIMOTO J. Effects of heat treatment on microstructure and mechanical prop-

erties of Cr – V – Mo steel processed by recrystallization and partial melting method[J]. Journal of Materials Processing Technology,2014,214(1):1731 – 1741.

[7] 胡光立,谢希文. 钢的热处理(原理和工艺)[M]. 西安:西北工业大学出版社,2018:43 – 44.

[8] 侯旭明. 热处理原理与工艺[M]. 北京:机械工业出版社,2015:52 – 54.

[9] 易丹青,崔振铎,刘华山,等. 金属材料及热处理[M]. 长沙:中南大学出版社,2010:68 – 74.

[10] TOTTEN G,HOWES M,INOUE T. Handbook of residual stress and deformation of steel[M]. Ohio:ASM International,2002:232 – 234.

[11] FINKLER H,SCHIRRA M. Transformation behaviour of the high temperature martensitic steels with 8% ~ 14% chromium[J]. Steel Research,1996,67:328 – 342.

[12] PÜTTGEN W,HALLSTEDT B,BLECK W,et al. On the microstructure and properties of 100Cr6 steel processed in the semisolid state[J]. Acta Materialia,2007,55:6553 – 6560.

[13] DOBRZANSKI L A,MAZURKIEWICZ J,HAJDUCZEK E. Effect of thermal treatment on structure of newly developed 47CrMoWVTiCeZr16 – 26 – 8 hot – work tool steel[J]. Journal of Materials Processing Technology,2004,157:472 – 484.

[14] DEIRMINA F,PELLIZZARI M. Strengthening mechanisms in an ultrafine grainedpowder metallurgical hot work tool steel produced by high energy mechanical milling and spark plasma sintering[J]. Materials Science and Engineering:A,2019,743:349 – 360.

[15] ÅSBERG M,FREDRIKSSON G,HATAMI S,et al. Influence of post treatment on microstructure,porosity and mechanical properties of additive manufactured H13 tool steel[J]. Materials Science and Engineering:A,2019,742:584 – 589.

[16] ISFAHANY A N,SAGHAFIAN H,BORHANI G. The effect of heat treatment on mechanical properties and corrosion behavior of AISI420 martensitic stainless steel[J]. Journal of Alloys and Compounds,2011,509:3931 – 3936.

[17] KRELL J,RÖTTGER A,GEENEN K,et al. General investigations on processing tool steel X40CrMoV5 – 1 with selective laser melting[J]. Journal of Materials Processing Technology,2018,255:679 – 688.

[18] PÜTTGEN W,HALLSTEDT B,BLECK W,et al. On the microstructure formation in chromium steels rapidly cooled from the semisolid state[J]. Acta Materialia,2007,55:1033 – 1042.

[19] MAJ P,ADAMCZYK – CIESLAK B,NOWICKI J,et al. Precipitation and mechanical properties of UNS 2205 duplex steel subjected to hydrostatic extrusion after heat treatment[J]. Materials Science and Engineering:A,2018,734:85 – 92.

[20] 徐祖耀. 相变与热处理[M]. 上海:上海交通大学出版社,2014:103 – 104.

[21] 马伯龙. 热处理工艺设计与选择[M]. 北京:机械工业出版社,2013:82 – 83.

[22] 赵乃勤. 热处理原理与工艺[M]. 北京:机械工业出版社,2012:101 – 104.

[23] SAHA D C,BIRO E,GERLICH A P,et al. Effects of tempering mode on the structural changes of martensite [J]. Materials Science and Engineering:A,2016,673:467 – 475.

[24] LI J,ZHANG C,LIU. Y. Influence of carbides on the high – temperature tempered martensite embrittlement of martensitic heat – resistant steels[J]. Materials Science and Engineering:A,2016,670:256 – 263.

[25] SUN C,LIU S L,MISRA R D K,et al. Influence of intercritical tempering temperature on impact toughness of a quenched and tempered medium – Mn steel:Intercritical tempering versus traditional tempering [J]. Materials Science and Engineering:A,2018,711:484 – 491.

[26] TOMOTA Y,GONG W,HARJO S,et al. Reverse austenite transformation behavior in a tempered martensite low – alloy steel studied using in situ neutron diffraction[J]. Scripta Materialia,2017,133:79 – 82.

[27] WU Y X. SUN WW. STYLES M J,et al. Cementite coarsening during the tempering of Fe – C – Mn martens-ite[J]. Acta Materialia,2018,159:209 – 224.

[28] SU G,GAO X,YAN T,et al. Intercritical tempering enables nanoscale austenite/ε – martensite formation in low – C medium – Mn steel:A pathway to control mechanical properties[J]. Materials Science and Engi-neering:A,2018,736:417 – 430.

[29] HIDALGO J,FINDLEY K O,SANTOFIMIA M J. Thermal and mechanical stability of retained austenite sur-rounded by martensite with different degrees of tempering[J]. Materials Science and Engineering:A,2017, 690:337 – 347.

[30] ZHANG H,DOU B,TANG H,et al. Secondary hardening in laser rapidly solidified Fe68(MoWCrVCoNiAl-Cu)32 medium – entropy high – speed steel coatings[J]. Materials and Design,2018,159:224 – 231.

[31] CUPERTINO MALHEIROS L R,Pachon Rodriguez E A,Arlazarov A. Mechanical behavior of tempered mar-tensite:Characterization and modeling[J]. Materials Science and Engineering:A,2017,706:38 – 47.

[32] SZÁÁRAZ Z,HÄHNER P,STRÁSKÁ J,et al. Effect of phase separation on tensile and Charpy impact prop-erties of MA956 ODS steel[J]. Materials Science and Engineering:A,2017,700:425 – 437.

[33] CHEN J,REN J,LIU Z,et al. Interpretation of significant decrease in cryogenic – temperature Charpy im-pact toughness in a high manganese steel[J]. Materials Science and Engineering:A,2018,737:158 – 165.

[34] STRNADEL B,HAUŠILD P. Statistical scatter in the fracture toughness and Charpy impact energy of pearlit-ic steel[J]. Materials Science and Engineering:A,2008,486:208 – 214.

[35] LI J,YAN X,LIANG X,et al. Influence of different cryogenic treatments on high – temperature wear behav-iör of M2 steel[J]. Wear,2017,376 – 377(B):1112 – 1121.

[36] GUO X,LAI P,TANG L,et al. Time – dependent wear behavior of alloy 690 tubes fretted against 405 stain-less steel in high – temperature argon and water[J]. Wear,2018,414 – 415:194 – 201.

[37] JAFARI A,DEHGHANI K,BAHAADDINI K,et al. Experimental comparison of abrasive and erosive wear characteristics of four wear – resistant steels[J]. Wear,2018,416 – 417:14 – 26.

[38] HANLON D N,RAINFORTH W M. The rolling sliding wear response of conventionally processed and spray formed high speed steel at ambient and elevated temperature[J]. Wear,2003,255:956 – 966.

第6章 结论与展望

6.1 结论

第1章介绍了工具钢随人类社会进步发展的流程,并介绍了半固态成形技术这一融合了铸造和锻造两种传统金属合金材料成形工艺各自优势的创新金属合金材料成形技术从发明到应用的历史沿革,并且探讨了钢铁合金材料在半固态温度区间内独特微观组织形貌、在应变载荷驱动下的变形行为和力学性能,阐述了半固态钢铁合金材料所具备的这些特殊的组织和性能所能够引发工业技术创新的潜能,指出了选择适合半固态成形技术的钢铁合金材料的基本原则,并且针对钢铁合金材料在高温条件下所发生的复杂的金属相变进行了探讨。

第2章探讨了不同种类的工具钢材料在二次重熔以及半固态触变压缩变形过程中微观组织的演变规律以及半固态触变成形行为。进而对不同种类的钢铁材料在各种温度条件下的微观组织形貌以及半固态成形特征之间的依存关系有了清晰而完整的认识;并指出具有均匀球状微观组织的半固态钢铁合金坯料具有更加优异的半固态成形性能。上述研究成果对于建立基于半固态成形技术的高质量工具钢及其产品的制造新工艺的提出具有很重要的意义。

第3章介绍并讨论了各种可以获得具有均匀球化组织的钢铁合金半固态坯料或浆料的工艺和方法。基于工具和模具寿命及生产制造成本方面的考虑,选择了再结晶重熔法来实现半固态钢铁合金坯料或浆料的制备,基于半固态成形技术提出了两条创新的耗时更短、能耗更低的工具钢及其产品的生产制造工艺路线。

第4章系统地研究了再结晶重熔处理制备工具钢半固态坯料方面的应用。再结晶重熔处理包括塑性预成形和二次重熔两个主要阶段。通过物理模拟试验的手段探究了塑性预成形的主要工艺参数(预成形量和预成形温度)和二次重熔阶段的主要参数(加热速度和保温时间)对再结晶重熔处理铸态工具钢的微观组织和力学性能的影响,并基于试验结果给出了铸态工具钢的再结晶重熔处理的最佳工艺参数。

第5章系统地研究了后续热处理(退火热处理、淬火热处理、回火热处理)对再结晶重熔处理铸态工具钢的微观组织和材料力学性能的影响,并且分析了各热处理工艺的主要参数(如淬火温度、回火温度等)对再结晶重熔处理铸态工具钢的微观组织和力学性能的影响。本章通过试验方法所获得的结果可以为使用后续热处理工艺优化半固态钢铁合金制件组织和性能提供有效的参考。

6.2　科研意义

（1）本书揭示了轧制态和铸态 SKD61 热作模具钢和 SKD11 冷作模具钢在二次重熔过程中的微观组织演化规律。尤其指出轧制态 SKD61 热作模具钢在加热至较高的半固态温度后所获得的半固态组织具有更小的固相晶粒尺寸，颠覆了之前人们依据传统金属学所认知的加热温度越高则晶粒尺寸越大的思维定式。

（2）本书描述了多种工具钢材料再结晶重熔过程中的微观组织演变细节，包括再结晶、合金元素扩散、奥氏体化以及晶粒长大，并指出可以通过控制再结晶重熔工艺参数制取对工具钢半固态坯料或者浆料的微观组织和成形性能进行主观调控。

（3）本书详细阐述了半固态成形制件的主要缺陷之一——合金元素偏析形成的原因，即液相偏析，以及半固态成形工艺参数对液相偏析的影响规律，同时还指出半固态成形钢铁制件中的合金元素偏析可以通过后续的热处理工艺进行缓解乃至消除，进而有效地实现半固态成形钢铁合金制件力学性能的优化。本书中所述的抑制和消除半固态成形制件合金元素偏析的原理和方法可以给其他从事金属合金材料半固态成形的研究人员以启发，进而开发出能够更彻底消除合金元素偏析的新工艺。

（4）本书所做的研究可以给其他科研工作者提供更多的科研灵感和科学依据，促使钢铁合金材料的半固态成形技术及应用研究变得更加深入而广泛。

6.3　应用价值

工具钢及其产品的传统制造工艺路线往往采用长达 24h 的调质热处理和多道次热轧工艺，整个工艺流程会耗费大量的时间和能量，结合目前全球提倡的绿色制造理念并考虑物质资源与自然环境的问题，急需用耗时短且能耗低的工艺路线来代替传统的工艺路线。本书基于半固态成形技术，使用再结晶重熔工艺来达成金属合金材料的微观组织细化和合金元素分布均匀化的目标，进而提出的两条基于半固态成形技术的工具钢及其产品的创新生产制造工艺路线。相比传统的工具钢及其产品制造工艺路线，本书提出的两种新工艺路线不仅能够有效地降低能耗，大幅度缩短工艺链条，并且在本书的第 4 章和第 5 章系统地探讨了通过再结晶重熔和后续热处理实现工具钢微观组织细化、合金元素均布进而优化材料力学性能的机理，从而证实了两条创新的生产制造工艺路线的可行性。相信本书中提出的这两条创新的生产制造工艺路线在工具钢及其产品的生产制造领域具有足够的潜力和竞争力。

6.4　展望

　　尽管理论上讲本书提出的两条工具钢及其产品的创新生产制造工艺路线可以做到以较低的能耗和较短的周期实现高质量工具钢及其产品的生产加工制造。但是,如果要将上述工艺路线应用于实际的工业生产,目前看来仍然存在着几点需要改进之处。

　　(1)由于工具钢材料具有固－液相线温度高、高温条件下金属相变复杂且易氧化等特殊的性质,目前本书所提出的两种创新生产工艺路线只能在实验室使用特殊的设备以物理模拟的形式予以验证。如果想要实现上述两种新工艺路线在工业上的广泛应用,则需要依靠工程控制技术、工具模具材料制备技术、自动化设备技术等与工业生产密切相关的科学技术的全方位提升。

　　(2)虽然半固态成形(如再结晶重熔处理)的钢铁合金材料拥有比铸态同种类钢铁合金材料更加精细且均匀的微观组织形貌以及更加优良的材料力学性能,但是其力学性能却尚未达到通过传统工艺制造出的轧制态钢铁合金材料。因此,仍然需要在本书提出的创新工具钢及其产品的生产制造工艺流程基础上开发出更先进的工艺方法,进而使半固态成形的钢铁合金材料获得更加优异的微观组织形貌和材料力学性能。鉴于本书中针对基于半固态成形技术的工具钢及其产品生产制造工艺流程所开展的物理模拟试验所使用的试样尺寸有限,导致相当一部分材料力学性能测试难以顺利地开展,无法更加全面地掌握上述工艺流程中工具钢材料微观组织形貌和力学性能之间的影响规律。为解决上述问题,需要购置能够开展更大尺度物理模拟试验的成形设备和控温设备,比如图6.1所示的全新水平热轧设备,进而顺利地开展具有更大几何尺寸的物理模拟试样的试制以及其微观组织形貌的分析和力学性能的测试,为实现基于半固态成形技术的工具钢及其产品生产制造工艺流程的工业应用提供更加翔实而完备的参考基础。

图 6.1　准备用于物理模拟的水平热轧设备

(3)尽管后续的一系列传统热处理工艺可以在一定程度上优化因半固态成形引起的钢铁合金材料内部的合金元素偏析,但是并不能完全实现合金元素在钢铁合金材料内部的均匀分布进而完全消除合金元素偏析,因此,需要设计更具有创新性的热处理方案来解决上述问题,进而提高钢铁合金材料的力学性能。

(4)除了高效的半固态制坯/制浆设备方面的限制,半固态加工制件组织的不均匀性和质量的不可靠性不仅是禁锢半固态加工技术广泛应用于制造业的沉重枷锁,也是半固态加工技术在关键领域取代传统金属加工技术的技术鸿沟。半固态成形制件不均匀的微观组织是由于成形载荷下固相和液相不同的变形和流动行为所引发的固–液相分离现象造成的。尽管该现象可被日本东京大学的杉山澄雄等用于提取循环利用废旧金属内部的杂质[1]、被我国北京科技大学的宋仁伯等制造内外不同组织及性能的零件[2],然而就金属成形而言,固–液相分离严重影响制件的力学性能,并阻碍半固态成形技术的工业应用。对固–液相分离现象及其造成的组织不均匀性进行有效地控制,这为钢铁半固态成形的研究带来更大的挑战。部分研究着眼于成形过程,如英国莱彻斯特大学的奥马尔等指出导致固–液相分离的液相外流并非贯穿半固态成形始终,而是仅仅存在于某个阶段,但并没有提出有效的手段对其进行控制[3]。我国北京科技大学的李静媛等的研究指出,液相体积比较高、固相圆球度较好的半固态组织更易引起较严重的固–液相分离[4]。韩国釜山大学的徐(Seo)和巴西圣卡洛斯联邦大学的维埃拉(Vieira)的研究表明,提高应变速率有助于抑制液相外流,但提高应变速率同样对成形设备提出了较高的要求[5,6]。而另一部分研究则探究了后续热处理及其条件对半固态加工制件内部不均匀组织及力学性能的影响,其结果表明,传统的热处理手段仅能改善部分合金工具钢如 X210CrW126 和 H13 因固–液相分离导致的不均匀显微组织,而对于 100Cr 等材料,其改善效果并不明显[7-10]。2013 年,日本东京大学的柳本润等利用微观组织形貌和应变速率对固–液相分离的影响规律,提出了时变控制半固态成形这一新工艺,将一般的流变成形拆分成半固态温度区间内的多段不同速的成形工艺[11-13],如图 6.2(b)所示。先以较快的速度完成含坯料的初期变形(S_a),随后通过冷却使部分液相凝固从而避免固–液相分离加剧,进而对以较慢的速度完成剩余变形量(S_b),并利用机械伺服压力机验证了该工艺的可行性,研究了成形温度、冷却保持时间、上模温度等 3 个成形参数对成形结果的影响,并获得了具有微观组织和力学性能相对均匀的铝合金制件。然而对于初锻/终锻成形阶段的研究并不充分,如初锻/终锻成形的变形量比率、应变速率比率的相互作用以及对成形结果的影响并没有被系统分析,而且对冷却保持阶段坯料显微组织的优化和控制仍未得到充分的挖掘。同时,对于时变控制半固态成形工艺应用于其他金属材料的加工成形及其适用性等方面的研究仍处于空白状态。而通过分析合金工具钢在高温状态下复杂的相变对其半固态成形机理的影响,进而控制并优化其制件组织和性能等方面的研究更是鲜有报道。基于这种现状,本书作者拟开展对合金工具钢时变控制半固态触变近净成形技术及变形机制研究。期望最大程度地克服合金工具钢较高的工作温度,充分利用其在高温状态下复杂相变所引发的一系列微观组织演变,有效地控制半固态成形过程中所发生的固-液相分离现象,实现具有均匀而良好的力学性能的复杂结构件的近净成形乃至精确成形一直是研究者们追求的目标,将具有极大的发展前景和应用空间。

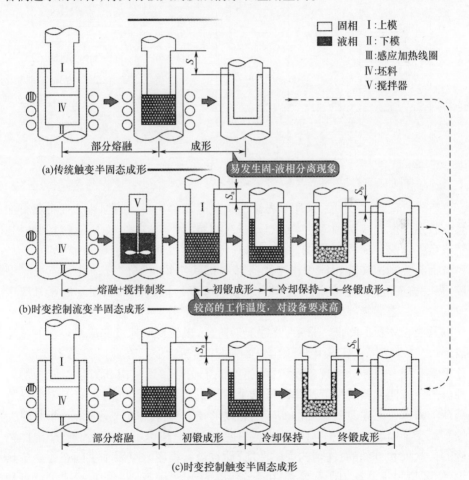

图 6.2　将一般流变成形拆分成半固态温度
区间内的多段不同速度变成形工艺

本书作者提出合金工具钢的时变控制半固态触变成形加工技术,主题思路如图 6.2(c)所示。其技术原理不同于图 6.2(a)所示的传统半固态触变成形技术,而是将半固态触变成形技术与时变控制流变成形技术相结合,包括部分熔融、初锻成形、冷却保持、终锻成形4个阶段。成形过程中温度和压下量随时间的变化如图6.3所示。

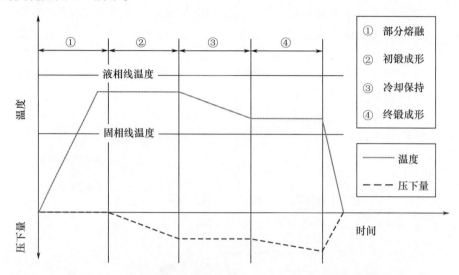

图6.3   时变控制半固态触变成形中温度和压下量随时间的变化曲线

首先,部分熔融阶段,采用电磁感应加热等简单而高效的加热方式将坯料加热到特定温度以获得理想的半固态球状组织,克服了较高的工作温度对制坯/制浆设备的需求。随后,初锻成形阶段,以较高的速度对坯料进行初锻成形(S_a),一方面充分利用高液相体积比半固态坯料球状组织良好的流动性填充模具型腔,另一方面利用较高的应变速率能够较大程度地推迟并抑制固-液相分离现象的发生。之后,冷却保持阶段,坯料内部发生部分凝固,引起微观组织形貌变化以及液相体积比降低。最后,终锻成形阶段,以较低的速度完成对坯料的整体成形(S_b),一方面由于液相体积比较低,固相的塑性成形在此阶段占主要部分,几乎没有固-液相分离现象发生,从而保证了制件微观组织和力学性能的均匀性。另一方面较低的应变速率降低这一阶段的成形载荷,进而降低了成形设备载荷的需求。上述时变控制触变半固态成形技术将传统的触变成形技术和时变控制流变半固态成形技术有效地组合,使成形制造技术不仅能赋予复杂构件精确的形状尺寸、良好而均匀的力学性能,而且最大程度上克服了半固态合金工具钢坯/浆料制备设备的严苛要求,可充分地发挥出半固态成形的近净成形特点和塑性成形的高性能优势,符合现代既要高材料质量利用率又要高材料性能利用率的绿色制造技术的发展方向。

参 考 文 献

[1] CHO T T,MENG Y,SUGIYAMA S,et al. Separation technology of tramp elements in aluminium alloy scrap by semisolid processing[J]. International Journal of Precision Engineering and Manufacturing,2015,16: 177 – 183.

[2] WANG Y,SONG R,Li Y. Flow mechanism of 9Cr18 steel during thixoforging and its properties for functionally graded material[J]. Materials and Design,2015,86:41 – 48.

[3] OMAR M Z,PALMIERE E J,HOWE A A,et al. Thixoforming of a high performance HP9/4/30 steel [J]. Materials Science and Engineering:A,2005,395:53 – 61.

[4] LI J,SUGIYAMA S,YANAGIMOTO J. Microstructural evolution and flow stress of semi – solid type 304 stainless steel[J]. Journal of Materials Processing Technology,2005,161:396 – 406.

[5] SEO P K,YOUN S W,KANG C G. The effect of test specimen size and strain – rate on liquid segregation in deformation behavior of mushy state material[J]. Journal of Materials Processing Technology,2002,130 – 131:551 – 557.

[6] VIEIRA E A,FERRANTE M. Prediction of rheological behaviour and segregation susceptibility of semi – solid aluminium – silicon alloys by a simple back extrusion test[J]. Acta Materialia,2005,53:5379 – 5386.

[7] ISFAHANY A N,SAGHAFIAN H,BORHANI G. The effect of heat treatment on mechanical properties and corrosion behavior of AISI420 martensitic stainless steel[J]. Journal of Alloys and Compounds,2011,509: 3931 – 3936.

[8] UHLENHAUT D I,KRADOLFER J,PÜTTGEN W,et al. Structure and properties of a hypoeutectic chromium steel processed in the semi – solid state[J]. Acta Materialia,2006,54:2727 – 2734.

[9] PÜTTGEN W,HALLSTEDT B,BLECK W,et al. On the microstructure and properties of 100Cr6 steel processed in the semi – solid state[J]. Acta Materialia,2007,55:6553 – 6560.

[10] MENG Y,SUGIYAMA S,YANAGIMOTO J. Effects of heat treatment on microstructure and mechanical properties of Cr – V – Mo steel processed by recrystallization and partial melting method[J]. Journal of Materials Processing Technology,2014,214:78 – 96.

[11] OSAKADA K,MORI K,ALTAN T,et al. Mechanical servo press technology for metal forming[J]. CIRP Annals,2011,60(2):651 – 672.

[12] YANAGIMOTO J. TAN J,SUGIYAMA S,et al. Controlled semisolid forging of aluminium alloys using mechanical servo press to manufacture products with homo – and heterogeneous microstructures[J]. Materials Transaction,2013,54(7):1149 – 1154.

[13] MENG Y,SUGIYAMA S,TAN J,et al. Effects of forming conditions on fomogeneity of microstructure and mechanical properties of A6061 aluminum alloy manufactured by time – dependent rheoforging on a mechanical servo press[J]. Journal of Materials Processing Technology,2014,214:3037 – 3047.

内 容 简 介

本书全面而系统地介绍了合金工具钢的半固态成形基础理论、技术及其应用等。全书共分6章,分别介绍了合金工具钢的半固态成形基础理论、合金工具钢的二次重熔及半固态触变成形性能、基于半固态成形技术的工具钢产品制造工艺、再结晶重熔法对合金工具钢的微观组织和力学性能的影响、热处理对再结晶重熔后合金工具钢的微观组织和力学性能的影响等。

本书可供金属塑性成形、金属锻造、材料加工等方面的工程技术人员和研究人员阅读,也可作为金属加工成形专业本科生和研究生的专业教材或参考资料。

This book introduced the basic theory, technology, and applications of semisolid forming of alloy tool steels. There are six chapters in this book, including the basic theory of semisolid forming of alloy tool steels, partial remelting behaviors and thixo-formability of alloy tool steels, manufacturing routes for tool steel products based on semisolid forming technology, the effects of recrystallization and partial melting method on the microstructure and mechanical properties of alloy tool steels, the effects of post heat treatments on the microstructure and mechanical properties of alloy tool steels after recrystallization and partial melting.

This book could be read by engineering technicians and researchers in the fields of metal plastic deformation, metal forging, material processing and so on. This book also could be used as text book or reference for undergraduate and postgraduate students major in material processing and forming.